朝倉 電気電子工学大系 2

バリア放電

八木重典
【編著】

朝倉書店

編集委員

桂井　　誠（東京大学名誉教授）

仁田旦三（東京大学名誉教授）

原　　雅則（九州大学名誉教授）

関根慶太郎（東京理科大学名誉教授）

塚本修巳（横浜国立大学名誉教授）

大西公平（慶應義塾大学教授）

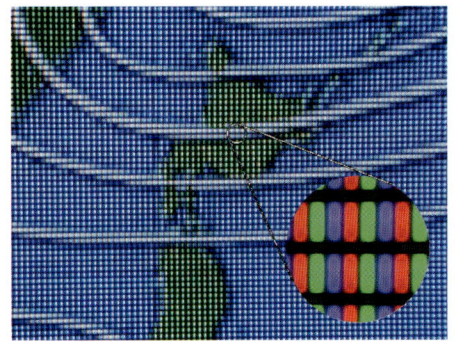

口絵1 PDP表示画面（一部）と拡大（3.4.1項参照）
990 μm-330 μm の RGB セル3個で単位画素を構成する．各セルで共面型のバリア放電を形成．放電による紫外光を受けて，放電に対向する蛍光体が発光している．

口絵2 オゾンブルー（5.3.1項参照，図5.19のカラー版）
超短ギャップバリア放電による濃度 300 g/Nm^3（14 vol%）を超える高濃度オゾン．このように濃度が高くなると，オゾンは神秘のブルーになる．

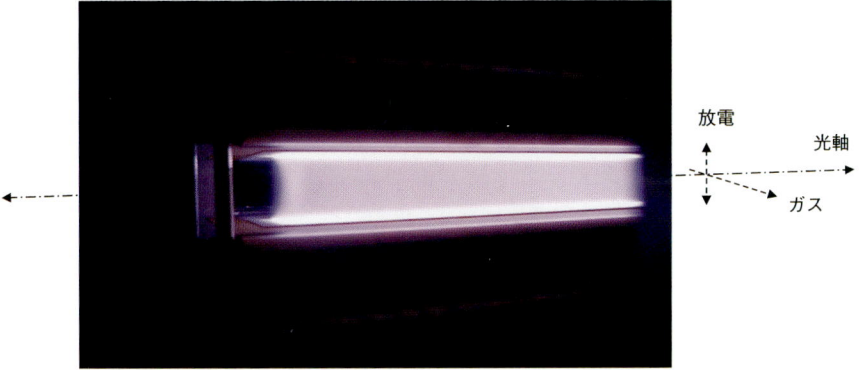

口絵3 CO_2 レーザのバリア放電（6.2節参照）
上下に対向する誘電体電極間の空隙約 60 mm に形成されたバリア放電．発光は N_2 のスペクトルが主体で，印加交流電圧の半周期ごとに明滅を繰り返している．

口絵4 二次元 CO_2 レーザ加工機 (6.4節参照)
2次元光走査型のレーザ加工機. 加工テーブルは安全のために全周を透明樹脂でおおわれている.

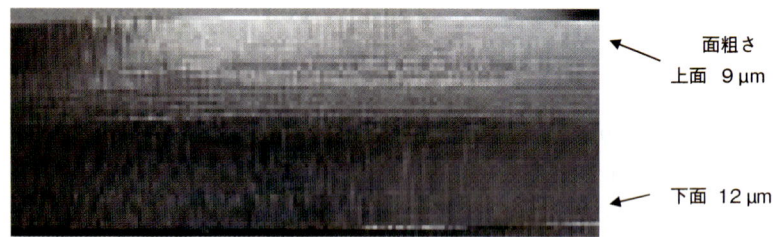

口絵5 ステンレス鋼のレーザ厚板切断 (6.4.1項参照)
SUS304 (厚さ16 mm). この程度の面粗さになれば, 仕上げ加工なしで次工程に回すことができる.

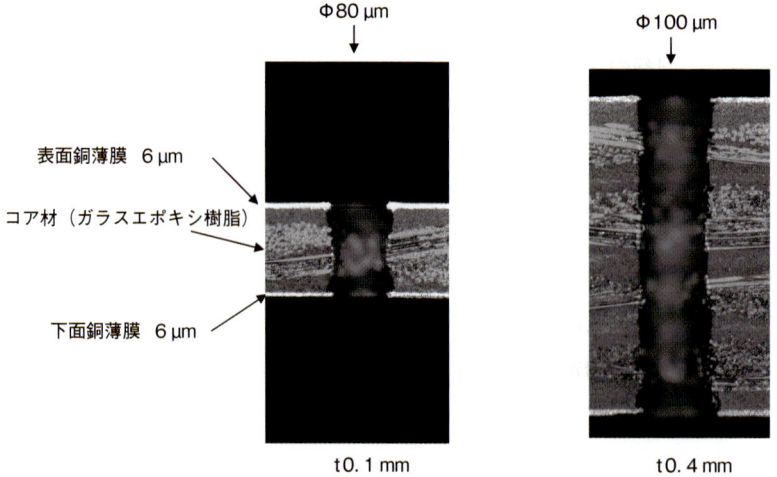

口絵6 プリント基板コア材の超高速微細レーザ貫通穴加工の断面 (6.4.3項参照)
両面多層基板の銅薄膜+コア材貫通加工. この両面に, さらに止まり穴加工された基板が多層構成されて, スマートフォンなどの高密度電子基板が製作される.

まえがき

　放電現象は電子衝突過程を初期過程とする．放電場の電子は一般に広がりをもったエネルギー分布をもつので，化学，熱，加工，励起，発光などの応用に様々な可能性がある．さらに放電には見飽きない美しさがあり，とても魅力的な研究対象である．比較的簡単な手段で実現できる反面，いろいろな種類のイオンや電子が混ざり，制御することも難しく，多様性の罠にはまりやすい．

　放電の研究においては，可能性の海から実用性をすくいあげる努力が必要である．それにはエネルギー変換効率の高いスキームを見いだし，実用化に向けて関連技術を連成することが必要になる．

　本書ではバリア放電について，その応用が産業として成功している例に重点をおいて述べる．いい方を変えれば，バリア放電を産業技術として確立させるための製品開発の道程で，著者らが明らかにした放電物理上の知見を述べている．本書の内容のレベルは，当該分野を研究する大学院の学生，もしくは企業で開発を本格的に担当する技術者を対象としている．

　バリア放電は，かつて無声放電と呼ばれていた．その後，オゾナイザ放電とも，Dielectric Barrier Discharge（DBD：誘電体バリア放電）とも呼ばれたが，最近は単にバリア放電(Barrier Discharge)と呼ばれている．呼称が変わったのは，技術の進展とともに応用が徐々に広がった歴史的な経過を反映している．

　バリア放電は，誘電体のバリアを必須構成要素とする交流放電である．放電電流は誘電体のインピーダンスで制限され，大気圧付近の高ガス圧力下でもマクロな安定性が保たれ，放電による電荷は誘電体表面に分散堆積し，放電空間に逆電界を発生する．空間分布においても，放電の均一性が自律的に保たれる

特長を有する．高エネルギー密度下でも安定性と均一性が保たれることから，放電応用機器の革新をもたらす手段として期待され，研究と開発が進められた．

　本書の構成は，1章で放電研究における歴史とともにバリア放電の位置づけを述べ，2章で放電プラズマの基本，3章で現象の観察，4章で物理モデル，5, 6章で工業的応用の成功例としてオゾン発生とレーザ励起について述べ，7章で展望を述べる．研究や開発の過程にあったいくつかのエピソードも紹介する．

　本書の執筆は，1, 3章を田中正明，2, 5, 6章を葛本昌樹，4章を民田太一郎，7章と全体の編集を八木が担当し，稲永康隆が補佐した．すべての執筆者は，現在あるいはかつて三菱電機株式会社でこの研究と開発の任に当たり，現在も関連する研究に従事している．

　謝辞：　本書で記述した技術への貢献が大きく，著者に準じる方々は安井公治，西前順一，岩田明彦，小川周治，北山二朗の諸氏である．ここに芳名を記して謝意を示します．また開発，事業化でお世話になった製造，販売にかかわる多くの方々に感謝します．研究から事業化につながる長い道程をご指導いただき，かつ初期の開発主導者でもある田畑則一氏，慈父のごとき愛情で終始われわれを見守っていただいた原仁吾氏に特別の謝意を表します．さらに，産学の交流の中で数々のご指導をいただき，相互に啓発の機会をもたせていただいた方々にお礼申し上げます．とくに，桂井誠（東京大学名誉教授），山部長兵衛（佐賀大学名誉教授），真壁利明（慶應義塾大学教授），故林真（名古屋工業大学名誉教授），U. Kogelschatz, B. Eliasson（ABB），G. Pietsch（Aachen University）の諸氏にお礼を申し上げます．

　2012年6月

八木重典

目　　次

1　放電プラズマの基礎とバリア放電の位置づけ　　1
1.1　放電の形態　……………………………………………………………1
　　1.1.1　放電の過程　1
　　1.1.2　各種放電の形態　4
1.2　バリア放電の研究と応用の歴史　……………………………………9
　　1.2.1　研究の始まり　9
　　1.2.2　応用研究の歩み　11
1.3　バリア放電とは　………………………………………………………13
参考文献　……………………………………………………………………14

2　電子衝突と運動論　　18
2.1　電離度と熱平衡　………………………………………………………18
2.2　速度分布と衝突断面積　………………………………………………19
　　2.2.1　平均速度　19
　　2.2.2　速度分布関数　20
　　2.2.3　衝突断面積と平均自由行程　23
2.3　荷電粒子の基礎過程　…………………………………………………24
　　2.3.1　弾性衝突と非弾性衝突　24
　　2.3.2　電離と励起　27
　　2.3.3　粒子の移動と拡散　31
2.4　スウォームパラメータ　………………………………………………32
　　2.4.1　ボルツマン方程式　32

　　　　2.4.2　スウォームパラメータの導出　39
　2.5　原子・分子反応 …………………………………………………46
　　　　2.5.1　酸素原子からのオゾン生成　46
　　　　2.5.2　オゾンの分解反応　48
　参考文献 ………………………………………………………………51

3　バリア放電の現象　　52
　3.1　低周波バリア放電 …………………………………………………53
　　　　3.1.1　概　要　53
　　　　3.1.2　放電の現象と電気特性　55
　　　　3.1.3　放電の形態　66
　　　　3.1.4　放電機構としての位置づけ　80
　　　　3.1.5　分光特性－発光スペクトルによる放電気体温度の計測－　82
　3.2　高周波バリア放電 …………………………………………………91
　　　　3.2.1　放電の現象　91
　　　　3.2.2　等価回路と放電電力式　93
　　　　3.2.3　放電特性　95
　　　　3.2.4　発光特性　97
　3.3　低周波，高周波バリア放電の電気回路論的比較 ……………104
　　　　3.3.1　低周波バリア放電の印加電圧波形の影響　104
　　　　3.3.2　高周波バリア放電の印加電圧波形の影響　106
　　　　3.3.3　リサジュー図形への浮遊容量の影響（測定上の注意点）　109
　　　　3.3.4　V_{gap}-Iリサジューの計測　111
　3.4　急峻矩形波バリア放電 …………………………………………113
　　　　3.4.1　PDPの構造と動作の概要　113
　　　　3.4.2　放電実験装置と測定方法　118
　　　　3.4.3　実験結果　120
　　　　3.4.4　放電電力の式　123

3.5 まとめ……………………………………………………………… 126
参考文献 …………………………………………………………………… 128

4 バリア放電の物理モデル 129
4.1 マクロ放電モデル…………………………………………………… 129
4.1.1 モデルの概要　129
4.1.2 マクロ放電モデルの基本形式　130
4.1.3 バリア放電負荷と回路の連成シミュレーション　132
4.1.4 初期過程から定常解へ　133
4.1.5 バリア放電の3つの領域の定常解　138
4.1.6 放電維持電圧 V^* の物理的意味　141
4.2 バリア放電負荷の電源技術………………………………………… 143
4.2.1 オゾナイザの電源技術　143
4.2.2 CO_2 レーザの電源技術　147
Appendix A：マクロ放電モデルのパラメータの物理的裏づけ　151
Appendix B：PDP の回路技術　151
参考文献 …………………………………………………………………… 154

5 オゾン生成への応用 155
5.1 オゾン発生の基礎…………………………………………………… 155
5.1.1 基本的反応過程　155
5.1.2 換算電界強度 E/N　159
5.1.3 酸素原子生成効率　161
5.1.4 電子衝突によるオゾンの分解　167
5.1.5 放電空間のガス温度　169
5.1.6 オゾン発生特性の数値解析のために　171
5.2 オゾン発生器の構造………………………………………………… 173
5.2.1 円筒多管オゾナイザ　173
5.2.2 平板積層オゾナイザ　174
5.3 酸素原料オゾン発生器の特性……………………………………… 175

5.3.1　オゾン発生特性に与える放電ギャップ長の影響　175
　　5.3.2　換算電界強度 E/N の影響　181
　　5.3.3　ガス温度の影響　182
5.4　空気原料オゾン発生器の特性　184
　　5.4.1　空気原料におけるオゾン生成―全体像―　184
　　5.4.2　空気原料オゾナイザの特性　186
　　5.4.3　空気原料オゾナイザの特性を支配する要因　189
　　5.4.4　副生成物：窒素酸化物の発生（詳細）　193
5.5　オゾンの産業応用　195
　　5.5.1　水処理への応用　195
　　5.5.2　半導体への応用　200
　　5.5.3　パルプ漂白への応用　203
　　5.5.4　生物付着防止システムへの応用　204
参考文献　208

6　CO_2 レーザへの応用　**210**

6.1　CO_2 レーザの基礎　210
　　6.1.1　発振理論　210
　　6.1.2　換算電界強度とスウォームパラメータ　218
6.2　三軸直交型 CO_2 レーザ装置　226
　　6.2.1　構　造　226
　　6.2.2　小信号利得　227
　　6.2.3　レーザ励起効率：他方式との比較　229
　　6.2.4　レーザ発振特性　230
　　6.2.5　高出力産業用 CO_2 レーザの特性　232
6.3　軸流型 CO_2 レーザ装置　235
　　6.3.1　低速軸流型発振器　235
　　6.3.2　高速軸流型発振器　236
6.4　CO_2 レーザの産業応用　244
　　6.4.1　切　断　245

6.4.2　溶　　接　246
　　　6.4.3　プリント基板の穴開け　248
　　　6.4.4　表面焼入れ　248
　　参考文献……………………………………………………………250

7　バリア放電の展望　　　　　　　　　　　　　　　　**251**
　　参考文献……………………………………………………………254

索　　引……………………………………………………………255

◆エピソード
　　リサジュー図は放電の本質を示している　　126
　　飲み屋の割り箸袋　　153
　　2時間の奇跡　　207
　　まるでわが子が他人に虐められているよう　　249

1

放電プラズマの基礎とバリア放電の位置づけ

　放電はその形態によっていくつかに分類される．本章ではバリア放電の基本的な特徴を理解するため，放電の開始過程の基礎と，各種放電としてコロナ放電，グロー放電，アーク放電，沿面放電，高周波放電の概要を述べる．次に，バリア放電の放電特性の研究と，応用研究の歴史について述べる．最後に，バリア放電に対する筆者の考えをまとめる．

1.1 放電の形態

　放電は電極間の電界によって電極間の気体が絶縁破壊し，電子が放出されて電流が流れる現象をいう．放電はその形態によってアーク放電，コロナ放電，グロー放電，沿面放電，バリア放電，高周波放電などに分類される．

1.1.1 放電の過程
　気体中に図1.1(a) に示す平行平板の金属電極を設置して電極間に電圧を印加し，

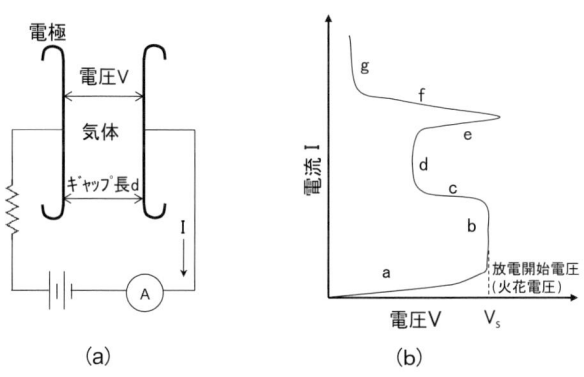

図1.1　気体の電圧，電流の特性

徐々に電圧を上昇してゆくと，電極間の電圧と電流は図1.1(b) のような振る舞いを示す．

空間には宇宙線や自然光などによる気体の電離によって発生する荷電粒子が存在する．図において，aは電極間に電圧が印加されると，この荷電粒子が電界によって移動し，暗流と呼ばれるきわめて微弱な電流が流れる領域である．

電圧を上昇させると，電界が強くなり陽極付近で気体の電離が生じて電流が増加する．このとき陽極付近では微弱な発光が見られるが，電離は弱いために空間の電界分布の大きな変化はない．このため電極間の電圧の変化はなく，このbの領域の放電はタウンゼント放電と呼ばれる．タウンゼント放電から前期グロー放電に移行する直前の電圧V_sは，放電開始電圧または放電破壊電圧や火花電圧と呼ばれ，放電を扱う上で重要な値である．

放電の開始はタウンゼントの理論によって説明される．1個の電子が単位距離を進む間に気体と起こす衝突電離回数をαとする．αは電離係数またはα係数と呼ばれ，この電離現象をα作用という．α係数は圧力Pと電界$E(=V/d, d$は放電ギャップ長)に依存しており

$$\frac{\alpha}{P} = A \mathrm{e}^{\left(-\frac{B}{E/P}\right)} \tag{1.1}$$

の式で表される．式のA, Bは気体の種類によって決まる定数である．

次に，正イオンが陰極に衝突して，その表面から放出される電子の数をγとする．γは二次電子放出係数またはγ係数と呼ばれ，この電子放出現象をγ作用という．

図1.2(a) の平行平板電極に電圧を加えて電極に紫外線を照射すると，光電子が放出される．これが初期電子となり，電界で加速されてエネルギーが大きくなると，電

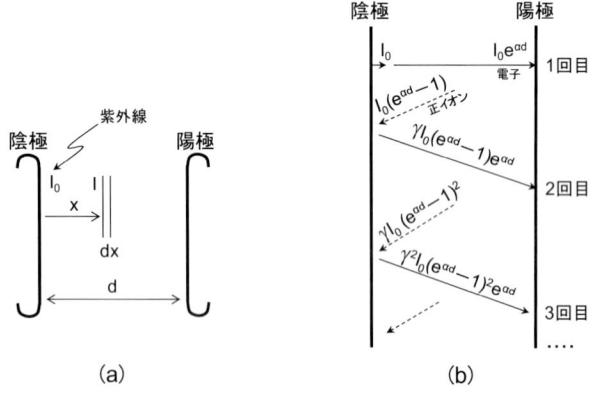

図1.2　電極間の電子の増殖

極間の気体と衝突して電離を引き起こし，電子と正イオンを生成する．電子はこのような衝突電離を繰り返しがら陽極に到達する．図1.2(a)のように，I_0 を $x=0$ での電流，I を $x=x$ での電流，ここから微小距離 dx の間に増加する電子電流を dI とすると

$$dI = \alpha I dx \tag{1.2}$$

であり，(1.2) 式を積分して $x=d$ での電子電流 I を求めると

$$I = I_0 e^{\alpha d} \tag{1.3}$$

が得られる．式が示すように電子は指数関数的に増大するので，この現象は電子なだれと呼ばれる．

一方，α 作用によって生じた正イオンは陰極に引き寄せられて衝突する．このとき γ 作用により1個の正イオンから γ 個の電子（二次電子）が陰極から放出される．図1.2(b) で示すように，陰極に衝突する正イオンの数は $(e^{\alpha d}-1)$ なので，陰極から放出される二次電子電流は $I=\gamma I_0(e^{\alpha d}-1)$ となる．これらの電子は α 作用によりさらに増殖するので，陽極での電子電流は $I=\gamma I_0(e^{\alpha d}-1)e^{\alpha d}$ となる．このような α，γ 作用が繰り返されるので，電流 I は次式で表される．

$$I = I_0 e^{\alpha d} + \gamma I_0(e^{\alpha d}-1)e^{\alpha d} + \gamma^2 I_0(e^{\alpha d}-1)^2 e^{\alpha d} + \cdots = I_0 \frac{e^{\alpha d}}{1-\gamma(e^{\alpha d}-1)} \tag{1.4}$$

放電開始は電流 I が無限大になるときであるので，(1.4) 式の分母がゼロの条件である．

$$\gamma(e^{\alpha d}-1) = 1 \tag{1.5}$$

これはタウンゼントの火花条件式と呼ばれている．

放電開始電圧を V_s とすると $V_s = Ed$ であり，(1.1) 式と (1.5) 式から V_s を求めると

$$V_s = Ed = \frac{BPd}{\ln\dfrac{APd}{\ln\left(1+\dfrac{1}{\gamma}\right)}} = \frac{BPd}{C+\ln(Pd)} \tag{1.6}$$

ここで $C=\ln(A/\ln(1/\gamma+1))$ である．

これらはパッシェンの法則と呼ばれる．V_s は P と d の積である Pd の関数として表され，図1.3のように $Pd_{\min}$ で V_s の最小値 $Vs_{\min}$ が存在する下に凸グラフとなる．(1.6) 式で $dV_s/d(Pd)=0$ から，

$$Pd_{\min} = (2.72/A)\ln(1+1/\gamma) \tag{1.7}$$

$$Vs_{\min} = BPd_{\min} \tag{1.8}$$

が求められる．

Pd が十分大きな領域では (1.6) 式から $V_s \propto Pd$ となる．また電子のエネルギーに対応する換算電界 E/P は $E/P = V_s/Pd$ から求められ，図1.3のように，Pd が小さく

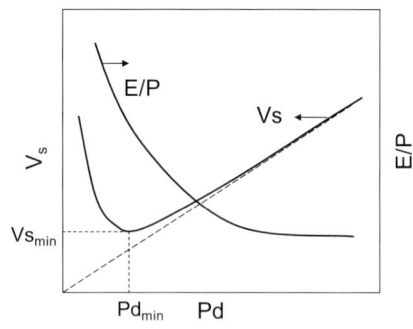

図 1.3 P_d と V_s, E/P の関係

なるほど大きくなることがわかる．

次に，図 1.1 の c は前期グロー放電の領域であり，d の定電圧特性を示す正規グロー放電を経て電圧が上昇する e の異常グロー放電の領域，そして f の遷移領域を経て放電の最終段階である g のアーク放電に移行する．

図で示した電圧と電流の特性は低圧力の場合であるが，気体の圧力が高くなると，グロー放電の領域は明確には観測されず，アーク放電まで一気に移行する．

1.1.2　各種放電の形態

a.　コロナ放電

コロナ放電は電極付近に電界が集中しているときに起こる放電である．たとえば図 1.4 の針電極のような尖った電極の場合は先端部分に高い電界が発生するため，その部分に放電が生じる．針にかわり細線の場合も同様である．この放電は電極間の全路破壊には至らないので，部分放電あるいは局部破壊放電ともいう．針先端周辺の発光部をコロナと呼ぶ．

コロナの様相は極性や電圧で変化する．たとえば，針電極の極性に対応して正針コロナ（正極性コロナ）や負針コロナ（負極性コロナ）がある．正針コロナで電圧を上昇してゆくと，先ず電極端部に密着したグローコロナ（膜状コロナ）が見られ，次に音を伴いブラシ状の放電が見られ，その後，払子状となり，ついには全路破壊に至る．

コロナ放電は気体中にイオンを多く発生させることができるので，電気集塵機，空気清浄機や半導体の静電気除電装置などに応用されている．

b.　グロー放電

グロー放電は低圧の気体中で生じる持続的な拡散した放電である．電極間空間への荷電粒子の供給が，正イオンの陰極への衝突の際に起こる二次電子放出（γ 作用）と，電極間を移動する電子による気体分子の電離（α 作用）によるものである．放電の構

1.1 放電の形態

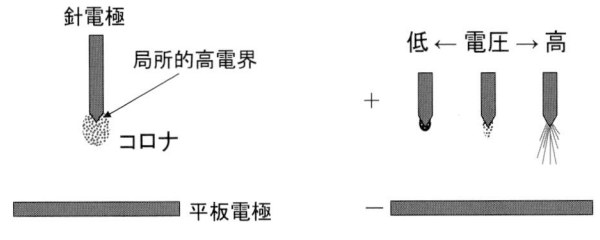

(a) 針対平板電極　　　(b) 電圧と放電の様相

図 1.4　コロナ放電

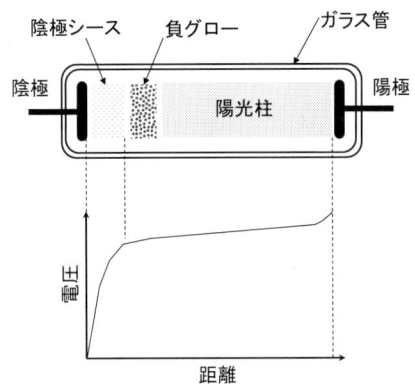

図 1.5　グロー放電

造は気体の種類，圧力，放電管の形状などにより変化する．グロー放電は多くの発光部分に分かれているが，図1.5に正規グローの放電部分の代表的な名称と電位を示す．陰極シースは電位変化が大きい，すなわち電界強度が高いため，イオンはこの部分で加速されて陰極に衝突し，γ 作用により多くの電子を放出させる．陰極シースは放電を維持するためのいわば電子の供給源である．陰極から放出された電子は陰極シースで加速され，負グロー部分で α 作用を行い，生成された電子，イオンは拡散して陽光柱を形成する．このため負グロー，陽光柱での電位の変化は小さい．

グロー放電は電流が増加または圧力が高くなると，アーク放電に移行する．また放電管に封入されたガスの種類によってさまざまな色に発光する．

グロー放電はネオン管や半導体プロセス装置や小型のレーザなどに応用されている．

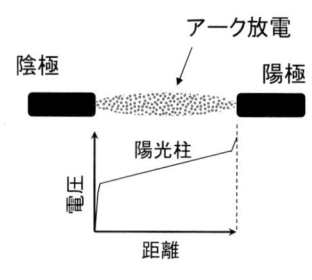

図1.6 アーク放電

c. アーク放電

グロー放電に大きな電流を流すと異常グローを経て電圧が急激に低下するが,これがアーク放電であり,放電の最終段階である.陰極には高温の輝点が発生し,熱電子が放出される.これが放電維持のための電子源となるため,グロー放電のような γ 作用は必要でなくなり,熱陰極アークと呼ばれる.身近な例では一般照明用の蛍光灯がこの放電を利用しており,点灯時には両極のフィラメントを加熱して熱電子を放出させ,その後は放電による電極の自己加熱で熱電子放出が持続する.

アーク放電の電位分布を図1.6に示すが,陰極の極近傍で電圧変化の大きい強電界の部分が存在する.陰極が低沸点材のアーク放電の場合は,熱電子以外にも陰極近傍の強電界による電子放出も寄与しており,これを冷陰極アークと呼んでいる.液晶パネルのバックライトはこの放電を利用している.

アーク放電は照明ランプ以外でも,放電加工機やアーク溶接機などで広く応用されている.

なお,グロー放電とアーク放電について,古くは放電の見かけから分類し,分散して一様に薄く光る放電を「グロー」,輝度が高く円弧状に湾曲する放電を「アーク」と呼んだこともある.最近は陰極の電子放出の現象に基づき,上記のように分類することが定説になっている.

d. 沿面放電

図1.7(a)のように絶縁体(誘電体)に背後電極が存在する場合,絶縁物の表面にそって樹枝状の放電路が形成される.このような放電を沿面放電と呼ぶ.

放電の歴史に関する書物でよく目にするリヒテンベルグ像(同(b))は,沿面放電の痕跡である.絶縁体表面に鉛丹粉末を付着させて沿面放電を起こさせると,粉末図形と呼ばれる放電路の痕跡が残る.また,絶縁体表面に感光剤を載せることでも記録できる.

沿面放電は有機系絶縁物を劣化させるので,電力機器の分野では沿面放電抑制の観点からの研究が盛んであるが,この放電を積極的に利用した装置として沿面放電式の

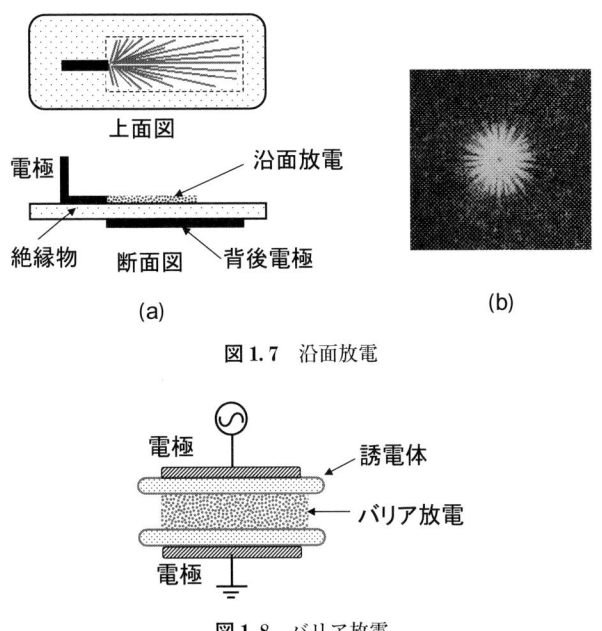

図1.7 沿面放電

図1.8 バリア放電

オゾナイザがある．

e. バリア放電

バリア放電は火花放電やコロナ放電と異なり，放電時にほとんど音がしないので，最初は無声放電（silent discharge）と呼ばれていた．この放電は無声放電，オゾナイザ放電，誘電体バリア放電，誘電体バリア交流放電，など色々な名称で呼ばれているが，本書では最近の学会で多く使われる呼称にならい，バリア放電と呼ぶことにする．

バリア放電は図1.8のように電極間に誘電体を介在させ，交流電圧をかけた場合にギャップで生じる放電である．放電が生じても誘電体の存在により電極に電荷が流れ込むことができず，誘電体上に電荷が蓄積されるために逆電界が発生して，放電はただちに停止する．放電の最終段階であるアーク放電には移行しない．

先の図1.1で説明すると，バリア放電は図（a）の抵抗によるバラスト効果を誘電体が発揮し，電圧の上昇に伴い，放電は進展するがグロー放電の形態で放電が停止し，アーク放電には移行しない．

よってバリア放電は，グロー放電のような安定で持続的な放電を維持する．金属電極間のグロー放電は低い圧力でしか発現しないが，バリア放電は誘電体が存在するため，大気圧以上でも拡散したグロー状の放電を安定に得ることができるのが大きな特

徴である．2章以降で述べるバリア放電は，先に示した図1.3のPd_{min}より右側の条件である．

バリア放電は放電ギャップ長や電源周波数，波形などの条件によって異なる形態を示す．本書では低周波バリア放電，高周波バリア放電，急峻矩形波バリア放電に分類して，その形態や特性について述べる．

この放電はオゾナイザ，レーザ励起やプラズマディスプレイ，有害排気ガスの放電分解などに応用される．

なお電極の構成は次に述べる容量結合型の高周波放電に類似しているが，商用周波数からイオントラッピングが生じる周波数までがバリア放電で，誘電体の存在が不可欠である．より高い周波数で，電子も空間にトラッピングされ，誘電体の存在が補助的になる領域が高周波放電である．

f. 高周波放電

まず交流放電についてe項のバリア放電を含めて述べると，放電プラズマ中の電子と正イオンは交番電界により電極間を行き来（ドリフト）する．図1.9(a)に示すように，交流電圧の半周期に移動する電子と正イオンが電界により電極に移動する最大の距離をそれぞれℓ_e，ℓ_i，ギャップ長をdとする．ここで電子と正イオンのドリフト速度の違いのため，ℓ_eはℓ_iより2桁程度大きい．

$d<\ell_i<\ell_e$の場合は印加電圧の半周期で電子，イオンとも陽極，陰極に十分到達するので，放電プラズマは直流放電と同じα作用とγ作用で維持される．周波数が高くなり$\ell_i<d<\ell_e$の条件になると，電子は陽極に到達できるが正イオンはほとんど電極に到達できなくなり，ギャップ中に捕捉される．これをイオントラッピングという．

さらに周波数が増加して，$\ell_i<\ell_e<d$の条件になると電子も捕捉（電子トラッピング）され，電子の供給は放電空間でのα作用のみになり，放電電圧は低下する．この状態になるとイオンも電子もほとんど電極に到達しないので，電極は電子放出のメ

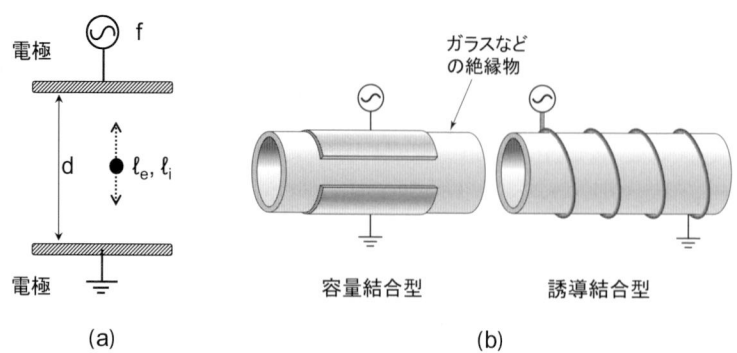

図 1.9　高周波放電

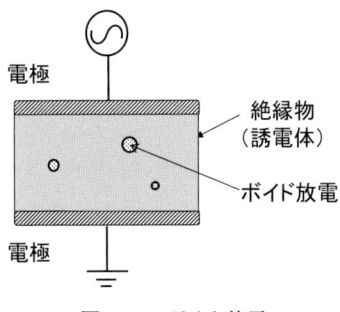

図 1.10 ボイド放電

カニズム上不要になる．この放電が高周波放電であり，無電極放電とも呼ばれている．電子トラッピングが生じる周波数は放電ギャップ長やガスによって異なるが，十数MHz 以上であり，13.56 MHz，27.12 MHz，40.68 MHz がよく使われる．RF 放電とも呼ばれる．

　高周波放電の電極構成は，図 1.9(b) のように容量結合型，誘導結合型がある．これらはスパッタによる不純物放出が金属より少ないガラスのような絶縁物でおおった中でプラズマが生成でき，また放電電圧が低く，高い電子密度が得られるなどの利点があるので，半導体プロセス装置で応用される．

g. ボイド放電

　高電圧機器や部材の絶縁性を向上させる目的で研究されるボイド放電について説明を加える．高電圧機器やケーブルの高電圧絶縁に使われる，たとえばエポキシ樹脂やポリエチレンなどのモールドや成型物の絶縁物中には，空気の混入や溶解物質の気化により形成された微小なボイド（空洞）が存在する場合がある．図 1.10 のようにボイドを含む絶縁物に電圧がかかると，ボイド内で微小な放電が生じるが，これをボイド放電という．絶縁物の一部のボイドで生じるので，部分放電と呼ばれる場合もある．

　絶縁物で囲まれた空間で生じる放電なので，放電の形態は前述の e 項のバリア放電，と原理的に同一である．放電が起こると，ボイド壁面の絶縁物が変質し時間とともに侵食されて絶縁劣化をもたらすため，高電圧絶縁の分野では絶縁の信頼性，寿命予測の観点から古くから研究されている．

1.2 バリア放電の研究と応用の歴史

1.2.1 研究の始まり

　バリア放電が注目され始めたのは，1857 年にドイツの W. V. Simens がバリア放電を利用したオゾナイザ（オゾン発生器）を考案してからである．これ以来，バリア放

電による放電化学の研究が開始されたが，化学反応論的な関心から研究がなされていたためと，満足すべき電気計測器がなかったために，その電気的な特性に関してはほとんど研究が行われていなかった．

バリア放電の電気的特性に注目して電流と電圧の関係を調べ，またその波形をオシロスコープで観測して，バリア放電は間欠放電の集合であることを明確にしたのはドイツの Klemenc らが，1937 年に発表した論文[1] が始まりである．

これに引き続き米国の Manley[2] が 1943 年に "The Electric Characteristics of the Ozonizer Discharge" の題目で，印加電圧と電流積分（電荷）のオシロスコープによるリサジュー図形による計測から，放電電力やバリア放電管の電気諸量を求めた論文を発表している．この論文に書かれている計測法やリサジュー図形の解釈は，その後，行われた研究の原点となっており，いまでもバリア放電の有効な電気測定方法として用いられている．

日本においては第二次世界大戦中に，水素と酸素中のバリア放電で過酸化水素を合成し，航空機の燃料として使用する研究が進められた．これをきっかけとして放電を基礎的に解明しようとする機運が起こり，戦後，電気工学の視点でバリア放電の研究が本格的に始められた．1947 年に発表されたオゾナイザの等価回路モデルを始めとして多くの論文[3~5]が発表され，これらの研究は 1971 年に藤，竹村らがパルス的放電電流の電気回路論的解釈を加えて「無声放電とその応用に関する研究」という報告書で集大成されている[6]．

また同じ年にドイツの Hosselet が電気回路解析や，立ち上りの速いパルス電圧を使ったオゾナイザなどについての独自の研究をまとめている[7]．

バリア放電をマクロ的に見た電気回路論的解釈は，この時代に基本的には，ほぼ確立されているが，放電物理という，いわばミクロな現象に関してはほとんど論じられておらず，単にコロナ現象に類似したものとして済まされていた．

放電のミクロな現象が活発に研究されるようになったのは 1970 年から 1980 年にかけて，公害が社会問題となり，オゾナイザが産業界で広く用いられるようになってからである．たとえば，1981 年にはドイツの Heuser ら[8] ガラスをコーティングした半球状の電極ではあるが，放電柱の形成過程の流し撮り（ストリーク写真）に成功しており，また Hirth ら[9] 1983 年に特殊な電極を使って，1 本の放電柱の電流を検出して，その波形を測定した報告を行っている．

Hirth を始め，Kogelschatz，Eliasson や，同じく欧州の Pietsch らは，放電とオゾン生成に関して体系的に研究を行い，バリア放電と放電生成物のメカニズムの研究は大きく進歩した[10~12]．また日本でもこれに呼応して，この時期からバリア放電の放電過程のシミュレーションが行われ，放電のミクロな姿を表すことができるようになった[13]．

1.2.2 応用研究の歩み

バリア放電の工業的応用で古くから成功しているのは前述したオゾナイザである．1970年代以降はレーザ励起やプラズマディスプレイに応用されている．以下，これらの応用を概説する．

a. オゾン発生への応用

オゾナイザのオゾン生成のメカニズムは，1920年のBecker[14]の研究が始まりであり，1956年にDevins[15]が提唱した反応式がまとめられ，1959年に出版された"Ozone Chemistry and Technology"の書籍に，それまでの黎明期の研究が集大成されている[16]．

日本では1960年に電気学会オゾナイザ専門委員会によりまとめられた『オゾナイザハンドブック』[17]を初めとして，日本オゾン協会編集の新版も発行され，オゾンの基礎から応用までオゾナイザにかかわる広い技術が紹介されている[18]．

オゾン生成反応のうちで，酸素原子と酸素分子あるいはオゾンとの反応は，古くから活発に研究が行われ，かなり確立された反応速度定数が報告されているが[19]，放電の電子による反応，たとえば電子と酸素分子，あるいは電子とオゾンとの反応については報告された例は少なかった．1978年にMasek[20]らが発表した電子と酸素の衝突過程の論文が初期の数少ない注目すべき報告である．この定数を用いて1979年にABB社のKogelschatzやEliassonらがオゾン生成過程のシミュレーションを行い[21]，この研究グループはその後もオゾン発生のシミュレーション研究を継続し[22]，多くの論文を発表している．日本でも同時期に大学や企業でオゾン生成の放電現象や原子・分子過程の研究が盛んに行われ，欧州勢に質量とも拮抗する重要な論文の発表があった．これらについては3章，5章で詳しく述べる．

一方，オゾナイザのオゾン収率を向上させる目的で行われた研究は，以前から行われている．これらは，ほとんど数nsから数十μsの急峻な立ち上りの電圧を電源として用いる方式であり，パルス電源を用いたもの[23]，RF電源を用いたもの[24]などがある．最近のオゾン発生の効率向上の観点からの研究は，短ギャップ化[25,26]や電極の極低温化[27]，突起電極を用いたもの[28]，またプラズマディスプレイの電極に類似した電極構成を用いたもの[29]，圧電トランスを利用したオゾナイザ[30]など多くの研究がなされており，新しいオゾナイザの開発が意欲的に行われている．

b. レーザ励起への応用

バリア放電のCO_2レーザへの応用について述べる．オゾナイザに比べるとレーザの登場は比較的新しく，1960年にルビーレーザが発振し，1964年にBell研究所でCO_2レーザが発表された．通常，この励起用放電は金属電極間の直流グロー放電であったが，レーザ励起の放電として，バリア放電を利用しようとする試みが日本で1974年の堀井らの研究に始まり[31]，1977年には著者らによって，この方式でCW（連続

発振に成功した報告がなされている[32]．現在では，この方式による CO_2 レーザが実用化され[33]，製品の主流を占めるに至っている．

一方，レーザ励起用の主放電の直流グロー放電を安定化させるために，バリア放電を補助放電として利用したものもある．1970 年に Laframme[34] が TEA (transversely excited atmospheric) CO_2 レーザに応用した．また 1984 年には，励起用グロー放電の安定化のために，レーザガス流の上流でバリア放電を補助放電として利用してグロー放電を安定化させ，純放電励起方式として初めて 20 kW 級 CO_2 レーザを実現した[35]．さらにこの方式で補助放電のバリア放電でグロー放電の電流を制御してレーザをパルス化[36]することも可能とし，一部実用化されている．

c. プラズマディスプレイへの応用

1964 年に Bitzer らが発明した PDP：プラズマディスプレイパネルも誘電体を介した放電(バリア放電)が工業的に応用され，実用化された例である[37]．PDP は初期は"材料・プロセス"の側面からの研究が多く，"放電"の側面からの本格的な研究は比較的新しく 1970 年代後半からであり[38]，オゾナイザの研究の歴史と似ている．

PDP はパネル上に数十 μm の放電ギャップをもつ区画が数百万個形成されており，映像を映し出すため，膨大な個々の放電を制御している．放電は決まった電圧で放電しない場合もあり，しばしば「放電は気まぐれ」という表現をされるが，数百万の放電を確実に制御して映像を映し出し，商品として成立させているのは，真に"放電制御の極み"といえる．

d. 他の応用

バリア放電の放電化学反応を利用して，ギャップに種々の気体を流して放電化学反応を起こさせて，過酸化水素やヒドラジン（N_2H_4）を生成させたり，炭化水素系の酸化反応を起こさせる研究は古くから行われている[39,40]．少し変わった応用ではガス燃焼の安定化にバリア放電を利用する研究[41]もある．

最近では，水処理を目的に非処理水に直接放電させる研究も盛んである．これは放電でオゾンより活性な放電生成物を利用しようとするものであり，活性生成物は一般的に寿命が短いので，水とただちに反応させるための方式や放電電極構造の工夫が行われている．たとえば非処理水の水面を一方の電極としたもの[42]や，水中の気泡中で放電を行わせる研究も多く報告されている[43~45]．放電で生成された短寿命の活性ガスを水エゼクターでただちに非処理水と混合させる研究もある[46]．

ガス処理では非処理ガスを直接放電管に流入させて分解する方式や[47]，放電ギャップに吸着剤を詰め込んで放電分解処理させる研究も行われている[48,49]．

電力機器の絶縁物保護や寿命推定の観点から絶縁物の放電劣化の研究が行われているが，最近ではこの現象を積極的に活用して，接着強度向上など表面改質に応用しようとする研究が行われている[50]．

バリア放電を発光に応用したものとしては，電極スパッタによる電極消耗がないバリア放電の特徴を生かし，Xe放電から放出される紫外線を蛍光体で可視光に変換させる長寿命平板ランプの研究や[51]，各種希ガス中で高電圧パルス放電を繰り返すエキシマ放電とも呼ばれる放電によるUVランプの研究がある[52]．

以上のように，バリア放電は大気圧のような比較的高気圧でも安定に放電が維持できるため，種々の応用展開がなされている．

1.3 バリア放電とは

1章1.1節，1.2節の概論，および以降に述べる2章の基礎事項，4章の解析をふまえ，バリア放電とは何か，筆者の考えをまとめておく．

バリア放電は，電極として独特の基本構成を有し，その結果，安定な非平衡プラズマを生成することができる．従来よく用いられる他の放電に比べ，相違点も共通点もある領域に位置づけられるが，工業的に大きな成功例を有する特筆すべき存在である．
＜構造的には＞
・誘電体を必須のバリア構造として挟んだ空間に交流電圧を印加して形成される．
・放電電流は誘電体のインピーダンスで制限され，大気圧付近の高ガス圧力下でもマクロな安定性が保たれる．
・放電による電荷は誘電体表面に分散堆積し，放電空間に逆電界を発生する．空間分布において放電の均一性が自律的に保たれる．

＜プラズマとしてみれば＞
・ガス圧力が高く，すなわち電子分子のエネルギー緩和時間が短く，それに比べ電界周期が長い．電子エネルギー分布は電界瞬時の関数となる．低電離率，非平衡プラズマである．
・電子は交流電界の半周期に生成と消滅を繰り返す．
放電維持電界はガス種に固有のほぼ一定値となり，放電維持電圧はそれに放電ギャップと圧力を乗じた値になる．
・イオンは生成・消滅を繰り返すか，もしくは定在する．
半周期イオン移動距離に比べて電極間隔が小さい場合（例：オゾナイザ，PDP）は非放電期間にイオンは消滅し，大きい場合（例：CO_2レーザ）は非放電期間にもイオンは定在し，空間は一定の導電性を帯びる．

＜他の放電現象と比べると＞
・金属電極の直流放電と対比すれば，直流放電が時間的に火花放電→コロナ放電→グロー放電→過渡グロー放電などの放電開始過渡現象をたどってアーク放電に移行するのに対し，バリア放電は印加電圧の半周期の中に放電開始過程を内包している．
・高周波プラズマと対比すれば（代表例として半導体エッチングに用いられる ECR：electron cycrotron resonance プラズマと対比する），高周波プラズマでは電子も電界の動きに追従できず，放電空間にはイオンによるシースが形成され，シース電界でプラズマが維持される．放電維持電界は電極の境界構造には依存せず，印加周波数の増加とともに減少する．バリア放電に対比すると，印加周波数は電子が追従できぬほど高く，誘電体バリアを必須の構成要素としない．

その結果，工学的にはバリア放電は次のような特長をもつ．
＜バリア放電の工学的利点＞
・電気的なマクロ安定性と反応空間の空間的均一安定性が保たれる．
・電子のエネルギーは放電開始過程を含むことから大きく，高圧力であるから分子密度と放電維持電圧が高い．
・物理化学的な反応性の高い空間を，高いエネルギー密度，すなわち十分な生産性を保って実現でき，機器のコンパクト高密度化を可能にする．
・電源電圧1周期内の現象の共通性，周波数に対する放電電力の単純比例則がある．機器としてスケーラビリティにすぐれる．

参 考 文 献

1) A. Klemenc, H. Hinterberger and H. Hofer："Uber den Entladungsvorgang in einer Siemens Ozonrohre", *Z. Elektrochem.*, Vol. 43, p. 708 (1937)
2) T.C. Manley："The electric characteristics of the ozonator discharge", *Trans. Electrochem. Soc.*, Vol. 84, p. 83 (1948)
3) 七里義雄・犬石嘉雄：「オゾナイザーの等価固源に就いて」，電気学会誌，Vol. 67, p. 235 (1947)
4) M. Suzuki and Y. Naito："On the nature of the chemical reaction in silent electric discharge", *Proc. Japn. Acad.*, Vol. 28, p. 469 (1952)
5) 兵頭　正・市川倉治・浜中　渉：「オゾン管放電の特性に関する研究」，電試記念論文集，No. 76 (1948)
6) 藤　幸生・竹村　直：「無声放電とその応用に関する研究」，電気試験所研究報告，第698号 (1969)
7) L. M. L. F. Hoselet："Ozonbildung mittels electrisher in silent electrical discharge", *Proc. Jap. Acad.*, Vol. 28, p. 469 (1952)
8) C. Heuser and G. Pietsch："Prebreakdown phenomena between glass-glass and glass-

metal electrodes", 7th Int. Conf. on Gas Discharges and their Applications, Edenburg, p. 98 (1980)
9) M. Hirth, U. Kogelschatz and B. Eliasson："The structure of the microdischarge in ozonizers", 6th Int. Conf. on Plasma Chemistry, Montreal (1983)
10) B. Eliasson："Electrical discharge in oxygen Part I：Basic data and rate coefficients", Brown Boveri Research Report, KLR 83-40C (1983)
11) B. Eliasson, M. Hirth and U. Kogelschatz："A numerical model of ozone generation in an oxygen discharge", 16th Int. Conf on Phenomena in Ionized Gases, Dussldorf (1983)
12) B. Eliasson, U. Kogelschaze, S. Strassler and M. Hirth："Electrical discharge in oxygen Part II", Brown Boveri Research Report, KLR 83-28C (1983)
13) 吉田公策・田頭博昭：「オゾナイザ放電のシミュレーション」，文部省科学研究費総合研究 A, 課題番号 56350016, p. 50 (1983)
14) H. Beker：*Siemens Welk*, Vol. 1, p. 76 (1920)
15) J. C. Devins："Mechanism of ozone formation in the silent electric discharge", *J. Electrochem. Soc.*, Vol. 108, p. 460 (1956)
16) H. Leedy："Ozone Chemistry and Technology", Am. Chem. Soc. (1959)
17) 電気学会編：オゾナイザハンドブック，コロナ社 (1960)
18) 日本オゾン協会編（宗宮 功監修）：オゾナイザハンドブック，日本オゾン協会 (2004)
19) R. F. Hamposon：NBSIR (Washigton DC：National Bureau of Standards), No. 74 (1975)
20) K. Masek, L. Laska and Ruzicka："Electron collision rate in oxygen glow discharge", *Czech. J. Phys.*, B28, p. 1321 (1978)
21) B. Eliasson and U. Kogelschatz："Ozone production in a homogeneous oxygen discharge", 14th Int. Conf. On Phenomena in Ionized Gases, Grenoble, p. 19 (1979)
22) U. Kogelschatz："Ozone synthesis from oxygen in dielectric barrier discharges", *J. Phys. D：Appl. Phys*, Vol. 20, pp. 1421-1437 (1987)
23) L. M. L. F. Hosselet："Increascd efficieny of ozone production by electric discharge", *Electrochemica. Acta*, Vol. 18, pp. 1033-1041 (1973)
24) T. Aiba and P. Freeman："Mechanism of the radio frequency ozonizer discharge", *Ind. Eng. Chem. Fundam.*, Vol. 13, No. 3, p. 179 (1974)
25) 葛本昌樹・田畑要一郎・吉澤憲治・八木重典：「100 μm 級短ギャップ下における無声放電による高濃度オゾン発生」，電気学会論文誌 A, Vol. 116, No. 2, pp. 121-129 (1996)
26) 石岡久道・虎口 信・西井秀明・山部長兵衛：「マイクロギャップ無声放電による高濃度オゾン生成」，電気学会論文誌 A, Vol. 122, No. 4, pp. 378-383 (2002)
27) 末廣純也・高橋賢裕・西 祐也・丁衛東・今坂公宣・原 正則：「無声放電式オゾナイザの極低温冷却による高効率化」，電気学会論文誌 A, Vol. 124, No. 9, pp. 791-796 (2004)
28) 清水雅樹・佐藤 徹・加藤昭夫・向川政治・高木浩一・藤原民也：「誘電体バリア放電方式オゾナイザの電極形状による高効率化」，電気学会論文誌 A, Vol. 125, No. 6, pp. 501-507 (2005)
29) 沖田裕二・飯島崇文・天野 淳・山梨伊知郎・村田隆昭：「コンパクト 1 kg/h 共面放電オゾナイザの開発」，電気学会論文誌 A, Vol. 123, No. 6, pp. 548-553 (2003)
30) 金子一弥・寺西研二・伊藤晴雄：「圧電トランスの並列駆動におけるオゾン生成」，電気

学会放電研究会資料, ED-04-84 (2004)
31) 堀井憲爾・成瀬幹夫:「オゾナイザ方式炭酸ガスレーザ」, 電気学会放電研究会資料, ED-74-9 (1974)
32) 八木重典・菱井正夫・田畑則一・永井治彦・永井昭彦:「無声放電式 CO_2 レーザ」, レーザ研究, Vol. 10, No. 5, p. 495 (1982)
33) M. Kuzumoto, S. Ogawa and S. Yagi : "Role of N_2 gas in a transverse-flow cw CO_2 laser excited by silent discharge", *J. Phys. D : Appl. Phys.*, Vol. 22, pp. 1935-1938 (1988)
34) A. K. Laflamme : "Double discharge excitation for atmospheric pressure CO_2 lasers", *Rev. Sci. Instr.*, Vol. 41, p. 1578 (1970)
35) N. Tabata, H. Nagai, H. Yoshida, M. Hishii, M. Tanaka, Y. Myoi and T. Akiba : "High power industrial 20-kW cw CO_2 lasers", *Inst. Phys. Conf. Ser.*, No. 72 (1985)
36) 田中正明・菱井正夫・永井治彦・田畑則一:「補助放電用の無声放電による直流グロー放電励起 CO_2 レーザのパルス化」, 電気学会放電研究会資料, ED-84-56 (1984)
37) D. L. Bitzer and H. G. Slottow : "The plasma display pannel − Digitally addressable display with inherent memory", AFIPS Conf. Proc., No. 29, p. 541 (1966)
38) L. F. Weber : "Measurement of wall charge and capacitance variation for a single cell in AC plasma display panel", *IEEE Trans. Electron Devices*, Vol. 24, p. 848 (1977)
39) 鈴木桃太郎・三山 創:「無声放電によるアンモニア分解反応に関する研究」, 日本化学雑誌, Vol. 75, No. 8, p. 53 (1954)
40) 井上英一:「無声放電による炭化水素の低温緩酸化反応機構について:シクロペキサンの主酸化過程」, 電気化学, Vol. 22, p. 668 (1954)
41) Inomata, S. Okazaki, T. Moriwaki and M. Suzuki : "The application of silent discharges to propagating flames", *Combust and Flame*, Vol. 50, No. 3, p. 361 (1983)
42) 江原由泰:「水電極型オゾン水生成リアクタの開発」, 放電学会誌, Vol. 49, No. 2, pp. 83-84 (2006)
43) 堀井憲爾:「水中の気泡内における放電とその利用」, 電気学会放電研究会資料, ED-73-22 (1973)
44) 見市知昭・林 信哉・猪原 哲・佐藤三郎・山部長兵衛:「水中気泡内放電によるオゾン生成」, 電気学会論文誌 A, Vol. 121, No. 5, pp. 448-452 (2001)
45) 山竹 厚・安岡康一・石井彰三:「直流駆動マイクロホローカソード放電による水の直接処理」, 電気学会論文誌 A, Vol. 124, No. 11, pp. 1021-1026 (2004)
46) 田中正明・池田 彰・谷村泰宏・太田幸治・吉安 一:「低圧無声放電式活性酸素発生機とその水処理への適用」, 電気学会論文誌 A, Vol. 125, No. 12, pp. 1017-1022 (2005)
47) 工藤昭一・戸田憲二・高木浩一・加藤昭二・藤原民也:「誘電体バリア放電によるディーゼル発電機の排気ガス処理」, 電気学会論文誌 A, Vol. 120, No. 5, pp. 553-559 (2000)
48) 生沼 学・稲永康隆・谷村泰宏:「吸着濃縮・放電分解式 VOC 除害装置における吸着水分の影響評価」, 電気学会プラズマ研究会, PST-07-45 (2007)
49) 井上宏志・古木啓明・岡野浩志・山形幸彦・村岡克紀:「ゼオライトハニカムとバリア放電組合わせによる VOC 処理システム」, 電気学会論文誌 A, Vol. 127, No. 6, pp. 309-316 (2007)
50) 柳沢雄太・吉岡芳夫:「大気圧バリア放電によるプラスチックのリモート表面改質」, 電

気学会論文誌 A, No. 127, No. 6, pp. 303-308 (2007)
51) T. Urakabe, S. Harada, T. Saikatsu and M. Karino : "A flat fluorescent lamp with Xe dielectric barrier discharge", *J. Light & Vis. Env.*, Vol. 20, No. 2, pp. 20-25 (1996)
52) U. Kogelschatz : "Silent-discharge driven excimer UV sources and their applications", *Appl. Surface Sci.*, Vol. 54, pp. 410-423 (1992)

2

電子衝突と運動論

プラズマは，電荷をもたない中性粒子と，電子やイオンなどの荷電粒子から構成される．この中で中性粒子は無秩序に熱運動を行っている．一方，荷電粒子はこの熱運動に加えて，電界や磁界の影響を受けながら運動をしている．これらの粒子は衝突を繰り返し，エネルギーの授受を行いながらプラズマを維持している．ここでは衝突論をベースに，熱平衡や粒子の速度分布，粒子間のエネルギー授受に関する基礎過程について述べる．この章で示す基礎課程については，代表的な教科書[1~3]を参考に展開する．詳しく学習したい方は，これらの教科書を参照願いたい．

2.1 電離度と熱平衡

温度の異なる物体を接触させると，熱エネルギーは熱い物質から冷たい物体に流れる．やがて2つの物体の温度は等しくなり，物体間に熱エネルギーの移動はなくなる．このように熱エネルギーの出入りがなくなった状態を熱平衡状態という．一方，物体間の温度が異なり，熱エネルギーの流れが存在する状況を非熱平衡状態という．最初は非熱平衡状態であっても，やがて熱平衡状態に達する．これを緩和といい，緩和に必要な時間を緩和時間という．

電気的に中性の気体に電圧を印加し，電離の作用により気体中に荷電粒子を発生させることで，正の電荷と負の電荷がほぼ釣り合った準中性のプラズマ状態がつくり出される．プラズマの構成粒子のうち，電離されていない中性粒子の数をN，荷電粒子の密度をnと表し，電離度を$n/(n+N)$で定義する．構成粒子のほとんどが電離されているプラズマ，たとえば，核融合炉プラズマ，星間プラズマなどは強電離プラズマと呼ばれる．強電離プラズマ中の粒子相互の運動は，荷電粒子のクーロン力によるクーロン衝突が支配する．一方，電離度の低いプラズマは弱電離プラズマと呼ばれる．弱電離プラズマは，荷電粒子間の衝突であるクーロン衝突の頻度よりも，中性粒子ー荷電粒子間の衝突頻度が高く，これらの衝突素過程の統計和がプラズマの特性を支配する．

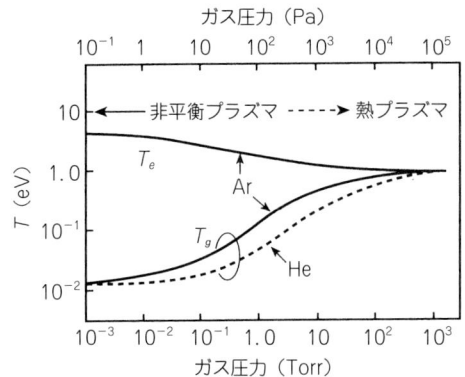

図 2.1 定常プラズマにおける粒子の温度と圧力
の関係：Ar と He の例
T_e：電子エネルギー，T_g：ガス温度（eV 単位）．

　電界で加速された電子は，電離衝突により電子，イオンを生じさせる．中性粒子の温度が数千℃になると，中性粒子間の衝突の連続によっても電離反応が生じてプラズマを形成する．前者の反応により定常的に維持されるプラズマは電子温度が中性粒子温度より著しく高く，低温プラズマもしくは非平衡プラズマと呼ばれる．後者の電離反応が支配的なプラズマは熱プラズマと定義される．

　電界により加速された電子のエネルギーが中性粒子を励起・電離し，中性粒子の内部エネルギーが熱的に緩和する．電子反応の時定数が十分小さく，中性粒子の熱的緩和速度を十分上回れば，プラズマの非平衡性が保たれるが，電子反応の時定数と中性粒子の熱緩和の時定数が同程度だと熱プラズマとなる．熱緩和の時定数は圧力の上昇とともに小さくなり，大気圧以上では一般に時間に対して連続して存在するプラズマは，図 2.1 に示すように熱プラズマとなる．大気圧下で非平衡プラズマを生成するには，熱緩和の時定数以下の時間での，たとえばパルス電圧印加による放電，もしくは本書で扱う電極境界に誘電体を用いて放電を自律的に発生・消滅させるなどの工夫，すなわちバリア放電の構造が必要になる．

2.2　速度分布と衝突断面積

2.2.1　平均速度

　気体には標準状態（0℃，1 気圧 = 101 kPa）で 1 m^3 あたり約 2.6×10^{25} 個の粒子が存在し，無秩序に熱運動を行っている．それぞれの分子は，各瞬間について考えるとすべて一定の速度ではなく，速度分布をもつ．

いま，質量 m で x 方向の速度分布 v_x の分子が，mv_x の運動量をもって壁に直角に当たると $-mv_x$ で反射するので，$2mv_x$ の運動量の変化が起こる．n 個の分子の中で壁に入射する数は1秒間に $nv_x/2$ となるので，壁に与える圧力 P は

$$p = 2mv_x \frac{nv_x}{2} = nmv_x^2 \tag{2.1}$$

となる．x, y, z の3次元空間に対して無秩序な熱運動では，速度 v は対称になるため

$$v_x^2 = v^2 - v_y^2 - v_z^2 = \frac{1}{3}v^2 \tag{2.2}$$

である．
　一方，気体の状態方程式から，気体圧力 p はボルツマン定数 k，気体温度 T により

$$p = nkT \tag{2.3}$$

の関係があるため，(2.1)〜(2.3) 式から

$$nkT = nmv_x^2 = nm\frac{1}{3}v^2 \tag{2.4}$$

となり，速度 v の粒子の運動エネルギー ε について，気体温度 T と平均速度 v との重要な関係式 (2.5) が得られる．

$$\frac{3}{2}kT = \frac{1}{2}mv^2 \tag{2.5}$$

粒子の平均速度は $v = \sqrt{3kT/m}$ となり，この速度は熱速度とも呼ばれ，気体を構成する全粒子の運動エネルギーの平均値から得られるものである．

2.2.2 速度分布関数

　位置の座標軸 x, y, z と同様に，速度 v_x, v_y, v_z の3つを軸とした空間を考え，これを速度空間と称する．いま，v_x と $v_x + dv_x$ の間にある分子数を dn_x とすると，dn_x は dv_x に比例するので

$$dn_x = f(v_x)dv_x \tag{2.6}$$

と表すことができる．比例定数は v_x の関数なので，$f(v_x)$ とおいた．y 成分，z 成分についても同等の関係が成立する．なお，速度空間において dn_{xyz} は直方体内に含まれる粒子の数であるため

$$dn_{xyz} = f(v_x)f(v_y)f(v_z)dv_x dv_y dv_z \tag{2.7}$$

と表される．
　マクスウェル・ボルツマンの分布則によると，「気体温度 T で熱平衡状態にあるとき，ε のエネルギーをもつ確率は $\exp(-\varepsilon/kT)$ に比例する」ことが知られている．

2.2 速度分布と衝突断面積

速度 v の粒子の運動エネルギーについて，$C_1 \sim C_3$ を比例定数とすると，マクスウェル・ボルツマン分布則は次のように表される．

$$f(v_x) = C_1 \exp\left(-\frac{mv_x^2}{2kT}\right) \tag{2.8}$$

$$f(v_y) = C_2 \exp\left(-\frac{mv_y^2}{2kT}\right) \tag{2.9}$$

$$f(v_z) = C_3 \exp\left(-\frac{mv_z^2}{2kT}\right) \tag{2.10}$$

速度領域で分布関数を積分した値は，全体の密度 n に等しいため

$$n_x = \int_{-\infty}^{\infty} f(v_x)\,dv_x \tag{2.11}$$

である．公式

$$\int_{-\infty}^{\infty} \exp(-ax^2)\,dx = 2\int_{0}^{\infty} \exp(-ax^2)\,dx = \sqrt{\frac{\pi}{a}} \tag{2.12}$$

を用いると，(2.8) 式の定数 C_1 が求まり，速度 v の分布関数は次のように与えられる．

$$f(v_x) = n_x \sqrt{\frac{m}{2\pi kT}} \exp\left(-\frac{mv_x^2}{2kT}\right) \tag{2.13}$$

同様に，三次元の速度空間で速さ v の分布関数は

$$f(v) = n\left(\frac{m}{2\pi kT}\right)^{3/2} \exp\left(-\frac{mv^2}{2kT}\right) \tag{2.14}$$

となる．ただし，$v^2 = v_x^2 + v_y^2 + v_z^2$ である．

ここからは，運動の方向は考慮せず，速度の大きさだけを扱うことにする．すなわち速度の成分 dv_x, dv_y, dv_z ではなく，スカラー量 $v = \sqrt{v_x^2 + v_y^2 + v_z^2}$ で考える．dv_x, dv_y, dv_z は v_x, v_y, v_z の速度空間の微小体積であるため，v に変換するには，図 2.2 に示すように球殻 $4\pi v^2 dv$ を考える必要がある．$4\pi v^2$ は点 v を通る表面積で，これに dv

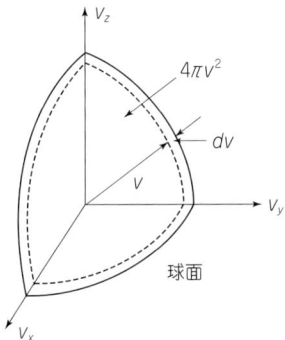

図 2.2 球座標（速さ分布）の微小体積

を掛けると微小体積が出る.球殻の体積と分布関数の積は,そこに含まれる分子の数であるから,(2.7) 式は次のように書きかえられる.

$$dn = 4\pi v^2 f(v)\,dv \equiv F_0(v)\,dv \tag{2.15}$$

よって,速さ v をもつ粒子数の分布関数 $F_0(v)$ は次のようになる.

$$F_0(v) = 4\pi v^2 n \left(\frac{m}{2\pi kT}\right)^{3/2} \exp\left(-\frac{mv^2}{2kT}\right) \tag{2.16}$$

粒子の運動エネルギーは速度の 2 乗に比例するため,熱速度 v_{rms}(平均運動エネルギーに対応する速度)は速度 v の平均ではなく,速度の 2 乗の平均値の平方根 $v_{rms} = \sqrt{\overline{v^2}}$ で与えられる.したがって,熱速度 v_{rms} は次式のようになる.

$$v_{rms} = \left[\frac{1}{n}\int_0^\infty v^2 F_0(v)\,dv\right]^{1/2} \tag{2.17}$$

(2.16) 式を (2.17) 式に代入し,積分すると (2.18) 式を得る.

$$v_{rms} = \sqrt{3kT/m} \tag{2.18}$$

$F_0(v)$ の最大値を与える速度 v_m およびその平均値 v_{th} は,$dF_0(v)/dv = 0$ から,以下のように求まる.

$$v_m = \sqrt{2kT/m} \tag{2.19}$$

$$v_{th} = \frac{1}{n}\int_0^\infty v F_0(v)\,dv = \sqrt{8kT/\pi m} \tag{2.20}$$

以上より,これら 3 つの平均速度の間には

$$v_m : v_{th} : v_{rms} = 1 : 1.128 : 1.225$$

の関係がある.

正規分布 $f(v)$ および速度 v の粒子の分布 $F_0(v)$ の形と上記 3 つの平均速度の関係を,$x = v/v_m$ で規格化して図 2.3 に示す.$f(x)$ は v 軸に対して左右対称である.こ

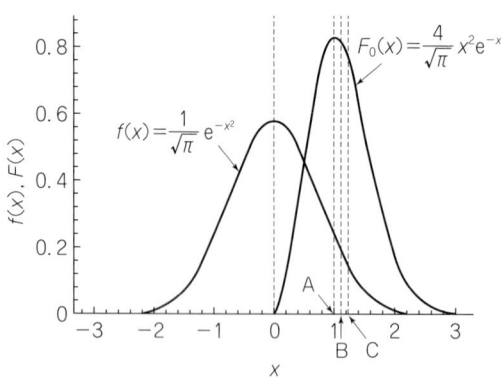

図 2.3 速度分布 $f(v)$ と $F_0(v)$ ($x = v/v_m$,A:v_m,B:v_{th},C:v_{rms})

れは v が正負同じ確率で存在するためである．したがって，$v=0$ にて $f(v)$ は最大になる．また，v が $\pm\infty$ に近づくと 0 に漸近する．一方，(2.16) 式に示す $F_0(v)$ は，$v=0$ にて 0 となり，v の増加とともに大きくなり，$v=v_m$ で最大となる．その後，v の増大とともに減少し，$+\infty$ で 0 となる．

2.2.3 衝突断面積と平均自由行程

電子は粒子との衝突により偏向を受ける．密度 n_e，速度 v_e の電子が粒子と衝突するとき，偏向角 θ および方位角 ϕ の微小立体角 $d\Omega = \sin\theta d\theta d\phi$ 内に単位時間あたりに偏向される電子数 dn_e は，立体角 $d\Omega$ と入射電子の流束 $n_e v_e$ に比例し，

$$dn = \sigma n_e v_e d\Omega$$

となる．単位立体角あたりの面積の次元をもつ比例定数 $\sigma(v_e, \theta, \phi)$ は，その角度に指定される方向へ散乱される確率を与え，微分衝突断面積と呼ばれる．多くの場合，微分断面積を立体角について積分した量が重要となる．この量

$$Q = \int \sigma(v_e, \theta, \varphi) d\Omega$$

は積分断面積と呼ばれ，全方向への散乱の確率の総和を与える．

ここで，半径 r_A, r_B の 2 つの粒子 A, B 間の衝突を考えてみる．衝突は 2 つの粒子の中心間の距離が半径の和 (r_A+r_B) よりも小さくなったときに起こる．一方が直進し，他方が静止している場合を考えると，直進する粒子が他の粒子に進路を邪魔される確率は，(r_A+r_B) の円の面積 $\sigma = \pi(r_A+r_B)^2$ に比例する．この衝突確率 σ が衝突断面積に相当し，同じ半径 r をもつ粒子が衝突する場合，衝突断面積は $\sigma = 4\pi r^2$ となる．一方，電子は分子，イオンなどよりはるかに小さいため，電子と半径 r の粒子が衝突する場合の衝突断面積は $\sigma = \pi r^2$ となり，分子どうしなどが衝突する場合に比べて衝突断面積は 1/4 になる．

ところで，原子や小さな分子の大きさは，Å $(10^{-10}\mathrm{m})$ を単位として測るとちょうど都合がよい．そこで半径が 1Å 程度の粒子の衝突の場合，衝突断面積 σ は $10^{-19}\mathrm{m}^2 (= \pi(1\text{Å}+1\text{Å})^2)$ くらいである．事実，原子線が気体分子によって散乱されるときの衝突断面積は，その程度の値であることが少なくない．電子衝突に対する全衝突断面積の一例を図 2.4 に示す．図からもわかるように，衝突断面積は電子エネルギーに大きく依存する．$10^{-19}\mathrm{m}^2$ は目安として重要である．

各粒子が衝突する間に走行する距離を自由行程といい，その平均値 λ を平均自由行程と呼ぶ．平均自由行程は当然衝突の確率に反比例し，衝突確率は衝突断面積 σ と粒子密度 n の積に比例するため，λ と σ は次のような関係になる．

$$\lambda = \frac{1}{\sigma n} \tag{2.21}$$

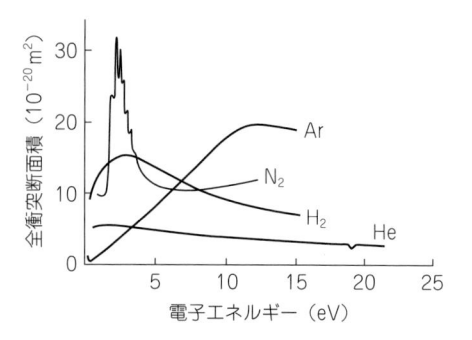

図 2.4 電子衝突に対する全衝突断面積の例

1秒間に速度 v だけ進むので，これを λ で割った数だけ1秒間に衝突するため，v/λ を衝突周波数と称し ν で表す．

$$\nu = \frac{v}{\lambda} \tag{2.22}$$

ν の逆数は衝突間の時間で衝突時間と称する．n が気体圧力 p に比例し，温度 T に逆比例することから λ は T/p に比例する．

ここまでは，一方の粒子が静止している場合について考えてきた．電子と中性粒子の衝突では，電子の速度がきわめて速いために，この仮定でよい．しかし，イオンと中性粒子の衝突や，中性粒子どうしの衝突の場合，どちらも同程度の速度で移動しているため，一方を静止しているとみなすことができない．どちらも動いているときには，その相対速度によって単位時間あたりの衝突数が増え，λ は短くなる．計算は省略するが，双方が動いている場合の λ は一方が静止している場合の $1/\sqrt{2}$ 倍となる．したがって，ほぼ同じ大きさのイオンと中性粒子，あるいは中性粒子どうしの衝突の平均自由行程を λ_m とすると，電子の平均自由行程 λ_e との関係は以下のようになる．

$$\lambda_m = \frac{1}{4\sqrt{2}} \lambda_e \tag{2.23}$$

2.3 荷電粒子の基礎過程

2.3.1 弾性衝突と非弾性衝突

放電現象は，熱運動しながら電界に加速されて移動する荷電粒子相互，または気体分子との衝突過程が基礎になる．荷電粒子は一般に運動エネルギーと内部エネルギーをもっている．衝突の前後で運動エネルギーが保存される場合が弾性衝突であり，電子衝突により分子の内部エネルギー状態が変わり，電子は内部エネルギーの変化に相当するエネルギーを失う場合が非弾性衝突である．

2.3 荷電粒子の基礎過程

質量 m_1 の粒子が速度 v_1 で静止している質量 m_2 の粒子に正面衝突した場合について考える．剛体の弾性衝突では衝突前後の運動エネルギーと運動量が保存されるので，

$$\frac{1}{2}m_1v_1^2 = \frac{1}{2}m_1v_1'^2 + \frac{1}{2}m_2v_2'^2 \tag{2.24}$$

$$m_1v_1 = m_1v_1' + m_2v_2' \tag{2.25}$$

となる．ただし，プライム（'）のついた速度は衝突後の速度を示す．これから v_2' を求めると次式を得る．

$$v_2' = \frac{2m_1}{m_1+m_2}v_1 \tag{2.26}$$

衝突により粒子 1 が失ったエネルギーは粒子 2 が得たエネルギーに等しく

$$\frac{1}{2}m_2v_2'^2 = \frac{4m_1m_2}{(m_1+m_2)^2}\frac{1}{2}m_1v_1^2 \tag{2.27}$$

となる．(2.27) 式の $4m_1m_2/(m_1+m_2)^2$ は衝突前後のエネルギー変化量と初期エネルギーとの比を示し，エネルギー伝達率 κ_e という．電子と電子，イオンとイオンの衝突など，同様の質量の粒子の衝突では $\kappa_e \approx 1$, すなわち 1 回の衝突でほぼ 100% のエネルギーが移ることがわかる．この場合，衝突におけるエネルギー緩和時間 τ_e は，運動量移行時間 τ_m と同程度となる．

一方，電子（質量 m_e）とイオン（質量 m_i）の衝突の場合，$m_e \ll m_i$ であるため，

$$\kappa_e \approx \frac{4m_e}{m_i} \ll 1 \tag{2.28}$$

となり，電子とイオン間でエネルギー緩和が起こり，電子温度とイオン温度が等しくなるためには，$m_i/4m_e$ 回衝突する必要がある．すなわち，エネルギーの緩和時間 τ_e は，運動量緩和時間 τ_m に比べてきわめて長い時間を要することになる．

$$\tau_e \approx \frac{4m_e}{m_i}\tau_m \tag{2.29}$$

以上の計算は中心衝突の場合であるが，衝突現象を考察する場合には，衝突の際の角度を考慮する必要がある．この効果を考慮すると，電子が失う運動エネルギーは (2.28) 式の係数 4 が 2 となり，平均値として衝突前の $2m_e/m_i$ 倍となる．

次に励起や電離を伴う非弾性衝突の場合について考えてみよう．(2.24), (2.25) 式と考え方は同じであるが，非弾性衝突では衝突によって ΔU だけ内部エネルギーを得るところが異なる．ここで添字 1 は電子，2 は中性粒子を示す．

$$\frac{1}{2}m_1v_1^2 = \frac{1}{2}m_1v_1'^2 + \frac{1}{2}m_2v_2'^2 + \Delta U \tag{2.30}$$

$$m_1v_1 = m_1v_1' + m_2v_2' \tag{2.31}$$

v_1' を消去すると

表 2.1 電子と原子（分子）の衝突

衝突の種類	反応	電子のエネルギー損失量	$\Delta\varepsilon$ の目安
弾性衝突	$e+M \xrightarrow{\varepsilon} e+M$	$\sim 2(m/M)\varepsilon$	~ 0
電子励起衝突	$e+M \xrightarrow{\varepsilon \geq \varepsilon_{ex}} e+M^j$	ε_{ex}	10 eV
回転励起衝突	$e+M(r) \xrightarrow{\varepsilon \geq \varepsilon_r} e+M(r')$	ε_r	kT
振動励起衝突	$e+M(v) \xrightarrow{\varepsilon \geq \varepsilon_v} e+M(v')$	ε_v	0.1 eV
解離衝突	$e+AX \xrightarrow{\varepsilon \geq \varepsilon_d} e+A+X$	ε_d	10 eV
電離衝突	$e+M \xrightarrow{\varepsilon \geq \varepsilon_i} e+M^+$	ε_i	15 eV
電子付着衝突	$e+M \xrightarrow{\varepsilon \geq \varepsilon_a} M^-$	ε_a	$\sim$kT
解離付着衝突	$e+AX \xrightarrow{\varepsilon \geq \varepsilon_d} A+X^-$	ε_d	$\sim$eV
イオン対形成	$e+AX \xrightarrow{\varepsilon \geq \varepsilon_{ip}} e+A^++X^-$	ε_{ip}	20 eV
超弾性衝突	$e+M^j \longrightarrow e+M$	$-\varepsilon_j$	

ここで各反応の矢印における記号は，たとえば電子励起においては励起しきい値エネルギー ε_{ex} を超える電子エネルギーに対して反応が生じることを示す．

$$2m_2v_2'v_1 = \frac{m_2}{m_1}(m_1+m_2)v_2'^2 + 2\Delta U \tag{2.32}$$

となる．もっとも効率よく非弾性衝突が起こる場合を想定し，ΔU が最大になる，すなわち $d(\Delta U)/dv_2'=0$ とおくと，次式を得る．

$$v_2' = \frac{m_1}{m_1+m_2}v_1 \tag{2.33}$$

これを（2.32）式に代入して

$$\Delta U = \frac{1}{2}\left(\frac{m_1 m_2}{m_1+m_2}\right)v_1^2 \tag{2.34}$$

が得られる．電子の衝突前後の運動エネルギーに対する割合は

$$\frac{\Delta U}{\frac{1}{2}m_1v_1^2} = \frac{m_2}{m_1+m_2} \tag{2.35}$$

である．エネルギー移乗率は電子と中性粒子の質量比で決まり，$m_1 \ll m_2$ の場合は近似的に1になる．すなわち電子のもつエネルギーのすべてが粒子に移乗する．(2.28) 式で評価したように弾性衝突の場合，電子は運動エネルギーをほとんど失わないが，非弾性衝突では，電子のほとんどのエネルギーが移乗されることがよくわかる．電子と原子（分子）の衝突の一例を表 2.1 にまとめる[2,3]．

2.3.2 電離と励起

中性粒子に衝突する電子のエネルギーが増すと，より上位の準位への励起を伴う非弾性衝突を生じる．これは電子励起においては，原子核をめぐる外核の電子の軌道が大きくなったことに相当する．さらに電子のエネルギーが増し，電子に働くクーロン力に打ち勝つと電子は原子から離れて自由電子となり，電子を放出した原子は正イオンとなる．これが電離である．

a. 励　起

運動エネルギー ε をもった自由電子が原子に衝突し，原子内の束縛電子がエネルギー準位 (k) から $(k+1)$ の上準位に遷移する場合，自由電子は $\Delta\varepsilon = \varepsilon_{k+1} - \varepsilon_k$ に等しい運動エネルギーを失い，$\varepsilon - \Delta\varepsilon$ のエネルギーをもって散乱される．とくに，基底状態の原子 $(\varepsilon_0 = 0)$ に電子が衝突し励起原子状態が形成される場合，励起エネルギーを ε_{ex} とすると $\Delta\varepsilon = \varepsilon_{ex}$ となる．ε_{ex} は電子励起衝突のしきい値エネルギーとも呼ばれる．中性ガスや弱電離プラズマ中では，その内部エネルギーが最小となる基底状態原子が多数を占め，基底状態からの電子励起が起こる．一方，高密度プラズマでは励起状態の原子の数密度も高く，上準位からさらに上の準位への励起が優勢となる．電子衝突で基底準位から直接 $(k+1)$ 準位へ励起される場合，直接励起という．これに対して，まず (k) 準位へ励起され，続いて電子と (k) 準位の原子との衝突で $(k+1)$ 準位へ励起される場合，階段励起あるいは累積励起と呼ばれる．

励起状態の寿命は，ふつう自然放出により 10^{-9} s 程度で光を放出して下準位へ遷移する．上準位から下準位に遷移するとき，それらの準位のエネルギー差に等しいエネ

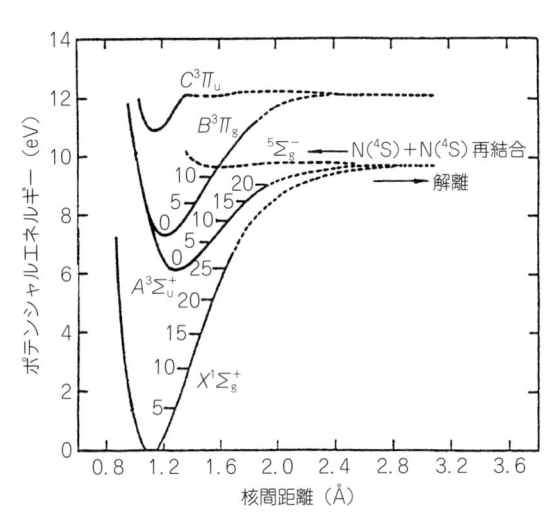

図 2.5　窒素分子のポテンシャル曲線

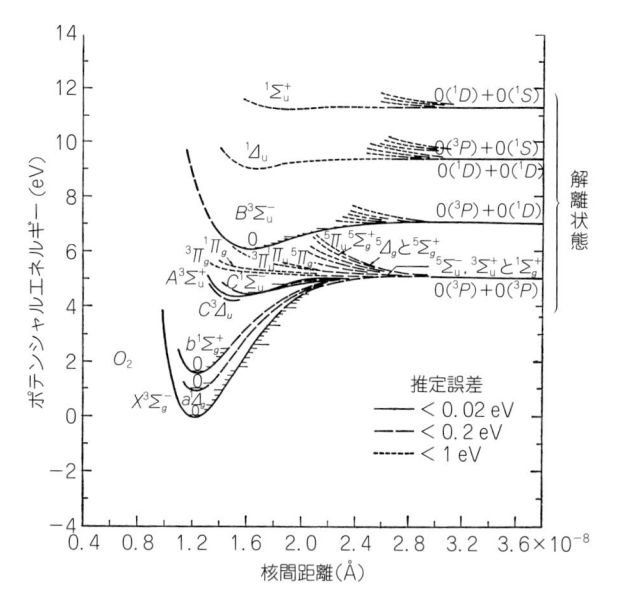

図2.6 酸素分子のポテンシャル曲線

ルギーの光を放出する．励起準位のうちで下準位への光学的遷移が量子論の選択則により禁止されているものを準安定状態という．準安定原子の寿命は長く，$10^{-2} \sim 10$ s にも及び，他の粒子や壁との衝突でその励起エネルギーを放出し，準安定状態を解消する．

2原子分子の代表である窒素と酸素の例を図2.5，2.6に示す．これらの図はポテンシャル曲線と呼ばれる．横軸は2個の原子核の距離で，基底状態曲線の最小値を与える距離は平衡核間距離である．2個の原子が結合した分子はこのポテンシャルの極小値のまわり（ポテンシャル井戸）で安定に存在する．ふつう励起状態にある分子は基底状態にある分子に比べエネルギー的に不安定で，ポテンシャル曲線の幅が広く底が浅い核間距離の大きい形となる．2個以上の原子が結合した分子は結合軸の周りの回転と振動の自由度をもち，それぞれのエネルギーは量子化されている．図2.6で示した解離状態は，そのポテンシャルが斥力形で極小値がなく，2個の原子が結合した分子状態がなく，2個の原子に解離してしまうことを表している．

衝突によって基底状態にある分子の束縛電子が励起されると，図2.7のように，分子のポテンシャル曲線はより高い励起状態にあがる．このとき，分子の原子核運動（回転と振動）と束縛電子の運動との間には，ほとんど相互作用がなく，粒子衝突による束縛電子の状態遷移に要する時間（$\sim 10^{-16}$ s）に比べて，原子核の振動の時間（$\sim 10^{-13}$ s）は十分に長い．したがって，衝突により分子内の電子遷移が起こってい

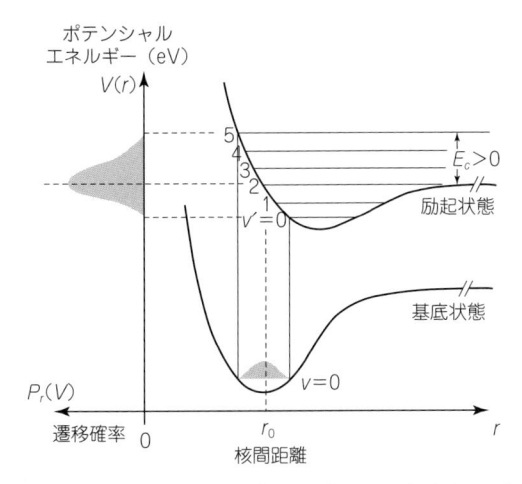

図 2.7 ポテンシャル曲線（励起状態を経て解離する例）

る間，核間距離の変化は生じない．結局，分子内の電子励起衝突では，束縛電子ははじめのポテンシャル曲線上から垂直（r：一定）に新しいポテンシャル曲線上に遷移することになる．この電子遷移は垂直遷移もしくはフランク・コンドンの原理と呼ばれている．

図 2.7 のようなポテンシャル曲線の場合[3]は，基底状態の $v=0$ にある分子が衝突を受けて $v'=0 \sim 5$ の各振動状態が生まれ，このうち $v'=3, 4, 5$ はポテンシャル井戸の外にあり，2個の原子に解離する解離衝突となることを示している．解離した2個の原子は相対エネルギー E_c をもっている．

b. 電　　離

衝突する電子のエネルギー ε が原子（分子）の電離のしきい値エネルギー ε_i（電離エネルギー）を超えると，衝突後，原子（分子）を，$e + A \rightarrow e + e + A^+$ と電離する確率が生まれる．この電離衝突の確率の大きさを電離断面積で表す．電離には大きく次のような過程がある．

①電子衝突による電離
②高温・高気圧ガスによる電離（熱電離）
③準安定状態からの電離（ペニング電離）
④光子の吸収による電離（光電離）

放電過程で発生するもっとも重要な電離は，①の電子衝突による電離である．電界がなくても高温・高圧のガスは熱電離②が可能である．たとえば，大気中の炎の中では，気体粒子はマックスウェル分布をしながらも大変速い速度の成分をもっており，中性粒子どうしの衝突で電離することが可能である．

2種類の気体a, bの混合において，aの準安定準位V_mがbの電離電圧V_iより少し高い場合, 電離が起こる．たとえばaがNe（ネオン）でbがA（アルゴン）の場合，V_mは16.6〜16.7 VでV_i=15.8 Vより若干高い．このため次のような2段階で電離が起こる．

第一段階　　$Ne + e \rightarrow Ne^* + e$

第二段階　　$Ne^* + A \rightarrow Ne + A^+ + e$

第一段階では電子衝突によってNeは準安定原子Ne*となる．第二段階でNe*とAの衝突でAが電離される．これをペニング効果と呼ぶ．希ガスの混合気体では重要な電離過程で，蛍光灯やプラズマディスプレイなどにも利用されている．

電離のエネルギーeV_i以上のエネルギーをもった光子（$h\nu > eV_i$, h: プランク定数, ν: 振動数）を照射することで，光電離④を発生することが可能である．高い光子エネルギーが必要なため，波長$\lambda (= c/\nu$, c: 光速) の短い紫外線が必要である．たとえばアルゴン（eV_i = 15.8 eV）を電離するためには，波長$\lambda < 79$ nmの紫外線が必要になる．

c. 付　着

電子が原子，分子と衝突して負イオンが生成される過程を電子付着と呼ぶ．ある特定の電子エネルギーに対して共鳴的に起こる場合が多い．一般的に電子付着衝突のしきい値エネルギーε_aは数eV以下で，その断面積Q_aの最大値は10^{-18} cm²程度の小さな値を限られたエネルギー領域で有する．これとは対照的に電離断面積Q_iはふつう10^{-16} cm²程度の最大値をもち，Q_aに比べ2桁程度大きく，電離のしきい値エネルギーも10 eVを超える．プラズマ中では電子は数eVの平均エネルギーをもつから，酸素など電気的負性ガスを原料とする放電プラズマでは，電子付着による負イオン生成が効率よく起こり，負イオン効果が重要となる．

電子が分子ABに付着する形式には，解離性電子付着，非解離性電子付着，イオン対形成の3種類がある．この3つの過程を反応式で書けば

$$e + AB \xrightarrow{Q_a(\varepsilon)} [AB^-]^* \longrightarrow A + B^- \tag{2.36}$$

$$e + AB \xrightarrow{Q_a(\varepsilon)} [AB^-]^* \rightarrow (+M) \rightarrow AB^- + (\text{energy}) \tag{2.37}$$

$$e + AB \longrightarrow AB^* + e \rightarrow A^+ + B^- + e \tag{2.38}$$

となる．断面積$Q_a(\varepsilon)$で不安定な負イオン$[AB^-]^*$を生成し，これが寿命τを有する自動電子離脱と競争してある確率でAとB⁻に解離する (2.36)，あるいは他の第3体分子Mとの衝突による安定化を経て安定な負イオンAB⁻を生成する (2.37)．(2.36) と (2.38) のどちらの反応に進むかは，中性分子と生成負イオンのポテンシャルエネルギー曲線の相対的な位置関係によって決まる．

2.3.3 粒子の移動と拡散

荷電粒子は無秩序な熱運動を行いながら，電界に引っ張られて移動する．2点間の電位差 V に対応する運動エネルギーを得て電子は加速されるが，中性粒子に衝突してエネルギーの一部を失い，移動方向も変化する．しかし，時間的な平均で考えると，電子は電界の逆向きに一定の速度で移動していく．このように粒子が衝突を繰り返しながら，全体として（粒子群，すなわちスウォームとして）ある方向に進む現象を移動（ドリフト）と呼ぶ．電界中の移動速度（ドリフト速度）v_d は電界 E に比例し

$$v_d = \mu E \tag{2.39}$$

となる．ここで，μ を移動度と呼ぶ．

電子は移動しながら中性粒子と衝突し，運動量を失う．衝突による抵抗力は単位時間あたりの運動量の変化に対応し，定常状態では電界から得るローレンツ力（eE, e：電子の電荷，E：電界強度）と釣り合っている．抵抗力は，単位時間あたりの衝突数（衝突周波数 ν）と運動量 mv_d の積で表せるので，定常状態では

$$\nu m v_d = eE \tag{2.40}$$

となり，次式を得る．

$$\mu = \frac{e}{m\nu} = \frac{e\tau}{m} \tag{2.41}$$

ここで，τ は ν の逆数で，衝突から次の衝突までに経過する時間の平均値である．

次に空間的に濃度の分布がある場合について考える．この場合，粒子は周りの粒子と衝突をしながら，密度の高いほうから低いほうに移動しようとする．これを拡散という．一次元の場合に弾性衝突により粒子の運動量の変化が生じると考えると，v_D を拡散による速度として

$$\frac{d(mnv_x)}{dt} = -mnv_D\nu \tag{2.42}$$

ここで，v_x は熱速度の x 方向成分，ν は考えている粒子とまわりの粒子との衝突周波数である．v_x は時間に依存しないため，

$$m\frac{d(nv_x)}{dt} = mv_x\frac{dn}{dx}\frac{dx}{dt} = mv_x^2\frac{dn}{dx} \tag{2.43}$$

(2.42), (2.43) 式から

$$nv_D = \frac{-v_x^2}{\nu}\frac{dn}{dx} \tag{2.44}$$

球対称の速度分布を考えると

$$v_x^2 = v_y^2 = v_z^2 = \frac{1}{3}v^2 \tag{2.45}$$

であり，nv_D は x 方向への速度束 Γ_x を示すので

$$\Gamma_x = \frac{v^2}{3\nu}\frac{dn}{dx} = -D\frac{dn}{dx} \tag{2.46}$$

$$D \equiv \frac{v^2}{3\nu} = \frac{1}{3}\lambda v \tag{2.47}$$

として拡散係数 D が定義される．ただし，$v/\nu = \lambda$ である．

　拡散は一般に気体粒子でも電子，イオンのような荷電粒子でも成立する．とくに荷電粒子の場合には，拡散係数 D は移動度 μ と重要な関係式が存在する．(2.47) 式と (2.41) 式の比を計算すると

$$\frac{D}{\mu} = \frac{1}{3}\frac{v^2}{\nu}\bigg/\frac{e}{m\nu} \tag{2.48}$$

となる．v は (2.18) 式で示す熱速度で $\sqrt{3kT/m}$ で示されるため，上式は

$$\frac{D}{\mu} = \frac{kT}{e} \tag{2.49}$$

となる．これはアインシュタインの関係式と呼ばれており，拡散係数と移動度を結びつける重要な関係式である．

2.4　スウォームパラメータ

　ここまで，荷電粒子の衝突に基づく運動論について，その基礎過程を述べた．その中で，プラズマ中で荷電粒子はランダムな熱運動と電磁界による運動を行いながら衝突を繰り返し，全体（粒子群）としては，電界の方向にドリフトしプラズマを維持している．ここでは弱電離プラズマ中の荷電粒子の集団（スウォーム）の状態の変化を，ボルツマン方程式を用いて解析し，ドリフト速度や平均エネルギー，拡散係数，反応速度定数など集団としてのパラメータ（スウォームパラメータ）を導出する．とくに本書が取り上げるバリア放電がもっとも広く利用される酸素ガスや空気中でのスウォームパラメータを実際に導出する．

2.4.1　ボルツマン方程式[3]

　ボルツマン方程式は位置空間と速度空間をまとめた位相空間において，荷電粒子の流入，流出を考慮して速度分布を求めるものである．ここでは，粒子の流入，流出のドライビングフォースとしては，拡散，電磁界による加速・減速，粒子間衝突を考える．得られた速度分布関数を用いて各種スウォームパラメータを導出することができる．

a. 二項近似ボルツマン方程式

　放電による弱電離プラズマ中における荷電粒子の運動を考える．ある時刻 t，位置空間 r，速度空間 v における粒子の速度分布関数を $F(v, r, t)$ とすると，ボルツマン

方程式は以下のように記述される．速度分布関数は，ある位置と時間において，ある速度成分を有する粒子の存在確率を示すものである．

$$\frac{\partial F}{\partial t} + v\frac{\partial F}{\partial r} + a\frac{\partial F}{\partial v} = \left(\frac{\partial F}{\partial t}\right)_{coll.} \quad (2.50)$$

ここで，加速度 a は磁場の影響を無視すると，$a = eE/m$ であり，e は電荷素量，m は荷電粒子の質量を示す．したがって，(2.50) 式において，左辺第1項は分布関数の時間変化を示し，第2項は粒子拡散による位置空間への流入出，第3項は外力による加速，減速に起因する速度空間への流入出，これらが右辺の衝突による効果で表されることを示す．

電子と気体分子の衝突を考えると，それぞれの質量 m, M の比 m/M はガスの種類に依存するが，一般に 10^{-4} より小さく，衝突により分子のエネルギーはほとんど変化せず，電子は等方的に散乱されると考えてよい．一方，電場 E が非等方性の原因である場合，分布関数 F は v と E のなす角度 θ に依存し，次式のようにルジャンドルの直交多項式 $P_n(\cos\theta)$ による展開で表される[3]．

$$F(v, r, t) = \sum_{n=1}^{\infty} F_n(v, r, t) \cdot P_n(\cos\theta) \quad (2.51)$$

電子と気体分子の衝突においては，方向性成分は十分に小さいと推定されるため，(2.51) 式の第2項までを考慮すれば十分であるとすると，

$$F(v, r, t) = F_0(v, r, t) + \cos\theta \cdot F_1(v, r, t) \quad (2.52)$$

(2.52) 式は二項近似と呼ばれ，F_0 は等方性成分，F_1 は方向性成分を表す．

(2.50) 式の右辺の衝突項を J と記し，J も F と同様にルジャンドルの多項式で展開し，第2項までをとると，

$$J = J_0 + \cos\theta \cdot J_1 \quad (2.53)$$

となる．ここで，電場の方向を $-Z$ 軸，F は Z 軸を法線とする平面で一様であると仮定し，(2.52), (2.53) 式を (2.50) 式に代入すると，次式を得る．

$$\frac{\partial F_0}{\partial t} + \cos\theta\frac{\partial F_1}{\partial t} + v\cos\theta\frac{\partial F_0}{\partial z} + v\cos^2\theta\frac{\partial F_1}{\partial z}$$
$$-\frac{eE}{m}\left\{\frac{F_1}{v} + \cos\theta\frac{\partial F_0}{\partial v} + v\cos^2\theta\frac{\partial}{\partial v}\left(\frac{F_1}{v}\right)\right\} = J_0 + \cos\theta \cdot J_1 \quad (2.54)$$

(2.54) 式の両辺に $d\Omega = \sin\theta d\theta d\phi$ を掛けて全立体角にわたり積分すると，対称成分だけが残り，次式を得る．

$$\frac{\partial F_0}{\partial t} + \frac{v}{3}\frac{\partial F_1}{\partial t} - \frac{eE}{m}\left\{\frac{F_1}{v} + \frac{v}{3}\frac{\partial}{\partial v}\left(\frac{F_1}{v}\right)\right\} = J_0 \quad (2.55)$$

(2.50) 式の両辺に $\cos\theta d\Omega$ を掛けて同様に積分すると，

$$\frac{\partial F_1}{\partial t} + v\frac{\partial F_0}{\partial z} - \frac{eE}{m}\frac{\partial F_0}{\partial t} = J_1 \quad (2.56)$$

が得られる．

ここで，(2.56) 式の J は，弾性衝突項 J_{elas}，励起衝突項 J_{ex}，電離衝突項 J_i と付着衝突項 J_{att} からなり，各衝突項は以下のように表される[3]．

①弾性衝突項

$$\left.\begin{array}{l} J_{elas} = N\dfrac{2m}{M}\dfrac{1}{2v^2}\dfrac{\partial}{\partial v}\{v^4 F_0(v) Q_m(v)\} - \cos\theta \cdot NF_1(v) v Q_m(v) \\ Q_m = \displaystyle\int_\Omega (1-\cos\chi)\sigma_{elas}(v,\chi)d\Omega \end{array}\right\} \quad (2.57)$$

②励起衝突項

$$\left.\begin{array}{l} J_{ex} = N\dfrac{1}{v}\{v'^2 F_0(v') Q_{ex}(v') - v^2 F_0(v) Q_{ex}(v)\} - \cos\theta \cdot NF_1(v) v Q_{ex}(v) \\ Q_{ex}(v) = \displaystyle\int_\Omega \sigma_{ex}(v,\chi)d\Omega \end{array}\right\} \quad (2.58)$$

③電離衝突項

$$\left.\begin{array}{l} J_i = \dfrac{N}{v(1-\varDelta)} v'^2 F_0(v') Q_i(v') + \dfrac{N}{v\varDelta} v''^2 F_0(v'') Q_i(v'') \\ \qquad - NvF_0(v) Q_i(v) - \cos\theta \cdot NF_1(v) v Q_i(v) \\ Q_i(v) = \displaystyle\int_\Omega \sigma_i(v,\chi)d\Omega \end{array}\right\} \quad (2.59)$$

④電子付着衝突項

$$\left.\begin{array}{l} J_{att} = -NF_0(v) v Q_{att}(v) - \cos\theta \cdot NF_1(v) v Q_{att}(v) \\ Q_{att}(v) = \displaystyle\int_\Omega \sigma_{att}(v,\chi)d\Omega \end{array}\right\} \quad (2.60)$$

各衝突項は，対称項と非対称項の和で表されており，対称項は $F_0(v)$ のみを含み，非対称項は $F_1(v)$ のみを含んでいるので，(2.55)，(2.56) 式の J_0 と J_1 は，それぞれ $J_0(F_0)$，$J_1(F_1)$ と書ける．すなわち，

$$J_0(F_0) = \sum_j J_{j,0} \qquad (2.61)$$

$$J_1(F_1) = \sum_j J_{j,1} = -N\left(\sum_j Q_j\right) F_1 v \qquad (2.62)$$

となる．ここで，Σ_j は $j=elas, ex, i$ および att の成分和である．

(2.61) 式および (2.62) 式をそれぞれ (2.55) 式と (2.56) 式に代入し，F_1 を消去すれば F_0 に関する微分方程式が得られる．この方程式を数値的に解く際に，次式により速度分布関数をエネルギー分布関数に変換すると便利である．

$$n_e f_k(\varepsilon) d\varepsilon = F_k(v) 4\pi v^2 dv, \quad k=0,1, \quad \varepsilon = mv^2/2 \qquad (2.63)$$

上記の変換により，(2.55) 式および (2.56) 式は $f_0(\varepsilon)$ に関する以下の微分方程式に帰着する．

$$\dfrac{\partial}{\partial t} f_0 = \sqrt{\dfrac{m}{2}}\dfrac{2m}{M}\dfrac{\partial}{\partial \varepsilon}\left[NQ_{elas}(\varepsilon)\varepsilon^{3/2} f_0 + \dfrac{eEM\varepsilon}{6mN\sum Q(\varepsilon)}\left\{eE\dfrac{\partial}{\partial \varepsilon}(f_0 \varepsilon^{-1/2}) + \dfrac{\partial}{\partial z}(f_0 \varepsilon^{-1/2})\right\}\right]$$

$$+\sqrt{\frac{2}{m}}\frac{\varepsilon}{3N\sum Q(\varepsilon)}\left\{eE\frac{\partial^2}{\partial \varepsilon \partial z}(f_0 \varepsilon^{-1/2})+\frac{\partial^2}{\partial z^2}(f_0 \varepsilon^{-1/2})\right\}$$

$$+\sqrt{\frac{2}{m}}\frac{\partial}{\partial \varepsilon}\int_{\varepsilon}^{\varepsilon+\varepsilon_{ex}}\sqrt{\varepsilon}f_0 NQ_{ex}(\varepsilon)d\varepsilon$$

$$+\sqrt{\frac{2}{m}}\frac{\partial}{\partial \varepsilon}\int_{\varepsilon}^{\frac{\varepsilon}{1-\Delta}+\varepsilon_i}\sqrt{\varepsilon}f_0 NQ_i(\varepsilon)d\varepsilon$$

$$+\sqrt{\frac{2}{m}}\frac{\partial}{\partial \varepsilon}\int_{\varepsilon}^{\frac{\varepsilon}{\Delta}+\varepsilon_i}\sqrt{\varepsilon}f_0 NQ_i(\varepsilon)d\varepsilon$$

$$-\sqrt{\frac{2}{m}}\frac{\partial}{\partial \varepsilon}\int_{0}^{\varepsilon}\sqrt{\varepsilon}f_0 NQ_{att}(\varepsilon)d\varepsilon \qquad (2.64)$$

ここで,$\sum Q(\varepsilon) = Q_{elas}(\varepsilon) + Q_{ex}(\varepsilon) + Q_i(\varepsilon) + Q_{att}(\varepsilon)$ を意味する.

b. 定常場におけるボルツマン方程式解析

バリア放電はc項で後述するように,電界の変化に対して運動量やエネルギーの緩和時間が早く,電子の分布関数は電界の変化に瞬時に追随できるため,時間定常を仮定したボルツマン方程式の解を適用できる.ここでは,バリア放電の解析のため,時間定常($\partial/\partial t = 0$)を仮定して(2.64)式を解析する.なお,解析にあたり,電子電流の空間的な成長は $n_e(z) = n_0 \exp(\alpha_{eff} z)$ に従うと仮定する.ここで,n_0 は $z = 0$ における初期電子密度,α_{eff} は単位長さあたりの電子増倍率を表す電離係数と電子減少率を表す付着係数の差で,実効的な電離係数を表す.

以上の仮定により(2.64)式を展開すると,次式となる.

$$\frac{d}{d\varepsilon}\left[\frac{2m}{M}NQ_{elas}(\varepsilon)\varepsilon^{3/2}f_0 + \frac{e^2 E^2 \varepsilon}{3N\sum Q(\varepsilon)}\frac{d}{d\varepsilon}\left(\frac{f_0}{\sqrt{\varepsilon}}\right) + \frac{eE\sqrt{\varepsilon}}{3N\sum Q(\varepsilon)}\alpha_{eff} f_0\right]$$

$$+\alpha_{eff}\left[\frac{eE\varepsilon}{3N\sum Q(\varepsilon)}\frac{d}{d\varepsilon}\left(\frac{f_0}{\sqrt{\varepsilon}}\right) + \alpha_{eff}\frac{\sqrt{\varepsilon}}{3N\sum Q(\varepsilon)}f_0\right]$$

$$+\frac{d}{d\varepsilon}\int_{\varepsilon}^{\varepsilon+\varepsilon_{ex}}\sqrt{\varepsilon}f_0 NQ_{ex}(\varepsilon)d\varepsilon$$

$$+\frac{d}{d\varepsilon}\int_{\varepsilon}^{\frac{\varepsilon}{1-\Delta}+\varepsilon_i}\sqrt{\varepsilon}f_0 NQ_i(\varepsilon)d\varepsilon$$

$$+\frac{d}{d\varepsilon}\int_{\varepsilon}^{\frac{\varepsilon}{\Delta}+\varepsilon_i}\sqrt{\varepsilon}f_0 NQ_i(\varepsilon)d\varepsilon$$

$$-\frac{d}{d\varepsilon}\int_{0}^{\varepsilon}\sqrt{\varepsilon}f_0 NQ_{att}(\varepsilon)d\varepsilon = 0 \qquad (2.65)$$

(2.65)式は変数 ε のみの2階常微分方程式であり,これを解くことにより電子の等方性エネルギー分布関数を得ることができる.分布関数が求まれば,以下の式によって電子の輸送係数(スウォームパラメータ)を求めることができる.

① 電界方向(方向性)成分エネルギー分布

$$f_1 = \frac{-eE\varepsilon}{\sqrt{m/2}\,\alpha_{\mathit{eff}}v_d + \sqrt{\varepsilon}\,NQ(\varepsilon)} \frac{\partial}{\partial \varepsilon}\left[\frac{f_0(\varepsilon)}{\sqrt{\varepsilon}}\right] \quad (2.66)$$

②電子の平均エネルギー

$$\langle U \rangle = \int_0^\infty \varepsilon f_0(\varepsilon)\,d\varepsilon \quad [\mathrm{eV}] \quad (2.67)$$

③ドリフト速度

$$v_d = \frac{1}{3}\sqrt{\frac{2}{m}}\int_0^\infty \sqrt{\varepsilon}\,f_1(\varepsilon)\,d\varepsilon \quad [\mathrm{m/s}] \quad (2.68)$$

④拡散係数

$$D = \frac{1}{3}\sqrt{\frac{2}{m}}\int_0^\infty \frac{\sqrt{\varepsilon}}{NQ(\varepsilon)}f_0(\varepsilon)\,d\varepsilon \quad [\mathrm{m}^2/\mathrm{s}] \quad (2.69)$$

⑤反応速度定数

電子と粒子が衝突し，n 種の反応が起こる速度定数 k_n は，その反応の衝突断面積を Q_n とすると，以下のようになる．

$$\begin{aligned}k_n &= \int Q_n(v)\,vf(v)\,dv = \int Q_n(v)\,vf_0(v)\,4\pi v^2\,dv \\ &= \sqrt{\frac{2}{m}}\int_{\varepsilon_n}^\infty \sqrt{\varepsilon}\,Q_n(\varepsilon)f_0(\varepsilon)\,d\varepsilon \quad [\mathrm{m}^3/\mathrm{s}] \end{aligned} \quad (2.70)$$

ここで，添字 n は考慮する反応を示す．

シミュレーションの妥当性を確認するため，電子が電界から得るエネルギーと衝突により失うエネルギーの釣り合いを考慮しておくことはきわめて重要である．(2.65)式を 0～ε まで定積分し，さらに 0～∞ まで積分するとエネルギーバランスの式が得られる．この式をドリフト速度 (2.68) 式，拡散係数 (2.69) 式を用いて整理すると，次式を得る．

$$\sqrt{\frac{2}{m}}\int_{\varepsilon_n}^\infty \frac{2m}{M}NQ_m(\varepsilon)\varepsilon^{3/2}f_0\,d\varepsilon - eE\{v_{de}(\varepsilon) - \alpha_{\mathit{eff}}D(\varepsilon)\}$$
$$+ \alpha_{\mathit{eff}}\{v_{de}(\varepsilon) - \alpha_{\mathit{eff}}D(\varepsilon)\}\varepsilon + \varepsilon_{ex}v_{ex} + \varepsilon_i v_i + \varepsilon_a v_a = 0 \quad (2.71)$$

ここで，ε_j は j 励起準位のエネルギー，v_j は j 励起準位への励起周波数を表す．

これはボルツマン方程式の最終結果であり，電界より得るエネルギーと弾性衝突，非弾性衝突によるエネルギーロスとの釣り合いを示すエネルギーバランスの式になる．この式を用いて，全エネルギーに対して，ある i 励起準位へ投入されたエネルギーの比率 P_j を，次式のように求めることができる．

$$P_j = \frac{\varepsilon_j v_j}{eE\{v_{de}(\varepsilon) - \alpha_{\mathit{eff}}D(\varepsilon)\}} \quad (2.72)$$

(2.72) 式の分母は電界から電子が得た単位時間あたりの全エネルギーを示し，分子は j 励起準位の励起に使われた単位時間あたりのエネルギーを表す．

c. バリア放電場におけるボルツマン方程式の扱い

バリア放電は交流放電であるため，スウォームパラメータを求める際に，時間変化を考慮する必要がある．しかし，以下に示すようにバリア放電の一般的条件では，電場の時間変化に比べて運動量の緩和はむろんエネルギーの緩和時間も十分に短く，電子のエネルギー分布は電場の変化に十分追随できると考えられるため，瞬時電界に対する準定常解を求めて時間応答を解析することができる．

プラズマに電界が印加された場合，電界は電子を加速し，電界からエネルギーを得た電子は中性粒子と衝突してエネルギーを失う．電界方向に与えられた電子の運動量も衝突により等方化される．電界が時間的にステップ状に印加された場合，電子はガス温度と平衡したエネルギー分布から，衝突を繰り返しながら電界により加速されることにより分布に変化が生じる．そして，一定時間が経過すると，あらゆるエネルギー値において衝突によるエネルギー損失と電界による加速が平衡した点でエネルギー分布関数は定常状態となる．この時間がエネルギー分布関数の等方性成分のエネルギー緩和時間（f_0の緩和時間：τ_e）である．同様に，衝突による運動量の等方化にかかる時間を運動量緩和時間（f_1の緩和時間：τ_m）と呼ぶ．一般に弾性衝突における運動量とエネルギーの緩和時間（τ_mとτ_e）の関係は

$$\tau_e^{elas} = (M/2m)\tau_m \tag{2.73}$$

であり，運動量に比較してエネルギーの緩和時間τ_eは非常に長い．したがって，規則的に変化する交流電界の印加に対しては，これらの緩和時間が電界の周期T_Eよりも短い場合，すなわち

$$T_E \gg \tau_e > \tau_m \tag{2.74}$$

を満足するような条件では，電子の分布関数は電界の変化に対して瞬時に追随できるため，電場に時間変動がある場合においても，時間定常を仮定したボルツマン方程式

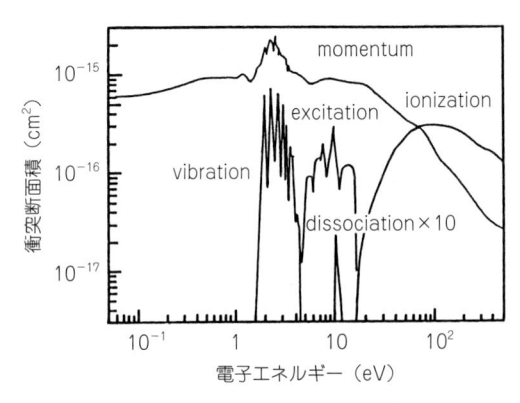

図2.8 窒素ガスの衝突断面積

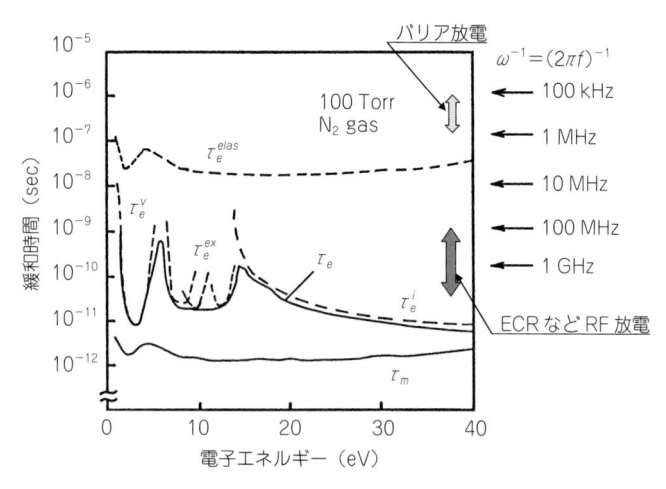

図 2.9 衝突緩和時間（N_2 ガス，13.3 kPa）

による解を適用することが可能である．

バリア放電励起 CO_2 レーザの主成分ガスである N_2 ガスにおける衝突断面積 $Q(\varepsilon)$ と 100 Torr（13.3 kPa）での衝突緩和時間の関係を図 2.8, 2.9 に示す．電界の時間変化と衝突緩和時間との比較のため，各電源周波数における角周波数の逆数を図 2.9 に示した．衝突緩和時間 τ は電子速度 v，衝突断面積 Q，ガス密度 N により，$\tau = (vQN)^{-1}$ で表されるため，ガス圧力に直接関連する量である．図 2.8 より明らかなように，N_2 ガスは低エネルギー（2 eV 近傍）領域に大きな振動励起断面積をもつことが特徴であり，この振動励起により CO_2 レーザが高効率動作できることはよく知られた事実である．

バリア放電励起 CO_2 レーザの放電場条件では，図 2.9 に示すように，ガス圧力が高く衝突緩和時間が短いこと，N_2 の振動励起のため，低エネルギー領域においてもエネルギーの緩和時間が短いため，電界の時間変化に対して運動量の緩和はもちろん，エネルギーの緩和時間さえ電界の時間変化に対して十分短いことがわかる．このことより，電子スウォームは電界の時間変化に完全に追従する．したがって本書では，電子スウォームの時間変化が瞬時電場の変化に完全に追従すると仮定して解析している．この仮定は同様の周波数で高圧力動作である PDP や，より周波数の低いオゾナイザなど大気圧以上の圧力領域の他のバリア放電に共通して成立する．なお，低圧ガス中の RF 放電や，ECR（electron cyclotron resonance）放電などでは，τ_e^{elas} が電界の時間変化の時定数より十分長いので，等方性成分 $g_0(v, t)$（平均エネルギー，衝突周波数に関連する）は時間によらない DC 的振る舞いをし，電子速度の方向性成分 $g_1(v, t)$（ドリフト速度に関連する）は電界と同相の時間変化を示すことになる．詳細は高

周波プラズマに関する文献[2,3]を参照.

2.4.2 スウォームパラメータの導出
a-1. 酸素原料ガスにおけるスウォームパラメータ

前項のボルツマン方程式を用いて,バリア放電がもっとも一般的に用いられているオゾン発生プロセスの主たる反応過程において,実際にスウォームパラメータを導出してみよう.酸素原料ガスにおいて,オゾン生成に重要な役割を果たす電子衝突が関与した反応を以下に示す.

$$e + O_2(X^3\Sigma_g^-) \xrightarrow{ke_1} e + O_2(B^3\Sigma_u^-)$$
$$\rightarrow e + O(^3P) + O(^1D) \quad [\text{threshold}: 8.4\,\text{eV}] \quad (2.75)$$

$$e + O_2(X^3\Sigma_g^-) \xrightarrow{ke_2} e + O_2(A^3\Sigma_u^+)$$
$$\rightarrow e + O(^3P) + O(^3P) \quad [\text{threshold}: 6.17\,\text{eV}] \quad (2.76)$$

$$e + O_2(X^3\Sigma_g^-) \xrightarrow{ke_3} O(^3P) + O^- \quad [\text{threshold}: 4.2\,\text{eV}] \quad (2.77)$$

$$e + O_2(X^3\Sigma_g^-) \xrightarrow{ke_4} e + O_2(b^1\Sigma_u^+) \quad [\text{threshold}: 1.65\,\text{eV}] \quad (2.78)$$

$$e + O_2(X^3\Sigma_g^-) \xrightarrow{ke_5} e + O_2(a^1\Delta_g) \quad [\text{threshold}: 0.98\,\text{eV}] \quad (2.79)$$

$$e + O_2(X^3\Sigma_g^-) \xrightarrow{ke_6} e + e + O_2^+ \quad [\text{threshold}: 9.5\,\text{eV}] \quad (2.80)$$

(2.75)式および(2.76)式は電子衝突により励起された酸素分子を経由した酸素

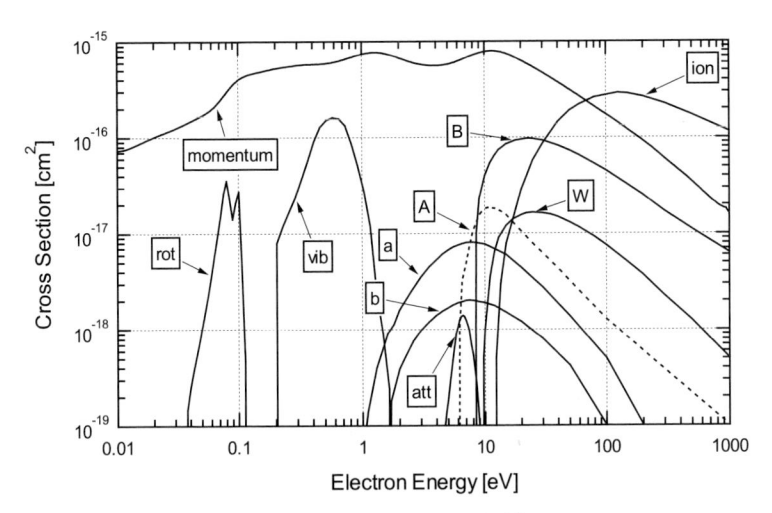

図2.10 酸素分子の衝突断面積

各記号は以下の衝突を示す.A, B, W, a, b:電子励起,att:付着,vib:振動励起,ion:電離,rot:回転励起,momentum:運動量移行衝突.

の解離反応であり，オゾンの種となる酸素原子を直接生成する過程である．反応に関与する電子のしきいエネルギーはそれぞれ 8.4 eV, 6.17 eV である．(2.77) 式は解離付着反応であり，この反応からも 1 個の酸素原子が生成される．反応に関与する電子エネルギーの閾値は 4.2 eV である．(2.78) 式と (2.79) 式は，ともに酸素分子の励起に関連する反応であり，酸素原子の直接生成には至らないが，後述する中性粒子間の反応でオゾン生成に重要な影響を及ぼしていると考えられる反応である．なお，電子エネルギーの閾値はそれぞれ 1.65 eV, 0.98 eV である．(2.80) 式はしきいエネルギーが 9.5 eV と比較的高いエネルギーを有する電子との衝突による，酸素分子の電離反応である．

これらの反応を含めた，酸素の電子衝突反応に対する衝突断面積の測定値を図 2.10 に示す[4]．振動，回転励起に対する断面積が 1 eV 以下の小さな電子エネルギー域に極大値を有しているが，上述のオゾン生成に関与する反応の断面積については，1〜10 eV の電子エネルギー域に集中していることがわかる．このため，オゾンを効率よく生成するためには，数 eV 程度の平均電子エネルギーを有する放電条件が必要であると推定される．

図 2.10 に示した衝突断面積を使用して，ボルツマン方程式解析により放電場の電界強度と電子のドリフト速度および平均電子エネルギーの関係を求めた結果を，図 2.11 および図 2.12 に示す．ここで，図の横軸の E/N は，放電空間の電界 E [V/cm] を粒子密度 N [part./cm^3] を基準にして規格化したパラメータであり，換算電界強度と呼ぶ．E/N の単位は Td（タウンゼント）であり，1 Td = 10^{-17} V・cm^2．ドリフト速度，平均エネルギーはともに換算電界強度 E/N の上昇とともに単調に増加する．

50 Td から 200 Td の電界強度に対して，電子エネルギーの等方性成分および方向性（電界方向）成分の分布を

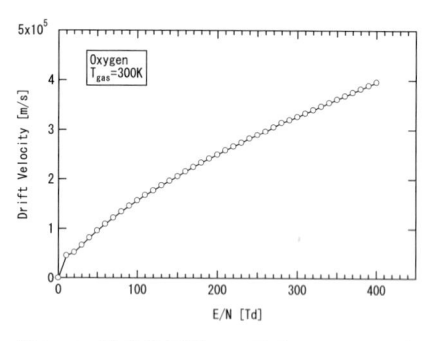

図 2.11 酸素放電場での電子のドリフト速度（Td = 10^{-17} V・cm^2）

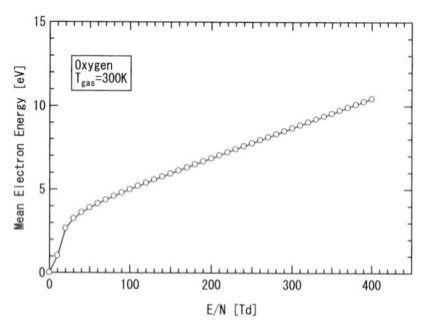

図 2.12 酸素放電場での平均電子エネルギー（Td = 10^{-17} V・cm^2）

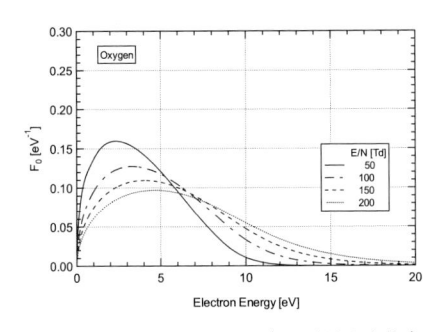

図 2.13 電子エネルギー分布の電界強度依存性（等方性成分）（Td=10^{-17} V・cm^2）

図 2.14 電子エネルギー分布の電界強度依存性（方向性成分）（Td=10^{-17} V・cm^2）

$$\int_0^\infty F_i(\varepsilon)\,d\varepsilon = 1 \quad (i=0,\,1) \tag{2.81}$$

により，規格化して算出した結果を図2.13と図2.14に示す．電界強度の増加によって等方性，方向性成分ともに電子エネルギーの分布は，高エネルギー側にシフトすることがわかる．

a-2. 電子反応の速度定数

電子と中性物質 M が衝突する場合，衝突の数は両者の数密度 [e]，[M] に比例するので，衝突反応の速度は k[e][M] のように書ける．k は反応の種類と電子のエネルギーによって決まり，反応速度定数と呼ばれる．この反応速度定数は，(2.70) 式に示すように電子のエネルギー分布 $f_0(\varepsilon)$ と衝突断面積 $Q(\varepsilon)$ の積で算出することができ，換算電界強度 E/N の関数となる．

上記 (2.72) 式から (2.83) 式に示した電子衝突反応の反応速度定数の電界強度依存性を図2.15に示す．電子衝突の反応速度であることを明確にするため，速度定数 k に添え字 e をつけ，k_e で示した．反応のしきいエネルギーが高く，10 eV 以上の高エネルギー域に断面積の極大値を有する反応 (2.75) 式および (2.76) 式については，図2.13および図2.14に示したように，電界強度の増加に伴って電子のエネルギー分布が高エネルギー側にシフトすることに起因して，反応速度は 200 Td までは単調に増加する傾向を有する．一方，反応のしきいエネルギーが低く，断面積の極大値が数 eV 以下にある反応については，電界強度 E/N = 100 Td (Td = 10^{-17} V・cm^2) 以上で反応速度は飽和傾向を示す．オゾン生成の前駆反応である励起酸素分子の解離による酸素原子の生成速度は $k_{e1} \sim k_{e3}$ の和で表されるため，電界強度の上昇に伴って増加する．これより，強電界放電によって効率よいオゾン生成が実現できる可能性があると示唆される．

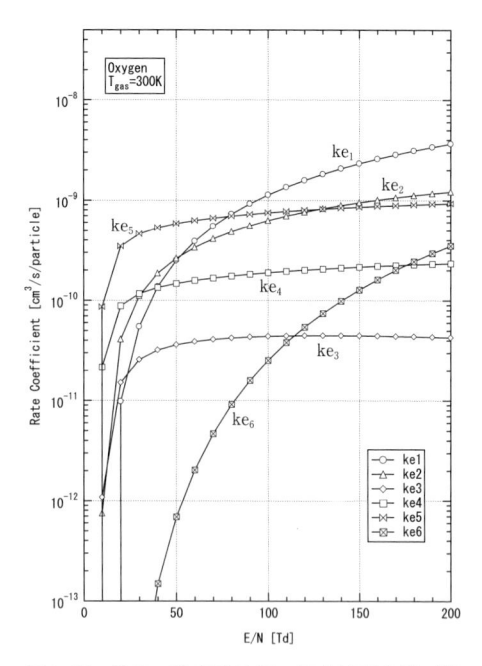

図 2.15 電子－酸素分子間の反応速度定数（酸素放電場）（$Td = 10^{-17} V \cdot cm^2$）

b-1. 空気原料ガスにおけるスウォームパラメータ

酸素と窒素の混合気体である空気を原料ガスとした場合のオゾン生成反応は，酸素のみの場合と比較してかなり複雑な過程を経ることが予測される．ここでは，前述した酸素の電子衝突反応に加えて，窒素の電子衝突反応の中でオゾン生成に重要な役割を果たすと考えられる反応について検討し，空気を原料ガスとした場合における放電場の電子スウォームパラメータおよび電子衝突反応速度定数と電界強度の関係について算出した結果について述べる．

窒素の電子衝突反応の中で，バリア放電式オゾン発生器におけるオゾン生成に重要な役割を果たすと考えられる反応を以下に示す．

$$e + N_2 \xrightarrow{ke_8} e + N + N \tag{2.82}$$

$$e + N_2 \xrightarrow{ke_9} e + N_2(C^3\Pi_u) \quad (N_2(C^3\Pi_u) + M \rightarrow N_2(B^3\Pi_g) + M) \tag{2.83}$$

$$e + N_2 \xrightarrow{ke_{10}} e + N_2(a^1\Pi_g) \quad (N_2(a^1\Pi_g) + M \rightarrow N_2(B^3\Pi_g) + M) \tag{2.84}$$

$$e + N_2 \xrightarrow{ke_{11}} e + N_2(B^3\Pi_g) \tag{2.85}$$

$$e + N_2 \xrightarrow{ke_{12}} e + N_2(A^3\Pi_u^+) \tag{2.86}$$

$$e + N_2 \xrightarrow{ke_{13}} e + e + N_2^+ \tag{2.87}$$

(2.82) 式は1個の窒素分子から2個の窒素原子が得られる電子衝突解離反応である．窒素原子はオゾンの生成には直接寄与しないが，放電空間に存在する酸素分子あるいはオゾンと以下に示すような反応を経て，窒素酸化物を生成する．

$$N + O_2 \rightarrow NO + O \tag{2.88}$$
$$N + O_3 \rightarrow NO + O_2 \tag{2.89}$$

この反応により生成された窒素酸化物は，放電空間に存在するオゾンによりさらに高次の酸化物に酸化されることにより，オゾン生成を阻害する物質として作用する．したがって，窒素の解離反応は窒素/酸素混合ガス中のオゾン生成反応の中でも重要な反応と位置づけることができる．窒素酸化物によるオゾン生成の阻害反応の詳細については5章で述べる．

(2.82)～(2.87) 式はいずれも窒素分子の電子励起反応であるが，これらの反応により生成された励起分子は酸素分子との衝突により，次式に示すような酸素原子を生成する反応経路を有しており，窒素/酸素混合ガス中におけるオゾン生成の重要な反応として位置づけられる[5]．

$$N_2(A^3\Sigma_u^+) + O_2(^3\Sigma_g^-) \rightarrow N_2 + O(^3P) + O(^3P)$$
$$\rightarrow N_2O + O(^3P) \rightarrow N_2 + O_2 \tag{2.90}$$
$$N_2(B^3\Pi_g) + O_2(^3\Sigma_g^-) \rightarrow N_2 + O(^3P) + O(^1D) \tag{2.91}$$

これらの反応を含めた，窒素の電子衝突反応に対する衝突断面積を図2.16に示す．図中，各記号はそれぞれ，momentum：運動量移行衝突，ionization：電離衝突，dis.ionization：解離性電離，A^3，B^3，W^3，a^1：各電子準位への励起衝突を示す．窒素は2 eV 近傍の低電子エネルギー領域に，複数の振動励起準位が存在し，これらの衝

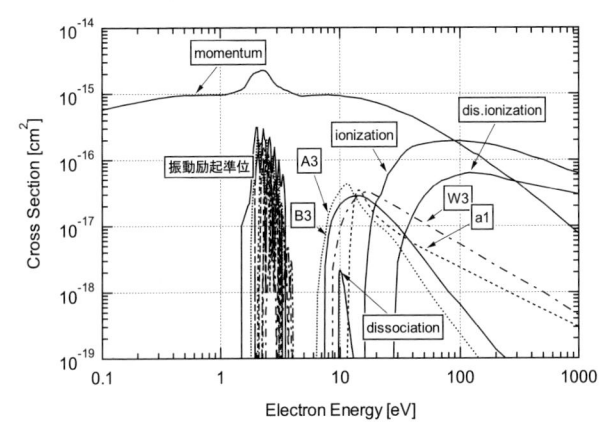

図 2.16 窒素分子の電子衝突断面積

突断面積が大きいことが特徴である．したがって，これらの励起準位に電子の加速を通して電界からのエネルギーが効率よく投入されることにより，同一電界強度における電子エネルギーの分布は酸素と比較して低エネルギー側に移行すると推定される．

図 2.10 と図 2.16 に示した酸素および窒素の衝突断面積を使用し，空気を酸素 21%，窒素 79% の混合気体と仮定して，ボルツマン方程式解析により放電場の電界強度と電子のドリフト速度および平均電子エネルギーの関係を求めた結果を図 2.17 および図 2.18 に示す．

酸素の場合と同様に，50 Td から 200 Td の電界強度に対して，電子エネルギーの等方性成分および方向性成分の分布を (2.81) 式により規格化して算出した結果を，図 2.19 と図 2.20 に示す．分布関数は，2 eV 近傍の電子エネルギー域に大きなピークを有しているが，窒素の振動励起準位に対応するものである．電界強度の増加に伴って電子エネルギーは高エネルギー側へとシフトするが，酸素放電場での挙動とは異なり，等方性成分，方向性成分ともに窒素の振動励起準位に対応したエネルギー域の電

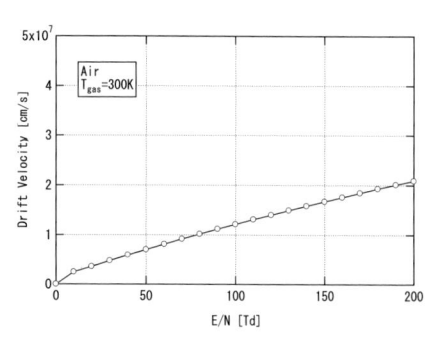

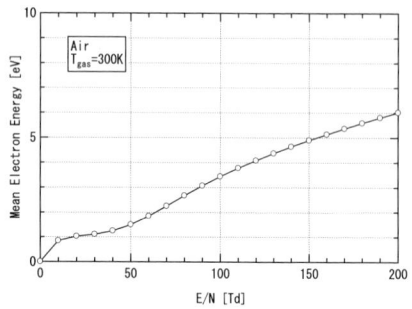

図 2.17 空気放電場での電子のドリフト速度 ($Td = 10^{-17}$ V·cm^2)

図 2.18 空気放電場での平均電子エネルギー ($Td = 10^{-17}$ V·cm^2)

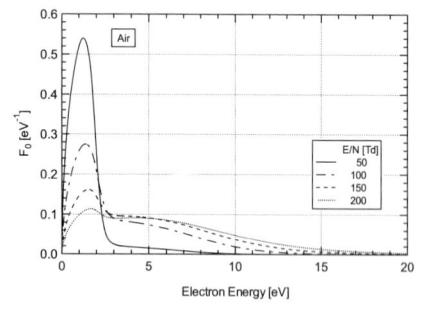

図 2.19 電子エネルギー分布の電界強度依存性（等方性成分）($Td = 10^{-17}$ V·cm^2)

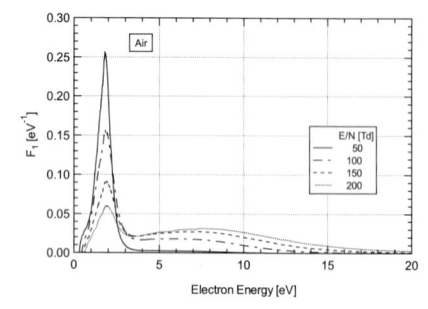

図 2.20 電子エネルギー分布の電界強度依存性（方向性成分）($Td = 10^{-17}$ V·cm^2)

子の存在確率が高いことがわかる．窒素の振動励起準位への効率的なエネルギー注入によって，電子エネルギーを低く抑えることにより CO_2 レーザが高効率動作できることはよく知られた事実である．

b-2. 電子衝突反応速度定数

空気を原料ガスとした放電場における (2.75)〜(2.83) 式に示した酸素分子，および (2.82)〜(2.87) 式に示した窒素分子の電子衝突反応速度定数の電界強度依存性を，図2.21と図2.22に示す．酸素分子の電子衝突反応については，図2.15に示した純酸素の場合と比較して，とくに 100 Td 以下の低電界強度域において，窒素の存在により同一電界強度における電子エネルギーのピークが低くなっていることに起因して，いずれの反応においても速度定数が小さくなっている．しかし，電界強度が 100 Td を超える領域においては，図2.13と図2.19に示した電子エネルギー分布にも大差が見られなくなるように，酸素放電場と空気放電場における反応速度定数の差もわずかになることがわかる．

窒素の電子衝突反応については，いずれの反応も電界強度の上昇により単調に増加するが，(2.87) 式に示した窒素分子の電離反応を除いて，150 Td 以上の高電界領域では微増傾向にとどまっている．

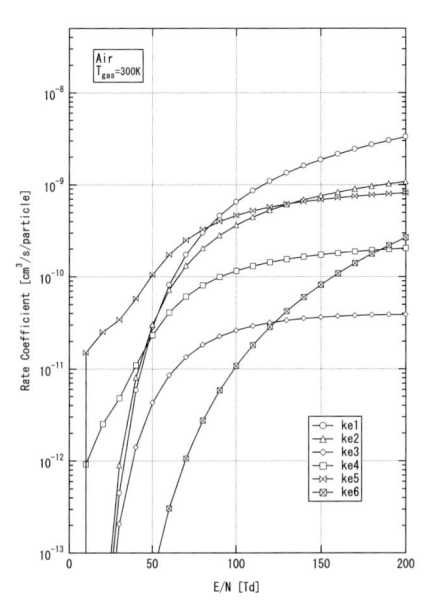

図2.21　電子－酸素分子間の反応速度定数 (空気放電場) ($Td = 10^{-17}$ V・cm^2)

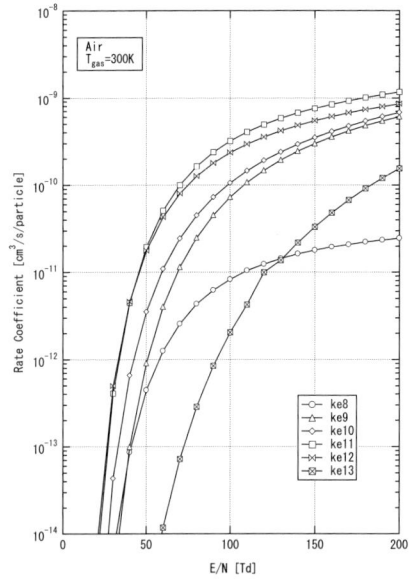

図2.22　電子－窒素分子間の反応速度定数 (空気放電場) ($Td = 10^{-17}$ V・cm^2)

2.5 原子・分子反応

酸素および空気放電場におけるオゾン生成の前駆反応ともいえる電子衝突による酸素原子の生成について述べた．ここでは，バリア放電のもっとも一般的な応用であるオゾン発生について，その発生特性を解析するために基本となる原子・分子の反応とその反応速度定数をまとめておく．

2.5.1 酸素原子からのオゾン生成

前述したとおり，オゾンは，電子衝突により解離された酸素原子と酸素分子および放電場に存在する第3体との三体衝突により生成される．原料ガスが酸素の場合には，以下の反応過程があげられる．

$$O + O_2 + O_2 \xrightarrow{kn_1(O_2)} O_3 + O_2 \tag{2.92}$$

$$O + O_2 + O \xrightarrow{kn_1(O)} O_3 + O \tag{2.93}$$

$$O + O_2 + O_3 \xrightarrow{kn_1(O_3)} O_3 + O_3 \tag{2.94}$$

原料ガスが空気の場合には，第3体として窒素分子が存在することにより，以下の反応が付加される．

$$O + O_2 + N_2 \xrightarrow{kn_1(N_2)} O_3 + N_2 \tag{2.95}$$

上記反応と競合する反応は，酸素原子の再結合によって酸素分子へと戻る反応過程であり，以下の三体衝突によるものである．

$$O + O + O_2 \xrightarrow{kn_2(O_2)} O_2 + O_2 \tag{2.96}$$

表2.2 オゾン生成にかかわる反応速度定数の一覧

Reaction No.	a	b	c	k300	文献
$kn_1(O_2)$	6.40E-35	0	-663	5.834E-34	[10], [11]
$kn_1(O)$	2.15E-34	0	-345	6.790E-34	[12]
$kn_1(O_3)$	1.40E-33	-2	0	1.400E-33	[12]
$kn_1(N_2)$	5.70E-34	-2.8	0	5.700E-34	[10], [11]
$kn_2(O_2)$	1.30E-33	-1	170	7.376E-34	[12]
$kn_2(O)$	6.20E-32	0	750	5.089E-33	[12]
$kn_2(N_2)$	3.00E-33	-2.9	0	3.000E-33	[13]
$kn_3(O_2)$	7.26E-10	0	11400	2.292E-26	[12]
$kn_3(O)$	2.90E-10	0	11400	9.103E-27	[12]
$kn_3(O_3)$	1.60E-09	0	11400	5.023E-26	[12]
$kn_3(N_2)$	6.40E-10	0	11400	2.009E-26	[13]

2.5 原子・分子反応

$$O + O + O \xrightarrow{kn_2(O)} O_2 + O \qquad (2.97)$$

$$O + O + N_2 \xrightarrow{kn_2(N_2)} O_2 + N_2 \qquad (2.98)$$

さらに，生成されたオゾンは以下に示す反応により，酸素原子と酸素分子に分解される．

$$O_3 + O_2 \xrightarrow{kn_3(O_2)} O + O_2 + O_2 \qquad (2.99)$$

$$O_3 + O \xrightarrow{kn_3(O)} O + O_2 + O \qquad (2.100)$$

$$O_3 + O_3 \xrightarrow{kn_3(O_3)} O + O_2 + O_3 \qquad (2.101)$$

$$O_3 + N_2 \xrightarrow{kn_3(N_2)} O + O_2 + N_2 \qquad (2.102)$$

これらの反応の速度定数はガス温度 T (K) の関数として，

$$k = a \cdot (T/300)^b \cdot \exp[-c/T] \qquad (2.103)$$

なる形でまとめられている[6]．(2.92)〜(2.102) 式の反応過程の速度定数について，定数 a, b, c の値の一覧を表 2.2 に示す．同表の k300 はガス温度 300 K における速度定数を示す．なお，単位は，三体衝突である kn_1 および kn_2 などが [cm^6/s/part.]，二体衝突である kn_3 などについては [cm^3/s/part.] である．

ガス温度に対する反応速度定数の変化を図 2.23 と図 2.24 に示す．オゾン生成反

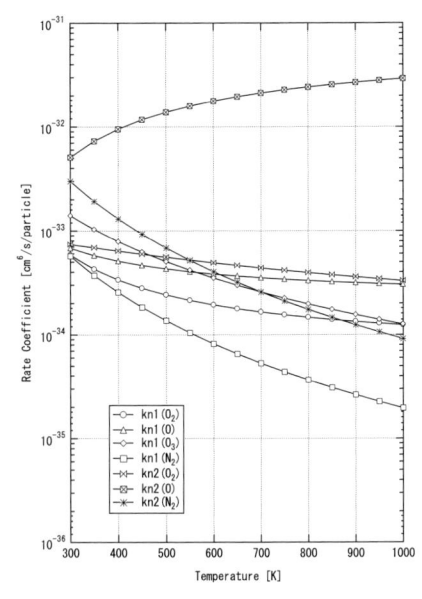

図 2.23 オゾン生成および酸素原子再結合の反応速度のガス温度依存性

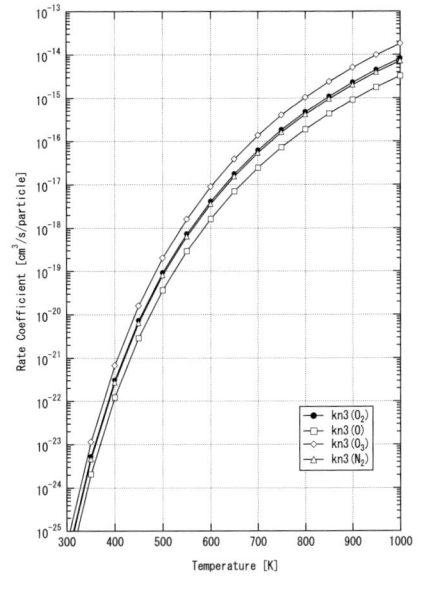

図 2.24 中性粒子衝突によるオゾン解離反応速度のガス温度依存性

応の速度定数 kn_1 はガス温度の上昇に伴って減少するのに対して，オゾン分解反応の速度定数 kn_3 は急激に増大する．ただし，バリア放電による熱非平衡プラズマではガス温度 T を比較的低く抑えることができるので，(2.99)〜(2.102) 式の分解反応は，オゾンが高濃度になるまで有効ではないと考えられる．

2.5.2 オゾンの分解反応

放電空間では，前節で示したオゾン生成反応とこれと競合したオゾン生成を阻害する反応が同時に進行している．とくに生成されたオゾンを破壊する反応については，オゾン層の破壊が地球規模の環境問題としてクローズアップされるのに伴い，原子，分子およびイオンが関与する反応過程および反応速度定数も多数発表されている[7]．ここでは，(2.99)〜(2.102) 式に示した反応に加えて，放電場で起こりうるオゾン分解反応について述べる．

a. O 系粒子によるオゾンの分解

O 系粒子の励起種との衝突によるオゾンの分解反応として，以下の反応があげられる．

$$O(^1D) + O_3 \xrightarrow{kn_4} O_2(X^3\Sigma_g^-) + O_2(b^1\Sigma_g^+) \tag{2.104}$$

$$\xrightarrow{} O_2(X^3\Sigma_g^-) + O_2(a^1\Delta_g) \tag{2.105}$$

$$O(^1D) + O_3 \xrightarrow{kn_5} O_2(X^3\Sigma_g^-) + O(^3P) + O(^3P) \tag{2.106}$$

(2.104)，(2.105) 式の反応により生成された励起酸素分子は，発光を伴うか，または他の分子との衝突により脱励起される[8]．

$$O_2(b^1\Sigma_g^+) + O_2(a^1\Delta_g) \rightarrow O_2(X^3\Sigma_g^-) + O_2(X^3\Sigma_g^-) + h\nu \quad (\lambda = 478\,\text{nm}) \tag{2.107}$$

$$O_2(a^1\Delta_g) + O_2(a^1\Delta_g) \rightarrow O_2(X^3\Sigma_g^-) + O_2(X^3\Sigma_g^-) + h\nu \quad (\lambda = 633.4\,\text{nm}) \tag{2.108}$$

$$O_2(b^1\Sigma_g^+) + M \rightarrow O_2(X^3\Sigma_g^-) + M \tag{2.109}$$

$$O_2(a^1\Delta_g) + M \rightarrow O_2(X^3\Sigma_g^-) + M \tag{2.110}$$

ここで，M は他の分子あるいは器壁である．したがって，(2.104) 式および (2.105) 式はともに次式となる．

$$O(^1D) + O_3 \xrightarrow{kn_4} O_2 + O_2 \tag{2.111}$$

基底準位にある酸素原子とオゾンの反応を以下に示す．

$$O + O_3 \xrightarrow{kn_6} O_2(X^3\Sigma_g^-) + O_2(b^1\Sigma_g^+) \tag{2.112}$$

$$\xrightarrow{kn_7} O_2(X^3\Sigma_g^-) + O_2(a^1\Delta_g) \tag{2.113}$$

$$\xrightarrow{kn_8} O_2(X^3\Sigma_g^-) + O_2(X^1\Sigma_g^-) \tag{2.114}$$

上記反応により励起準位の酸素分子が生成される．この励起酸素分子は，以下のよう

表2.3 O系粒子によるオゾン分解反応の速度定数

Reaction No.	a	b	c	k300	文献
kn_4	1.20E-10	0	0	1.200E-10	[10], [12]
kn_5	1.20E-10	0	0	1.200E-10	[10], [12]
kn_6	1.00E-11	0	2300	4.682E-15	[12]
kn_7	2.80E-15	0	2300	1.311E-18	[12]
kn_8	1.80E-11	0	2300	8.427E-15	[10]
kn_9	1.50E-11	0	0	1.500E-11	[10], [12]
kn_{10}	5.20E-11	0	2840	4.024E-15	[10], [12]
kn_{11}	7.40E-12	0	9440	1.597E-25	[11], [13]

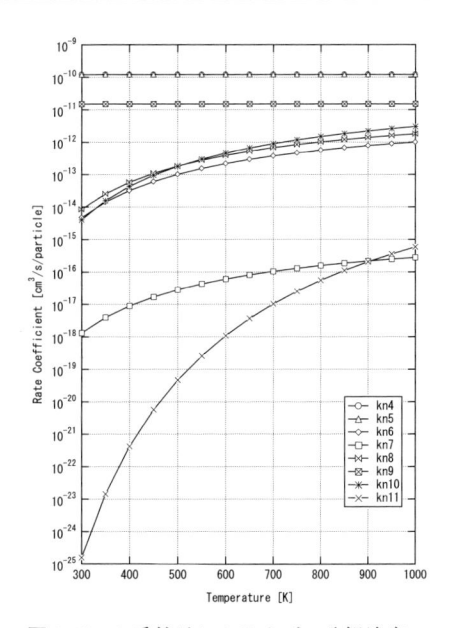

図2.25 O系粒子によるオゾン分解速度の
ガス温度依存性

な反応を経てオゾンを分解する.

$$O_2(b^1\Sigma_g^+) + O_3 \xrightarrow{kn_9} O + O_2 + O_2 \tag{2.115}$$

$$O_2(a^1\Delta_g) + O_3 \xrightarrow{kn_{10}} O + O_2 + O_2 \tag{2.116}$$

ガス温度が高い場合には,オゾン分子どうしの衝突により酸素分子に戻る反応も無視できなくなる.

$$O_3 + O_3 \xrightarrow{kn_{11}} O_2 + O_2 + O_2 \tag{2.117}$$

これらが O 系粒子によるオゾンの直接解離に関連した反応であり，放電励起によるオゾン発生特性を把握する上で考慮すべき重要な反応過程である．これらの反応の速度定数を $k = a \cdot (T/300)^b \cdot \exp[-c/T]$ なる形で整理し，定数 a, b, c の値の一覧を表 2.3 に示す．速度定数の単位はいずれも [cm^3/s/part.] である．

O 系粒子によるオゾン分解の反応速度定数の温度依存性を図 2.25 に示す．

b. 窒素および窒素酸化物系粒子によるオゾンの分解

空気などの窒素含有ガスを使用した場合には，窒素分子あるいは窒素分子の解離により発生した窒素原子との衝突により，オゾンの分解が起こる．また，副次的に生成される窒素酸化物がオゾンの分解に大きく影響する．以下に窒素および窒素酸化物によるオゾンの分解反応を示す．

$$N + O_3 \xrightarrow{kn_{12}} NO + O_2 \qquad (2.118)$$

$$N_2 + O_3 \xrightarrow{kn_{13}} N_2O + O_2 \qquad (2.119)$$

$$NO + O_3 \xrightarrow{kn_{14}} NO_2 + O_2 \qquad (2.120)$$

$$NO_2 + O_3 \xrightarrow{kn_{15}} NO_3 + O_2 \qquad (2.121)$$

窒素酸化物濃度が高まると，(2.120) 式に示した反応は，以下に示す反応により NO と NO_2 が触媒的に作用する catalytic cycle としてオゾン分解を促進するため，オゾン分解過程における重要な反応である[5,9]．

$$\begin{aligned}NO + O_3 &\xrightarrow{kn_{14}} NO_2 + O_2 \\ O + NO_2 &\xrightarrow{kn_{16}} NO + O_2 \\ \hline \text{net}\quad O + O_3 &\longrightarrow 2O_2\end{aligned} \qquad (2.122)$$

上記 (2.118)〜(2.122) 式に示した反応速度定数の一覧を表 2.4 に示す．前述と同様に，$k = a \cdot (T/300)^b \cdot \exp[-c/T]$ なる形で整理した定数 a, b, c の値である．

窒素および窒素酸化物によるオゾン分解の反応速度定数の温度依存性を図 2.26 に示す．なお，kn_{13} は温度によらない定数であり，他の反応に比較してきわめて小さい値を有しているため，図 2.26 にはプロットしていない．

表 2.4　窒素および窒素酸化物によるオゾン分解の反応速度定数

Reaction No.	a	b	c	k300	文献
kn_{12}	1.00E-16	0	0	1.000E-16	[10]
kn_{13}	5.00E-28	0	0	5.000E-28	[14]
kn_{14}	1.80E-12	0	1370	1.871E-14	[14]
kn_{15}	1.20E-13	0	2450	3.408E-17	[10]
kn_{16}	6.50E-12	0	-120	9.697E-12	[10]

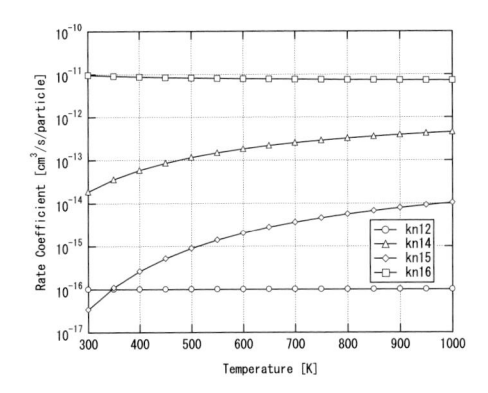

図 2.26 窒素酸化物によるオゾン分解の速度定数の温度依存性

参 考 文 献

1) 武田　進:「気体放電の基礎」,東明社 (1975)
2) 行村　健:「放電プラズマ工学」,オーム社 (2008)
3) 真壁利明:「プラズマエレクトロニクス」,培風館 (1999)
4) 日本学術振興会プラズマ材料科学第153委員会編:「プラズマ材料科学ハンドブック」, p.755, オーム社 (1992)
5) D. Braun, U. Kuchler and G. Pietsch: "Behaviour of NO_x in air-fed ozonizers", *Pure & Appl. Chem.*, Vol. 60, No. 5, pp. 741-746 (1988)
6) 電気学会技術報告 (II部), 第 340 号 (1990)
7) 電気学会編:「プラズマリアクタにおける活性種の反応過程とその応用」,電気学会技術報告, 第 481 号 (1994)
8) 松浦輝男:「酸素酸化反応」, p.61, 丸善 (1977)
9) S. Yagi and M. Tanaka: "Mechanism of ozone generation in air-fed ozonisers", *J. Phys. D*, Vol. 12, pp. 1509-1520 (1979)
10) J. A. Kerr et al., "Evaluated kinetic and photochemical data for atmospheric chemistry", Supplement I (1982), II (1984), III (1986)
11) 杉光英俊・鷲野正光,「酸素窒素系の反応速度定数」,放電研究, No. 80, pp. 35-46 (1980)
12) B. Eliasson and U. Kogelschatz, ABB Report, KLR86-11C (1986)
13) 電気学会技術報告 (II部), 第 340 号 (1990)
14) J. I. Steinfeld, S. M. Adler-Golden and J. W. Gallagher, "Critical survey of data on the spectroscopy and kinetic of ozone in the mesosphere and thermosphere", *J. Phys. Chem. Data*, **16**, p. 911 (1987)

3
バリア放電の現象

　本章ではバリア放電の現象を観測した結果を述べる．バリア放電の研究はオゾン発生への応用から始まった．このためオゾナイザの高性能化開発を軸として，放電の現象や基礎的な特性が明らかになってきた．その後ガスレーザ励起やPDP（プラズマディスプレイ）の放電制御にも応用が広がった．原理構造は同じであるが諸条件が大きく異なるため，一見まったく異なる様相を示す．放電の電気的特性，発光の時間的・空間的分布，さらには発光スペクトル分析など，さまざまな視点から観測結果を示し，バリア放電の現象を把握することを目的とする．

＜本書におけるバリア放電の分類＞
　低周波バリア放電：オゾナイザに代表される放電を，本書では低周波バリア放電と称する．典型的にはギャップ長 $d=1$ mm 程度，ガス圧力 $P=2\sim3$ 気圧 $(0.2\sim0.3$ MPa)，電源周波数 $f=$ 数 kHz 程度の放電条件で見られる放電である．
　高周波バリア放電：電源周波数 f が高く放電のギャップ d が長く，やや圧力の低い条件，たとえば $f=100$ kHz，$d=40$ mm，圧力数十 Torr（数 kPa）では，放電場でイオントラッピング現象が生じるため，放電現象は低周波バリア放電とは大きく異なる．この現象はバリア放電を CO_2 レーザの励起用に用いる研究開発で，比較的最近明らかになったものである．この放電条件では等価回路や放電電力式も低周波バリア放電とは大きく異なるため，本書ではこれを高周波バリア放電と称する．
　急峻矩形波バリア放電：PDPで用いられる放電はギャップが $100\ \mu$m 程度で短く，また電極が対向でなく共面配置になっているが，構造の原理はバリア放電である．PDPでは矩形波交流電圧を印加してギャップの放電を制御している．本書ではこの放電を急峻矩形波バリア放電と呼ぶ．

3.1 低周波バリア放電

3.1.1 概　　要

　放電が起こっているギャップでは通常，無数の放電が発生，消滅を繰り返している．個々の放電は，アーク放電に移行したり電極面の局所に集中することがなく，パルス的な放電が電極面の全域にわたって均一に形成される．このため局所的な気体温度の上昇が抑えられて電子温度のみ高い非平衡放電が大気圧以上でも安定に実現できる．
　このような放電の特質が効果的に生かされたものがオゾナイザである．オゾナイザは工業的に広く使われており，バリア放電の工学的応用に成功した代表的なものの一つである．実用オゾナイザの放電条件はギャップ長が1 mm程度，原料ガスは露点が -50℃以下に乾燥した空気または酸素で，ガス圧力は大気圧から2～3気圧（0.2～

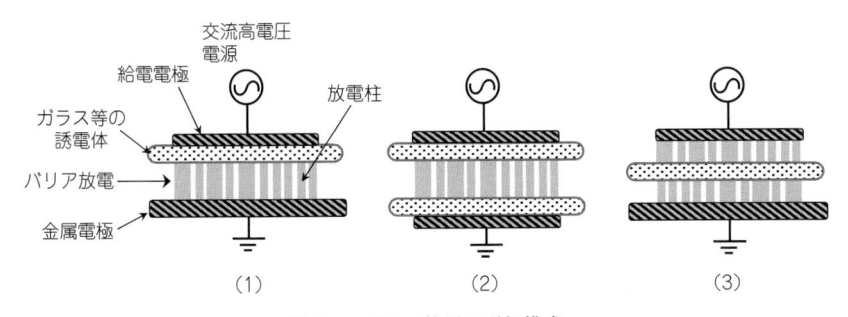

図3.1　バリア放電の電極構成

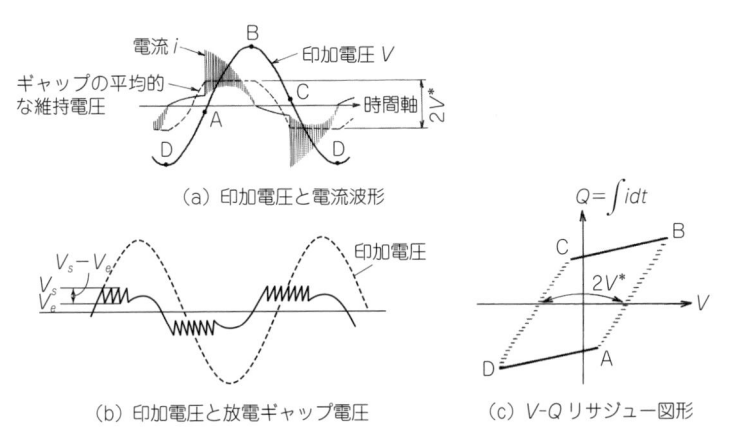

図3.2　電圧，電流波形とリサジュー図形

0.3 MPa) の範囲である.

バリア放電を生じさせるには,金属電極間にガラスなどの誘電体を介在させた図3.1に示す電極構成が必要条件である.この電極間に交流やパルス電圧を印加すると,ギャップでは無数の微細なパルス放電が電極面全域にわたって生成される.放電柱には電子とイオンが発生するが,これらは各々(+)極,(−)極に向かって移動して電極表面に蓄積され,放電は終了する.このような放電を低周波バリア放電と称する.

バリア放電の印加電圧 V と電流 I の波形の関係を図3.2(a)に示す.無数に発生している微細な放電柱の1本に着目すると,放電は発生,消滅を繰り返している.すなわち,放電キャップの電圧が放電開始電圧 V_s になって放電が開始しても,その放電電流により誘電体に電荷が蓄積されて逆電界が形成されるため,放電はただちに(後に述べるが10 ns以下)消滅する.この消滅電圧を V_e とする.図3.2(a)のA−B間とC−D間は放電期間と呼ばれており,上記のような微細な放電が電極面の全域にわたって頻繁に発生している期間であり,電流波形はパルス状となる.局所的な放電ギャップ間の電圧は同図(b)のようであり,この期間ではギャップには平均値として $(V_s+V_e)/2$ の電圧が保たれていることになる.この平均値の電圧は放電維持電圧 V^* と称されている.V^* はギャップ長を d,ガス圧力を P とすると,Pd の関数として表される.

図3.2(a)のB−C間とD−A間は放電がまったく発生しない期間であり,次に逆向きの電圧で放電を行わせるためのいわば準備期間であり,非放電期間と称されギャップが絶縁性をもつ期間である.以上のように,印加電圧の1周期に放電期間と非放電期間が2回ずつ存在する.

印加電圧 V と電荷(電流積分)Q のリサジュー図形としてオシロスコープに描かせると,図3.2(c)に示す平行四辺形のものが得られる.リサジュー図形の面積は印加電圧の1周期での放電エネルギー E を表している.したがって,この値と周波数 f の積で放電電力 $W(W=f\cdot E)$ が得られる.リサジュー図形において,放電期間と非放電期間は各々一定の傾きを示しているが,前者は誘電体の静電容量 C_d,後者は C_d

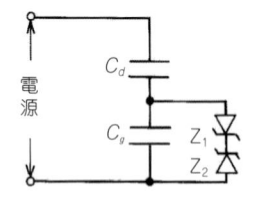

図3.3 等価回路
C_d:誘電体の静電容量,C_g:ギャップの静電容量,
Z_1, Z_2:ツェナーダイオード(V^*:ツェナー電圧).

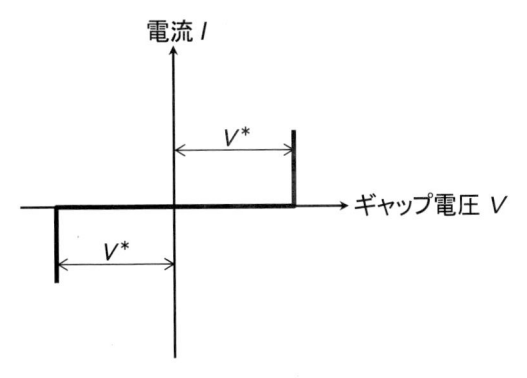

図 3.4 放電ギャップの電流-電圧特性

とギャップの静電容量 C_g の直列合成容量を表している．バリア放電の等価回路モデルは図 3.3 で表される．

バリア放電のギャップの電圧と電流の特性を図 3.4 に示す．放電部は一定の電圧 V^* で電流が流れるため，ツェナーダイオードの特性と類似している．この等価回路から，印加電圧の波高値 V_{op} に対する放電電力 W（ツェナーダイオードで消費される電力）を求めると，ツェナー電圧を V^*，電源周波数を f とすると

$$W = 4fC_d V^* \left\{ V_{op} - \left(1 + \frac{C_g}{C_d}\right) V^* \right\} \tag{3.1}$$

で表される．バリア放電管は容量性負荷であるため，(3.1) 式のように放電電力 W は f に比例する．式の導出は 3.3 節で詳しく説明する．

3.1.2 放電の現象と電気特性

オゾナイザの設計や放電機構を研究するためには放電の基礎的な特性が必要である．すなわち放電の現象や放電維持電圧の特性を広範囲にわたり知る必要がある．

バリア放電の個々の微細な放電は放電開始電圧 V_s で始まり，10 ns 程度のきわめて短時間に放電消滅電圧 V_e で停止するパルス放電であるが，時間的，場所的にランダムに起こるものであるため，個々の放電の V_s や V_e を直接測定することは困難である．しかし放電期間中のギャップの平均的な維持電圧としての $(V_s + V_e)/2$（以後 V^* と書く）はオシロスコープによるリサジュー図形による実験から求めることができる．

ここではバリア放電の V^* の特性に影響を与える因子として，紫外線照射，オゾン濃度，ギャップ長，ガス圧力，ガスの種類，および放電電力密度，電極の冷却水の温度を取り上げて，V-Q リサジュー図形から，これらが放電の現象や放電維持電圧 V^* の基礎特性に与える影響を示す．

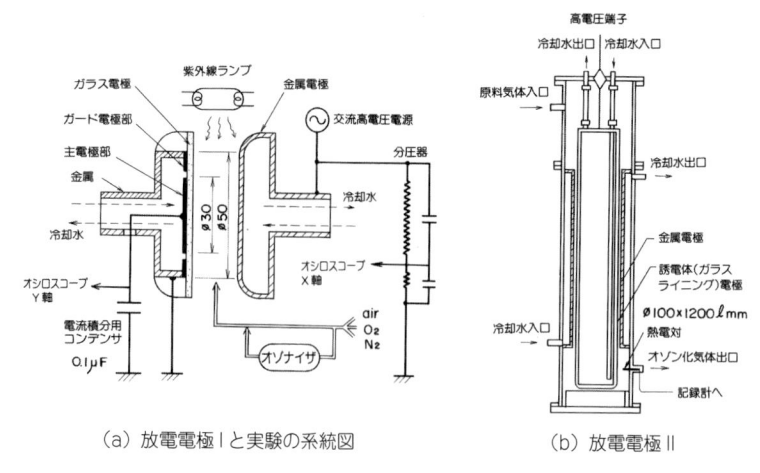

(a) 放電電極Iと実験の系統図　　　(b) 放電電極II

図 3.5　放電電極の構造

a. 放電装置と方法

試験にはおもに放電の特性を取得するための放電電極Iと，ガス流と冷却の効果を調べるための放電電極IIの2種類を用いて放電実験を行った結果を述べる．図3.5(a)は放電電極Iの構造と実験系統図である．ガラス電極は厚さが1 mmのホウケイ酸ガラスの片面に給電用の導電性塗料を塗ったものであり，直径30 mmの主電極部とその周囲から0.5 mm隔てて設置されたガード電極部を備えている．ガード電極は端放電の影響を避けるため設けられているもので，比較的小型の電極で実験を行うときには必須の構造である．金属電極は平坦部の直径が50 mmのステンレス鋼（不錆鋼：SUS304）であり，表面粗さは数 $\mu m\ R_{max}$ に仕上げられている．冷媒は水に約20%のエチレングリコールを混入させたもので，イオン交換樹脂により抵抗率が50 MΩ·cm以上に保たれている．ギャップ長は電極に取り付けてあるマイクロメーターヘッドにより調整する．ギャップには吸着式乾燥機により露点が-50℃以下に乾燥された空気，酸素または窒素が $10\ L_N/min$ の流量で流れている．酸素，窒素は市販のボンベのもので，純度は各々99.6，99.99%である．ただし L_N は大気圧換算（N：Normal, 20℃，大気圧）容積を表す．

図3.5(b)は放電電極IIの構造であり，この電極は放電部出口のガス温度を測定して V^* との関連性を調べるために使用した．放電電極Iは紫外線照射，ギャップ長などの影響を容易に調べるのに適した小型モデルであるが，ガスの熱容量は小さいため，放電部から出たガスは温度測定用の熱電対に到達するまでに冷却されてしまい，正確な温度を測定することができない．これに対して放電電極IIは放電電極Iの約400倍の放電面積をもつため，ガスを数百 L_N/min の流量で流すことができ，放電部出口

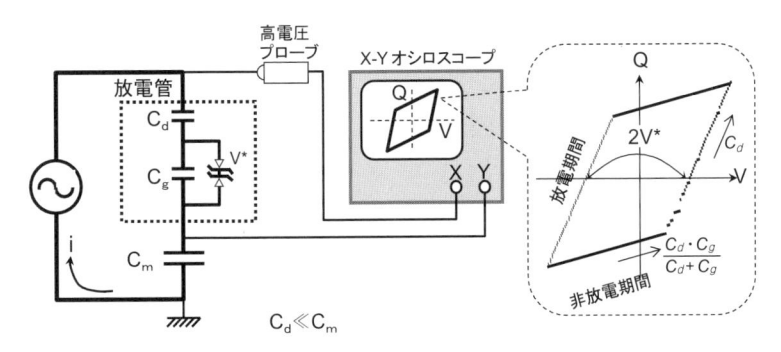

図 3.6 リサジュー図形の測定系

の温度を ±0.2℃以内の精度で測定することができる．

放電電極 II の内電極のガラス電極は，鉄にホウケイ酸ガラスを 0.8 mm の厚みでライニングしたものであり，外電極はステンレス鋼（不錆鋼：SUS304）の金属電極である．放電部出ロガス温度は放電部より約 15 cm 離れた所に設置してある銅・コンスタンタン熱電対により測定する．放電電力の制御は印加電圧の波高値を 10 kV 一定として，周波数を 0.6～3 kHz に変化させて行った．他は放電電極 I とほぼ同じである．

図 3.6 は V-Q リサジューの測定回路である．電流を積分して電荷を検出するコンデンサ C_m は誘電体電極の静電容量 C_d とすると，$C_m \gg C_d$ の条件にする．印加電圧は C_d と C_m に分圧されるので，印加電圧の大半が C_d にかかるように，具体的には C_m の容量は C_d のおおむね数千倍にする．これは計測用のコンデンサの接続で回路定数を乱さないようにするためである．

ここで，デジタルオシロスコープで電流と電圧波形を測定し，電流を積分（電荷）しても同じ V-Q リサジューが得られるが，一般的にはバリア放電の電流は急峻なパルス波形なので，電荷波形を直接検出する方がノイズに強い利点がある．

b. 放電特性に影響を与える諸因子

バリア放電の基礎的な放電特性を得るため，電極に紫外線を照射した場合，雰囲気ガスを空気，酸素および窒素の場合のリサジュー図形の変化と，これらのガスについての平均的な維持電圧 V^* を測定した結果を示す．ここで示す結果は，とくに断らない限り放電電極 I を用いて求めたものである．

1) リサジュー図形と紫外線照射の影響

図 3.7(a), (b) は各々紫外線を照射しない場合と，弱く（紫外線ランプを約 3 W で点灯）照射した場合の電圧 V と電荷 Q のリサジュー図形である．ただし平均的なリサジュー図形を得るため，印加電圧の数周期分が重なって写るようにカメラのシャッ

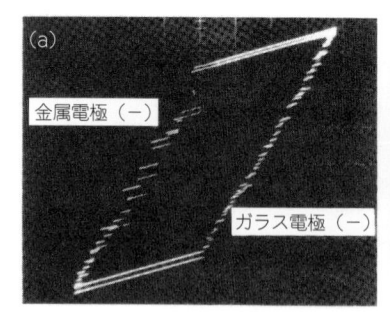

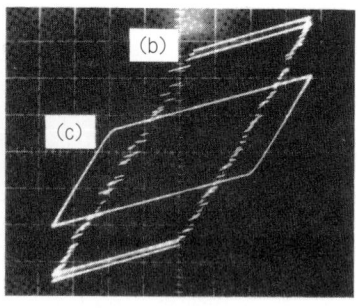

図 3.7 紫外線照射の影響
(a) U.V. を照射しない場合, (b) U.V. を弱く照射した場合, (c) U.V. を強く照射した場合.
空気中での放電. 縦軸:$0.05\,\mu\text{C/div}$, 横軸:$2\,\text{kV/div}$.

ター速度を調整したものである. 図よりリサジュー図形には放電期間に相当する部分に放電がパルス的に起こっていることに起因する電荷の不連続部分が見られるが, 紫外線を照射すると金属電極が負の極性の場合の不連続部分の幅が小さくなることがわかる. 図 3.7 は空気中での放電の場合であったが, 酸素中でも同様の変化が見られる. ところでバリア放電のギャップにおける平均的な維持電圧 V^* は, 前述したようにリサジュー図形が電圧軸を横切る幅の大きさから求められる. 図 3.7(a)(b) の場合, 電荷の不連続部分の幅の真中をとって V^* を読み取ると, 両者はほぼ同じとなり, 紫外線を照射するとリサジュー図形は電荷の不連続部分の幅の中央に収斂している.

これと同様の現象は紫外線を照射しなくても, ギャップの一部に金属線を挿入した場合にも現れることが, 実験により確かめられている. これは金属線の近傍には局部的に短いギャップが形成されているため, 他の部分よりも放電維持電圧が低く, 放電の発生回数が多いので, この部分の放電により発生する紫外線が頻繁に放出されるためである. ちなみに, 実機のオゾナイザでは, ガラス電極を支持するための金属スペーサがこれに相当している.

次に紫外線の照度を図 3.7(b) の場合よりも増してゆくと, ある強さで(紫外線ランプを約 14 W で点灯) リサジュー図形は不安定となり, V^* が頻繁に変動し始め, これよりも少し強く(約 15 W で点灯)すると, リサジュー図形は突然に静止して図 3.7(c) に示す形となる. このリサジュー図形には, 放電期間に見られる電荷の不連続部分はまったくなく, また放電維持電圧 V^* は図 3.7 の (a) や (b) の約 1.6 倍となっており, 放電の様子が変化したことを表している. この状態になると紫外線をさらに強く(約 20 W で点灯)しても, この形はまったく変化せず V^* の値も変わらない. 図 3.7(c) の形のリサジュー図は空気中の放電でのみ現れ, 酸素中では生じなかった. 図 3.7

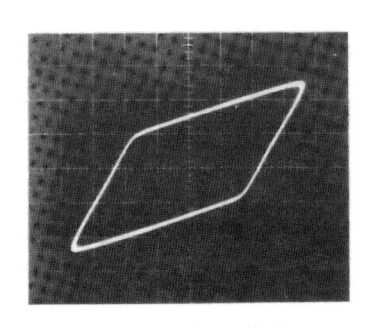

図 3.8 窒素中の放電
縦軸：0.05 μC/div, 横軸：2 kV/div.

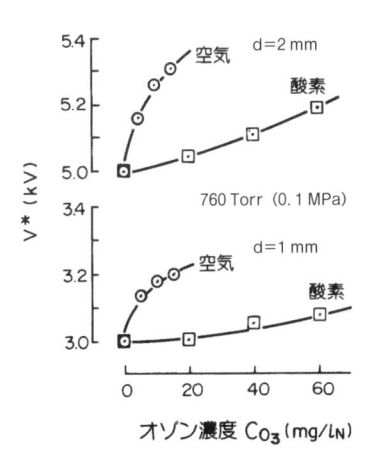

図 3.9 オゾン濃度の影響

(c) のリサジュー図形が得られたときの V^* の特性については後に示す.

次に窒素中での放電について示す. 窒素中でのリサジュー図形は図3.8に示すように放電期間における電荷の不連続部分は見られず, 図3.7(c) と類似した形をしている. この両者はリサジュー図形が似ているだけでなく, V^* の特性も類似していることは後に示す. なお窒素中では紫外線を照射しても, リサジュー図形はまったく変化しない. また空気中でも窒素中でも, 発光の主成分は N_2 の近紫外スペクトルである (3.1.5項参照).

2) オゾン濃度が V^* に与える影響

図3.9は空気, 酸素中のオゾン濃度 C_{O3} と V^* の関係を実用オゾナイザで使用される濃度の範囲で調べた結果である. 図より $C_{O3}=0$ では空気, 酸素中では同じ V^* を示しているが, C_{O3} が高くなると V^* は上昇し, 空気の場合の方がその影響が大きいことがわかる. このようにオゾナイザの設計に使う V^* は, オゾン濃度による影響を考慮しなければならない.

3) ギャップ長とガス圧力が V^* に与える影響

(i) 空気, 酸素中での放電

図3.10は空気, 酸素中でギャップ長 d を 0.25～3.5 mm に, またガス圧力 P を 760 Torr(0.1 MPa)～1520 Torr(0.2 MPa) に変化させたときの V^* を各々求め, この結果を Pd 積と V^* の関係に書き直したものである. ただし, 紫外線は弱く（約3 W）照射している. この実験範囲では, ギャップで生成されるオゾン濃度は数百 ppm 以下であるので, 先の図3.9で示したようにオゾンが V^* に与える影響は無視できる. 図より, このような条件では空気と酸素の V^* の違いはない. また一般的な金属電極

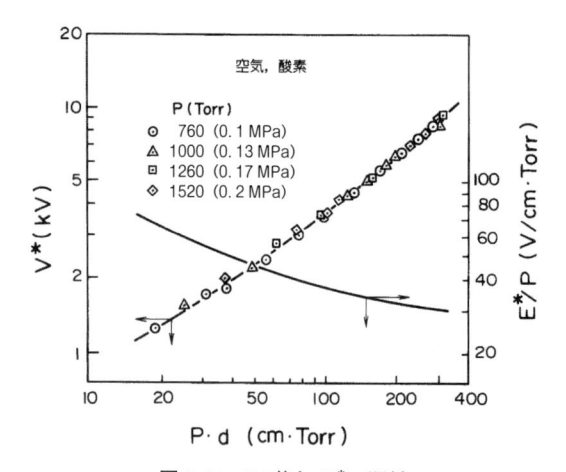

図 3.10 Pd 値と V^* の関係
1[cm・Torr] = 1.33[m・Pa], 1[V/(cm・Torr)] = 2.8[Td].

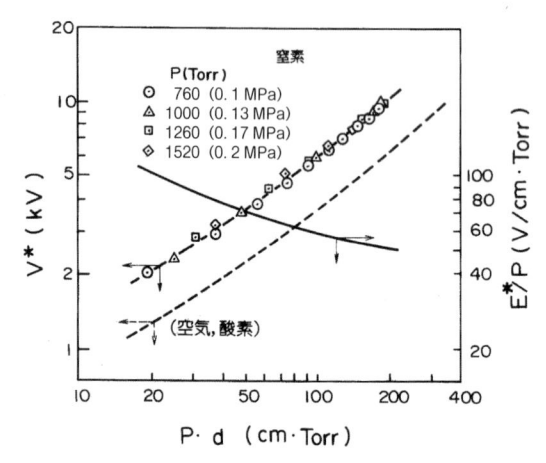

図 3.11 窒素中での Pd と V^* の関係
1[cm・Torr] = 1.33[m・Pa], 1[V/(cm・Torr)] = 2.8[Td].

の火花放電における場合と同様に,バリア放電の平均的な維持電圧である V^* も Pd の関数として一義的に示されることがわかる.また金属電極間の放電にならって,バリア放電の平均的な換算電界を $E^*/P = V^*/Pd$ として,図 3.10 の図中に実線で書き入れてあるが,E^*/P は Pd が小さくなるほど増加する傾向を示す.

(ii) 窒素中での放電

ガスによる放電現象の違いを示すために,窒素中での放電について述べる.窒素

3.1 低周波バリア放電

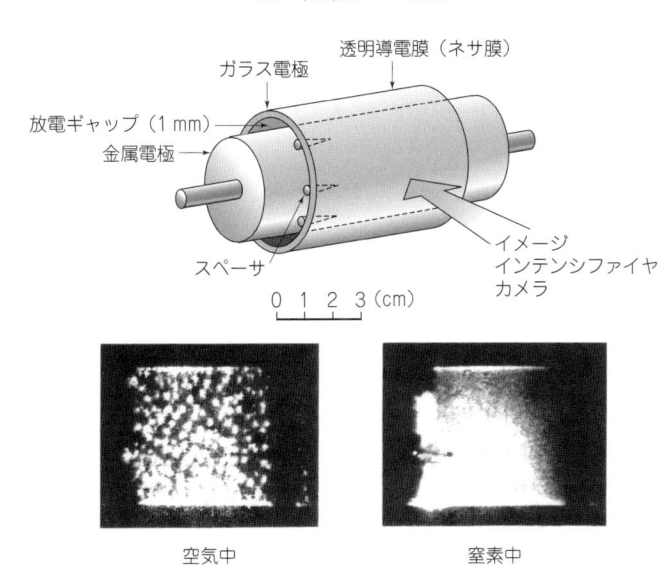

図 3.12 電極面に垂直方向から観測した場合の空気，窒素中での放電

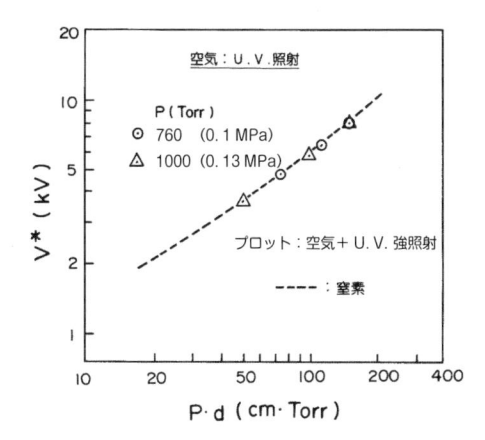

図 3.13 空気中で紫外線を強く照射した場合の V^*
$1[\mathrm{cm \cdot Torr}] = 1.33[\mathrm{m \cdot Pa}]$.

中での V^* を P と d を変化させて測定したものを図 3.11 に示す．同図に比較のため図 3.10 の結果（空気，酸素）を破線で示すが，窒素ガスの場合は空気，酸素中の場合の V^* よりも，いずれの Pd についても V^* は約 1.6 倍大きな値となっている．これは先のリサジュー図で示したように，窒素中では空気，酸素中の場合のリサジュー図形と大きく異なっていることと対応している．図 3.12 は同軸型の放電管を用いて，

これらの放電の様子を電極面に垂直な方向からネサ膜（透明導電膜）を通してイメージインテンシファイヤカメラにより観測したものである．後に詳しく示すが，空気中では直径が1〜3 mmの放電柱がパルス的に発生しているのに対して，窒素中では無パルスであり，電極面の全域にわたって均一に発光しているのが観測されている．

(iii) 空気中で紫外線を強く照射した場合

先の図3.7(c)で示したように，紫外線を強く照射してリサジュー図形が大きく変化した条件で，dおよびPを変化させてV^*を測定した結果をプロットしたものを図3.13に示す．同図には比較のために図3.11の窒素中での結果を破線で書き入れてあるが，プロットと実線の特性は非常によく一致していることがわかる．このように窒素中での放電と空気中で紫外線を強く照射した放電ではリサジュー図形の形が同じであるだけでなく，V^*も同じ値であり放電の様子も類似したものになっていると考えられる．

4) ガス温度がV^*に与える影響

実際のオゾナイザではその仕様により，放電電力密度（放電電力W/電極面積S）W/Sは0〜2 W/cm^2，電極の冷却水温度T_wも0〜30℃程度の範囲で大きく異なる．W/S，T_wが大きくなるに伴い，V^*が小さくなる現象が観測される．これは放電部のガス温度上昇によるものである．先のV^*の基礎特性を得た実験条件では，W/S≦0.1 W/cm^2，$T_w=10$℃一定であるので放電部のガス温度はT_wと大きく違わないが，オゾナイザの動作条件では，ガス温度上昇が無視できない．したがってW/S，T_wもV^*に影響を与える因子となる．ここでは図3.5(b)に示す放電電極IIを用いて放電部出口ガス温度を測定し，その温度が均一発熱モデルによる計算値より低いことを示すとともに，V^*と出口ガス温度との関連性を定量的に示す．

(i) ガス温度の計算

放電ギャップに均一に放電電力が投入されていると仮定して，図3.14に示すような均一発熱モデルを考え，位置xにおける温度を$\theta(x)$とする．放電部出口の熱伝対

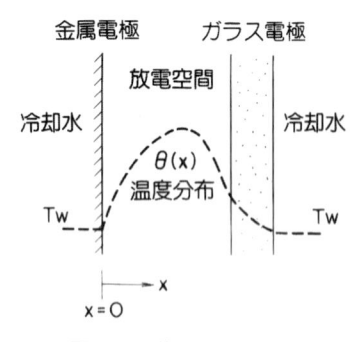

図3.14 均一発熱モデル

で測定される温度 T_g は混合平均温度として考える．ここで，ギャップに流れているガスの流速分布が層流になっていると，一次モデルから，放電部出口のガスの混合平均温度の計算値 $T_{g.cal}$ は次のようにして求められる．ただし，k は熱伝導率を表し，k_{gas}, k_d は各々ガス，ガラスの熱伝導率，t はガラスの厚み，d はギャップ長，W は放電電力，S は放電面積，T_w は冷却水温度，w は電力密度で $w = W/Sd$ とする．

均一発熱がある場合の熱伝導の基礎方程式は ∇^2 をラプラシアン，$\theta(x)$ を位置 x における温度，t を時間とし，$\partial\theta(x)/\partial t = 0$ を考えると次式で表される．

$$k\nabla^2\theta(x) + w = 0 \tag{3.2}$$

ここで一次元モデルを考えると，x の領域に従い次の方程式が成立する．

$$k_{gas}\frac{d^2\theta(x)}{dx^2} + w = 0 \tag{3.3}$$

$$k_d\frac{d^2\theta(x)}{dx^2} + w = 0 \tag{3.4}$$

(3.3), (3.4) 式を境界条件 $\theta(0) = T_w$, $\theta(d+t) = T_w$ の下で解くと，温度分布 $\theta(x)$ として次式が得られる．

$$\theta(x) = \frac{W/S}{2k_{gas}}\left(\frac{2k_{gas}t + k_d d}{k_d d + k_{gas}t}x - \frac{1}{d}x^2\right) + T_w \tag{3.5}$$

本実験条件では，この温度分布の中をガスは層流で流れている．層流の場合はギャップでの流速分布 $v(x)$ は，流量 Q の気体が幅 d（ギャップ長），長さ L（放電部流入のぬれ長さ）の流路断面を流れていると，次式で表せる．

$$v(x) = \frac{6Q}{Ld^3}x(d-x) \tag{3.6}$$

ここで実験ではガス温度は放電部出口から離れた所で測定しているので，ガス温度は混合平均温度として測定される．よって放電部出口のガスの混合平均温度 $T_{g.cal}$ は，温度分布 $\theta(x)$ と流速分布 $v(x)$ の積をギャップ方向に積分して次式で求められる．

$$\begin{aligned}T_{g.cal} &= \frac{L}{Q}\int_0^d \theta(x)v(x)dx \\ &= \frac{W/S}{20k_{gas}}d\left(\frac{2k_d d + 7k_{gas}t}{k_d d + k_{gas}t}\right) + T_w\end{aligned} \tag{3.7}$$

(3.7) 式により計算される $T_{g.cal}$ は，次に示す図 3.15, 3.16 の図中に破線の曲線 $T_{g.cal}$ で示される．なお k_{gas} は温度依存性をもつので，$T_{g.cal}$ における k_{gas} の値を使って計算した結果が収斂するまで繰り返し計算を行って求める．

なお，参考までに，t が小，k_d が大の場合，すなわちガラス表裏の温度差が無視できる場合，(3.7) 式は

$$T_{g.cal} = \frac{W/S}{10k_{gas}}d + T_w \tag{3.8}$$

となる.またギャップ中を流れるガスの流速分布が一様流または乱流の場合は,ギャップの平均温度として

$$T_{g.cal} = \frac{W/S}{12k_{gas}}d + T_w \qquad (3.9)$$

で示される式となる.

(ii) ガス温度に影響を与える諸因子

図3.15はT_gに影響を与える諸因子の一例であり,同図(a)はガス流量Q_Nと放電電力密度W/Sの影響,(b)はガス圧力P,ギャップ長dの影響,(c)は冷却水温度T_wの影響を示したものである.原料ガスは空気および酸素を用いたが,測定の結果,両者はほとんど同一のT_gである.

図3.15(a)より,本実験範囲のガス流量$Q_N = 700 \sim 250\,\mathrm{L_N/min}$では,$T_g$は$Q_N$にほとんど依存しない結果が示されている.これよりギャップに流入したガスは,放電部で定常温度分布になっており(3.2)式で$d\theta(x)/dt = 0$と仮定したのは妥当である.またT_gはW/Sの増大に伴い高くなる.同図(b)より,T_gはdが小さくなるほど,またPが大きくなるほど低くなる.同図(c)より,T_gはつねに$T_{g.cal}$より低い値を示しているが,同図(b)よりdおよびPが小さいほどT_gは$T_{g.cal}$に近づく.これはバリア放電は微細なパルス放電の集合であることに起因しており,単位面積あたりの放電柱の数がdが小さくなるほど多くなり,またPが小さくなるほど放電柱は拡散した形となるため,$T_{g.cal}$を求めるときの仮定である均一発熱モデルに近づくからだと考えている.図3.15に示したもの以外にさらに広範囲な実験の結果,T_gは$0.06 \leq d\,(\mathrm{cm}) \leq 0.16$, $760(0.1\,\mathrm{MPa}) \leq P(\mathrm{Torr}) \leq 1520(0.2\,\mathrm{MPa})$, $W/S(\mathrm{W/cm^2}) \leq 2.0$, $0 \leq T_w$

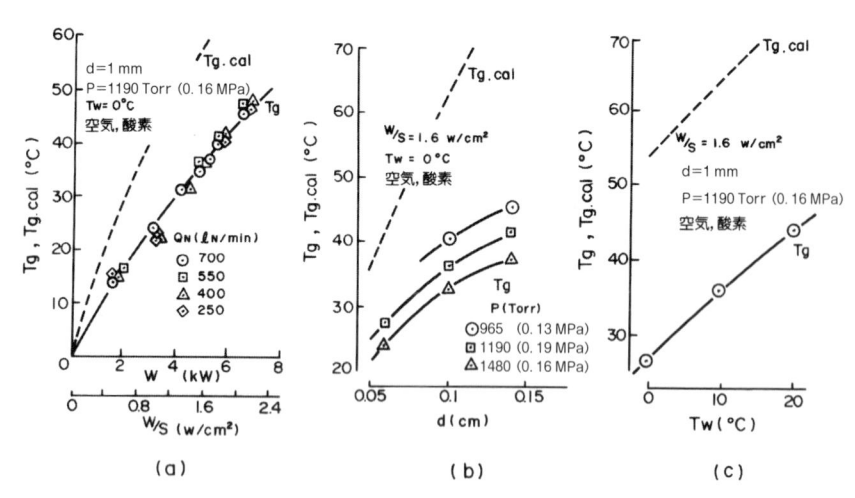

図3.15 種々の条件のもとで測定した放電ギャップ出口ガス温度T_gの特性

(℃)≦20 の条件の下では，T_g(℃) は実験式として，
$$T_g = 2.61 \times 10^3 (W/S)^{0.84} \cdot d^{0.5} \cdot P^{-0.5} + T_w \tag{3.10}$$
で与えられる．

(iii) V^* に与えるガス温度，冷却温度，電力密度，オゾン濃度の影響

①計算：　V^* は T_w や W/S を増大させると減少するが，この原因はガス温度上昇によるガス密度の減少によるものである．V^* とガス温度の関連を調べるときに，ガス温度として (3.5) 式で示した計算値を用いることは，放電部のガス温度は計算値とは異なるのでできない．そこで実験で求めた T_g を用いて同時に観測されたリサジュー図形から得た V^* の変化を定量的に比較する．すなわちガス密度を N，ギャップ長を d とすると，Nd の変化の小さな範囲では $V^* \propto Nd$ が成立し，ある温度 T_B を基準とすると
$$V^* \propto \frac{273 + T_B}{273 + T_g} \tag{3.11}$$
が成立するので，(3.10), (3.11) 式により V^* の T_g 依存性を評価することができる．

②冷却水温度 T_w の影響：　T_w が高くなると V^* は減少してゆく．図 3.16(a) にその一例を示す．図中のプロットは測定値であり，実線で示す曲線は $T_w = 0$℃ での T_g を基準温度 T_B として (3.10), (3.11) 式から計算したものである測定値と一致し，V^* はガス温度で補正できることがわかる．なお，図 3.16(a) に示した条件では，T_w が $0 \to 20$℃ に変化しても，オゾン濃度は $12.2 \sim 11.2\,mg/L_N$ に変化するだけなので，この影響は無視できる．

③電力密度 W/S と V^* の影響：　図 3.16(b) のプロットは，空気中での放電の場合，W/S が変化したときの V^* の測定値である．図中破線で示す曲線は W/S に対する T_g の変化のみを考慮して，$W/S = 0.8\,W/cm^2$ を基準として (3.10), (3.11) 式に

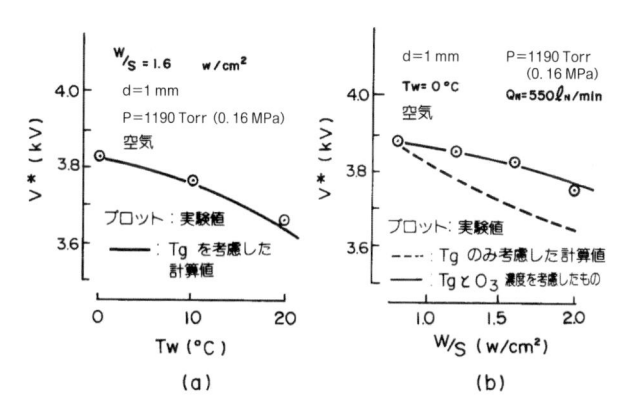

図 3.16 電極の冷却水温度 T_w と放電電力密度 W/S が V^* に及ぼす影響

より計算したものであるが，測定値とは一致していない．これはW/Sを本実験の範囲$0.8\sim 2.0\,\mathrm{W/cm^2}$に変化させると，オゾン濃度は$3.4\to 8\,\mathrm{mg/L_N}$に変化し，これによる$V^*$の変化は無視できないためである．オゾン濃度の上昇によるV^*の増加分を，先に示した図3.9の結果から定量的に考慮すると，実線で示す曲線となり，測定値（プロット）と一致する．

以上，V^*はW/SやT_wの影響を受け，測定されたガス温度やオゾン濃度で定量的に補正できる．これによりたとえばオゾナイザの各種動作条件におけるV^*を求めることができるので，オゾナイザを精度よく設計することが可能となる．

3.1.3 放電の形態

低周波バリア放電は，微細なパルス的放電の集合であるが，輝度が低いため目視では個々の放電柱を見ることはできない．ここではイメージインテンシファイヤカメラを用いて直接的に種々の条件下の微細なバリア放電柱を観測した結果を示す．また微細な1本の放電の持続時間や電荷量の観測をもとに，放電の機構についても述べる．

a. 放電の形態に与える諸因子

1) 観測の方法

実験に使用した放電電極は図3.17に示す4通りあり，各々放電電極I, II, III, IVと称する．放電電極Iは放電柱を電極面に対して垂直な方向から観測し，電極表面での放電柱の発光および1個のパルス状放電の電荷量を測定するためのものなので，放電電極面積を比較的大きく，かつ電極の端の長さを比較的短くするため，放電電極の寸法は$30\times 160\,\mathrm{mm^2}$としている．

放電電極IIは放電柱を電極面と平行な方向から観測し，放電柱の形状を調べるためのものである．観測点から見て放電柱どうしが比較的重ならないように放電電極の幅を小さくし，その寸法を$16\times 60\,\mathrm{mm^2}$としている．なお，放電柱を撮影する部分は，図3.17(a), (b)の点線で示している範囲である．いずれの放電電極も放電面は石英ガラスで，その厚さは1.1 mm，放電ギャップの長さは3 mmである．放電電極の放電に暴露されていない面には，放電電極Iはネサ・コーティング（透明導電膜），放電電極IIは銀ペイントの導電膜が密着している．

放電電極II, IVのガラス電極は，厚さが1.1 mmの石英ガラスの表面に電流供給用の銀ペイントの導電膜を密着させたものである．金属電極はステンレス鋼（不錆鋼：SUS304）であり，表面粗さは数μmの突起半径（最大値）に仕上げられている．両電極は約20℃の純水で冷却されており，放電の空隙部（以下，ギャップと称する）の長さは1.5 mmあるいは3 mmである．

これらの電極に流れている気体は空気，酸素または窒素であり，酸素と窒素は市販のボンベのもので，純度はそれぞれ99.6%, 99.95%である．本文中ではとくに断ら

3.1 低周波バリア放電

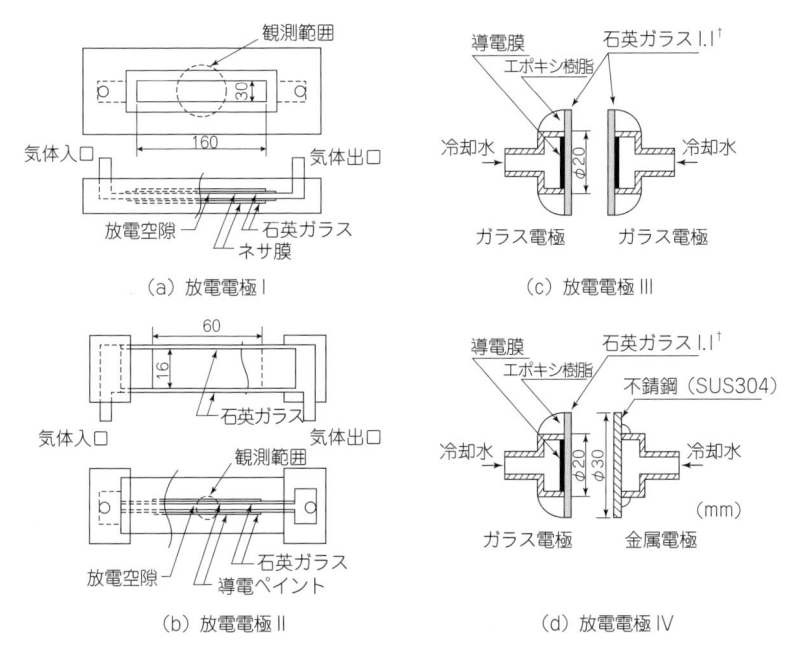

図 3.17 放電観測用放電電極の構造

ない限り，気体は吸着式乾燥機で−60℃の露点に乾燥させ，ギャップにはこれらの気体を毎分2Lまたは10Lの流量で流通させている．

図3.18は実験の系統図である．放電電極には周波数が60Hz，最大約10kVの正弦波電圧が印加されている．気体が空気または酸素の場合には放電により，ギャップにはオゾンが生成されるが，ギャップにはつねに気体が流通しているので，そのオゾン濃度は数百ppm以下である．これらにオゾンを含有させる場合には，別のオゾナイザを通過させた後に，放電電極に流入させる．また，空気の場合には窒素酸化物も発生するが，その濃度はモル比でオゾン濃度の1～2%である．放電柱を撮影するための高感度カメラは4段増幅のイメージインテンシファイヤ（以後，I.I.と書く）を使用した．増幅管の最大感度は10^6倍である．I.I.の前面には通常のカメラの羽根式の機械シャッタが設けてあり，表示目盛が1/500の条件で動作させる．バリア放電の場合，放電柱の発光は10ns以下で終わるので，1個のパルス状放電が起こっている途中でシャッタが閉じることは実際上はない．したがって，シャッタの動作時間内に放電柱がいつ生じようとも，積分光として撮影される．シャッタのM接点は，シャッタの羽根が最大に開く少し前に内蔵スイッチがオンの状態になるものであり，この時刻にパルス・ジェネレータが動作してオシロスコープを外部トリガして，電圧と電流

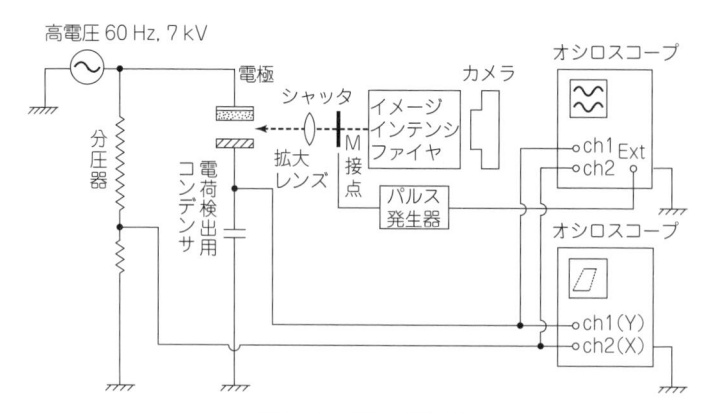

図 3.18 実験の系統図

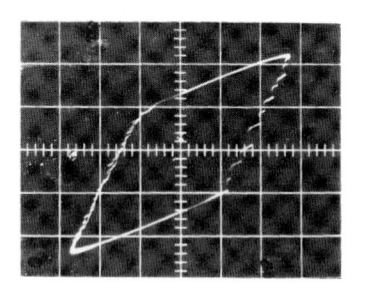

図 3.19 リサジュー図形
縦軸：0.2×10^{-6} C/div, 横軸：5×10^{3} V/div.

波形を掃引させる．こうすることにより，放電柱が撮影されたときの電極の極性を知ることができる．

　本実験に使用したシャッタの動作時間の実測値は，シャッタの羽根が開き始めてから完全に閉じるまでの時間は 6 ms であり，M 接点でオンされる時刻は羽根が開き始めてから 2.6 ms 後である．バリア放電の場合，交流電圧印加中でも放電が頻繁に起こる期間と起こらない期間が相互に現れる．本実験の場合，これらの期間の長さはほぼ同じであるので，今回のようにシャッタをランダムに動作させると，約 2 枚に 1 枚の割合で放電柱が撮影される．放電柱が撮影されたときの電極の極性は，シャッタの M 接点を利用して，電圧または電荷（電流積分）波形をストレージ・オシロスコープに描かせることにより知る．電圧波形は，1000：1 の分圧器で，また電荷波形は $0.05\,\mu$F の容量のコンデンサの端子電圧で検出し，電圧と電荷のリサジュー図形は，別のオシロスコープに描かせる．なお，図 3.19 に示されているリサジュー図形は，電圧波形の約 1 周期が写るようにカメラのシャッタ速度を調整して撮影したものであ

2) 放電の形態

放電部の気体の種類が空気,酸素,窒素の3通りの場合について,放電柱の形状やリサジュー図形の違いを示す.

(i) 空気中の放電

①オゾン濃度の影響: 放電電極Iに空気を流して放電させた場合の電圧,電荷のリサジュー図形は図3.19のようであり,この面積から放電電力を計算すると 0.41 W である.この程度の放電電力では放電が撮影されている部分のオゾン濃度は,通常のオゾナイザで使用されている出口オゾン濃度に比べて非常に薄く,その値は約 300 ppm と見積ることができる.

リサジュー図形の電圧軸を横切る幅の大きさは,放電期間中に放電ギャップに平均的にかかっている電圧 V^* の2倍を示しており,その値は 15.0 kV である.したがって本実験条件では,ギャップの電界の強さを E^*,気体圧力を P とすると,$E^*/P = V^*/Pd = 32.9$ V/cmTorr (92 Td) となる.以上のような放電雰囲気は,通常のオゾナイザの放電ギャップ入口付近に相当する.

以下に,この場合の観測結果を示す.図3.20(a) は放電電極Iで撮影したもので,白く写っているのが電極表面から垂直に見た放電柱の発光部であり,これをさらに拡大し,近接撮影したものが図3.20(b) である.ただし,両電極に焦点が合うように十分な焦点深度が与えてあるので,この発光部は放電柱の両電極面と空間におけるものが重ね合わされて写っている.図3.20(a) の写真から発光部の写る場所は,撮影ごとにまったくランダムに変わっており,放電柱の発生する場所は放電の生じるたびごとに変化する.電極面から垂直に見た放電柱の発光部の大きさは,直径が1~4 mm のものが観測されたが,3 mm 程度のものがもっとも多い.図3.20(b) の写真から,円形の発光部の周囲にはグロー状の淡い放電が放射状に広がっているのが見られる.この放射状の光は誘電体表面における沿面放電に相当するものと考えられる.

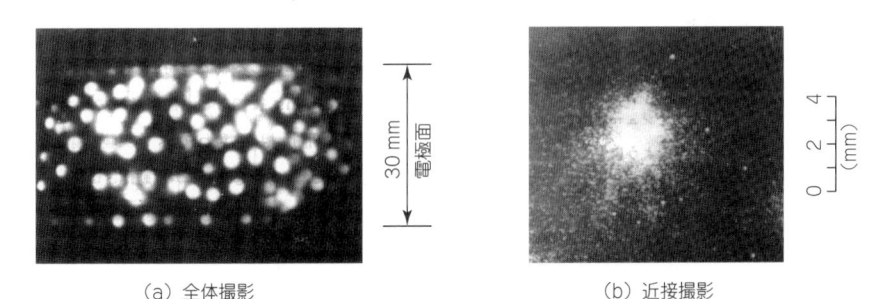

(a) 全体撮影   (b) 近接撮影

図 3.20 オゾン濃度が低いときに電極面に垂直な方向から見た放電柱の発光部

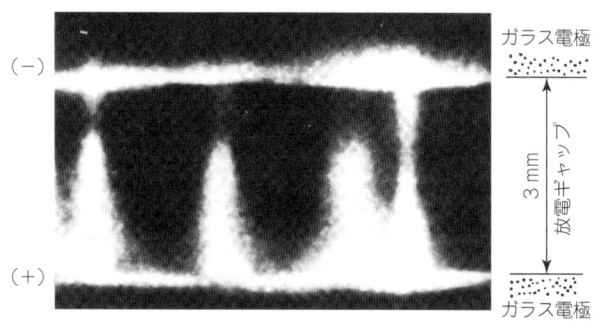

図 3.21 オゾン濃度が薄いときの放電柱

　図3.21は,放電電極内に空気を流して放電させた場合のもので,電極面に平行な方向から放電柱を撮影したものである.ただし,放電電極IIは放電電極Iと放電面積が異なるために放電電力も異なり,したがって放電柱が撮影される付近のオゾン濃度も異なり,約600 ppmと推定される.しかし,この程度のオゾン濃度の違いによる放電柱の形状の違いはないことは確認しており,いずれにしてもオゾン濃度が非常に小さいときの放電柱の形状を示している.リサジュー図形より求めた E^*/P は放電電極Iと同じである.これより,放電柱の形状に与える雰囲気は図3.20に示したものと同じであると考えてよい.

　図3.21の写真から,放電柱は陰極を先端とするラッパ状をしており,放電路の中心軸は電極面に対してほとんど垂直であることがわかる.供給電圧は交流であるので電極の極性はたえず変化するが,つねに陰極となる電極を先端とするラッパ状の放電柱の写真が得られる.多くの撮影の結果,放電柱の微細な構造に関して次のことが認められた.放電柱は陰極に向けて,ある距離までは直径が0.1～0.3 mmの円柱状であるが,これよりも陽極へ近い方向へいくと,その直径は指数関数的に広がっていき,陽極付近では1～4 mmとなるが,3 mm程度のものがもっとも多い.定性的に陽極付近での放電柱の径の大きさは,陰極から放電が広がり始めるまでの距離が短いほど大となる.

　次に,放電雰囲気中のオゾン濃度が濃くなったときの放電柱の形状について述べる.放電電極I,IIに流入するオゾン濃度は5, 15 mg/L_N(0.38%, 1.14%)であるが,前述したように放電電極I,IIで新たに生成されるオゾンは流入するオゾンに比べてきわめて小さいので,放電管入口と出口のオゾン濃度は等しいと考えてよい.通常のオゾナイザで使用される出口オゾン濃度は,10～15 mg/L_Nであるので,以下に示す放電極はオゾナイザの中央部あるいは出口付近のものに相当する.

　図3.22(a),(b)は,それぞれオゾン濃度が5, 15 mg/L_Nの場合の放電柱の写真であり,図中(イ),(ロ)で示してあるのは,それぞれ電極面に垂直,平行な方向から

3.1 低周波バリア放電

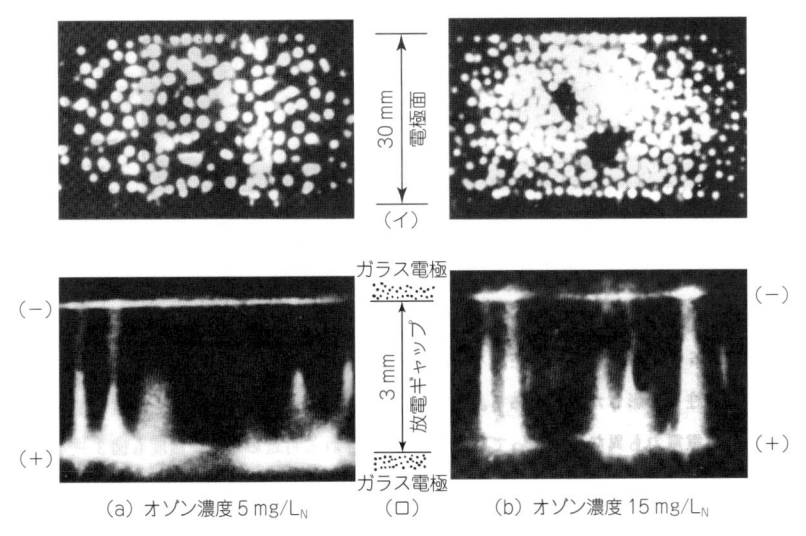

(イ)

(a) オゾン濃度 5 mg/L$_N$ (ロ)   (b) オゾン濃度 15 mg/L$_N$

図 3.22 オゾン濃度が濃いときの放電柱

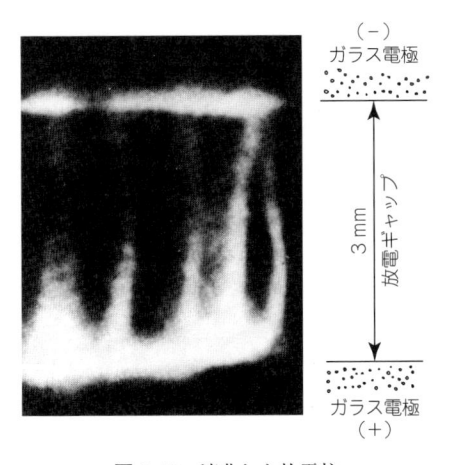

図 3.23 湾曲した放電柱

放電柱を撮影したものである．オゾン濃度が 5, 15 mg/L$_N$(0.76%, 1.14%) での E^*/P は各々 33.9, 34.9 V/cm・Torr(95 Td, 98 Td) である．ここで $E^* = V^*/Pd$ である．図 3.20〜3.22 の写真からオゾン濃度が濃くなるほど電極面から垂直な方向から見た放電柱の発光部の径は小さくなり，それに伴って単位面積あたりの発光部の数も多くなることがわかる．また，放電柱の形状はオゾン濃度が濃くなると細い円柱に近いものが多くなり，陽極面近くで若干の径の広がりが見られる．たとえば，オゾン濃度が

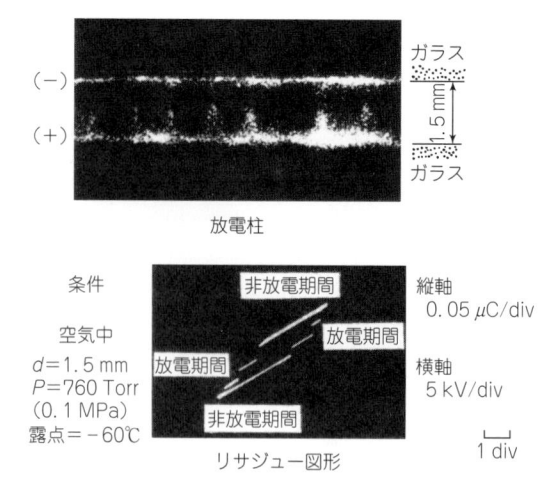

図 3.24 ギャップ長が 1.5 mm のときの放電柱とリサジュー図形

15 mg/L$_N$(1.14%) では陰極から陽極近くまでは直径が 0.1〜0.3 mm であるが,陽極付近では直径が 0.5〜1.0 mm となる.放電柱はほとんどが電極面に対して垂直な放電路であるが,オゾン濃度が濃くなると図 3.23 に示すように放電柱が湾曲しているものもまれに観測される.湾曲している放電柱はオゾン濃度が薄いときにはまったく観測されない.これはオゾン濃度が濃くなると単位面積あたりの放電柱の個数が増してくるため,たまたま隣接して同時に放電が起こった場合,放電柱どうしが影響しあい,湾曲している.オゾンは酸素以上に電子付着性の強い分子なので,クーロン力等の影響が示唆される.以上,ガラス対ガラスの電極構成でギャップ長が 3 mm の場合の放電柱の形状とオゾン濃度の関係を示した.

②ギャップ長の影響: 以下に示すものは,とくに断りのない場合に限り,放電部のオゾン濃度が非常に薄い場合(数百 ppm 以下)である.図 3.24 は,ガラス対ガラス電極で,ギャップ長が 1.5 mm になった場合のものである.ただし,放電電極はⅡを用いた.ギャップ長が 3 mm の場合の図 3.21 と比べると放電柱の形は同じであるが,ギャップ長が 1/2 になると,陽極近傍での放電柱の太さも約 1/2 になることがわかる.

図 3.24 のリサジュー図形には,放電期間に相当するところに電荷の不連続部分(オシロスコープの輝線が写っていない部分)が見られるが,これは,放電がパルス的に起こっているために現れるものである.この場合は,電極の構成が対称であるので,電荷の不連続部分の大きさはいずれの極性の放電期間ともほぼ同じである.

③電極構成の影響: 電極の構成が,ガラス対金属の非対称の電極構成になった場合を示す.以下に示す写真は,すべてガラス対金属電極でのものである.図 3.25 は,

3.1 低周波バリア放電

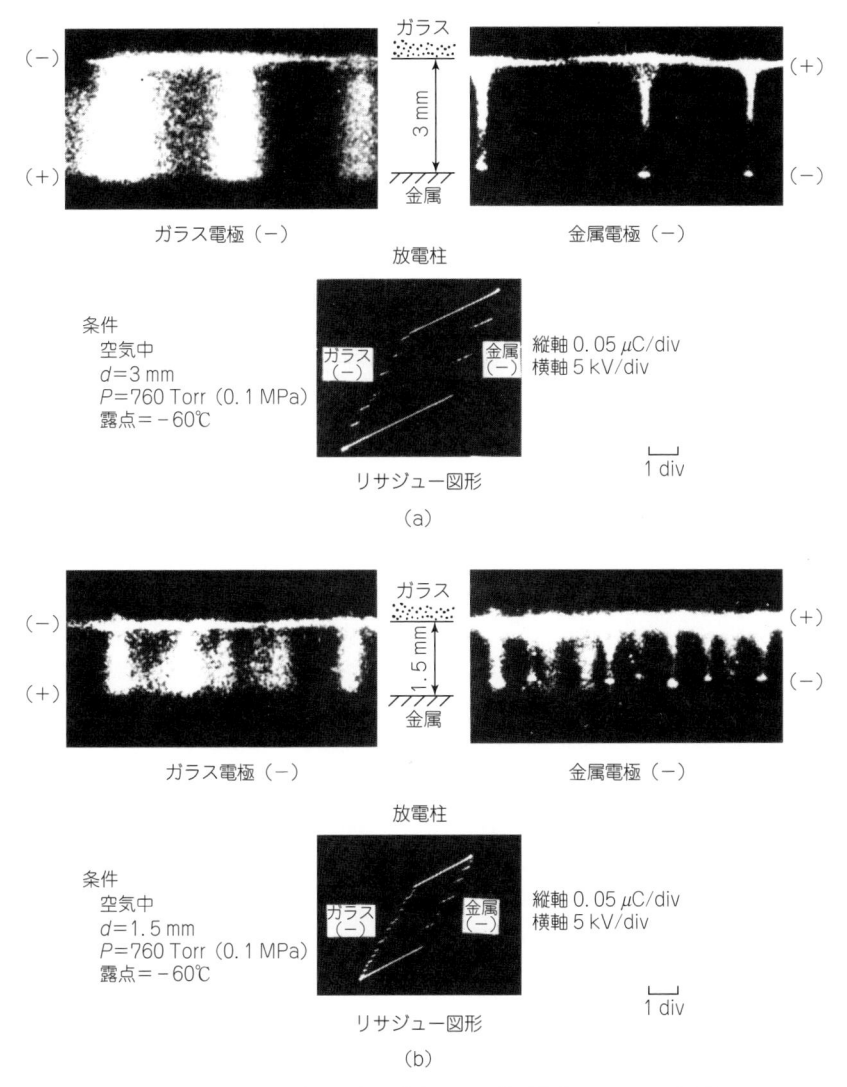

条件
空気中
$d=3$ mm
$P=760$ Torr (0.1 MPa)
露点＝-60℃

縦軸 0.05 μC/div
横軸 5 kV/div

(a)

条件
空気中
$d=1.5$ mm
$P=760$ Torr (0.1 MPa)
露点＝-60℃

縦軸 0.05 μC/div
横軸 5 kV/div

(b)

図 3.25 ガラス対金属電極の空気中での放電柱とリサジュー図形

放電柱とリサジュー図形で，$d=3$ mm と $d=1.5$ mm の 2 通りの場合を示している．$d=3$ mm の放電柱の写真より，ガラス電極が（－）の極性のときには放電柱は輪郭のやや不明確な "diffused" 紡錘形をしている．しかし，印加電圧の極性が反転して，金属電極が（－）の極性になると形状は一変し，金属電極から伸びる円柱形（直径は 0.2 mm 程度）の放電柱は "filamentary"，ガラス電極の近くで急に広がった（ガ

ラス電極面での直径は2〜4mm）形を呈する．このとき，金属電極上に輝点が現れるのが特徴であり，この輝点から1/2〜1/3の間は比較的暗い部分が見られる．$d=1.5$ mmのときの放電柱の直径は，先に述べたガラス対ガラス電極のときと同様に，$d=3$ mmの場合の1/2程度になっている．

この場合のリサジュー図形の電荷の不連続部分の大きさは，非対称の電極構成であるために電極の極性によって異なり，金属電極が（−）の極性のときのほうが大きい．また，$d=3$ mmと$d=1.5$ mmの場合を比べると，電荷の不連続部分の大きさは前者のほうが大きい．

ところで，バリア放電はギャップの電位差が放電開始電圧V_sに等しくなって放電が開始しても，その放電電流により誘電体表面に電荷が蓄積されて逆電界が形成されるために，後に示すように放電はただちに消滅する（10 ns以下）．この消滅するときのギャップの電位差をV_eとすると，リサジュー図形の電圧軸を横切る幅の平均的な大きさは(V_s+V_e)を表しており，この半分の$(V_s+V_e)/2$がギャップの平均的な放電維持電圧（以後，V^*と書く）を与えている．図3.24と図3.25(b)は電極の構成が異なっているが，同じ$P \cdot d$値（Pはガス圧力）であるために，いずれも$V^*=4$ kVとなっている．図3.25(a)は$P \cdot d$値がこの2倍であるため，V^*も2倍近くになっている．

④空気圧力の影響： 図3.26は$d=1.5$ mmで空気圧力を$P=1520$ Torr（0.2 MPa）にした場合のものであるが，$P=760$ Torr（0.1 MPa）と比べて放電柱の大きさはほとんど変わらないことがわかる．この場合のリサジュー図形のV^*は先に示した$d=3$ mm，$P=760$ Torr（0.1 MPa）（図3.25(a)）と$P \cdot d$値（228 cm・Torrまたは

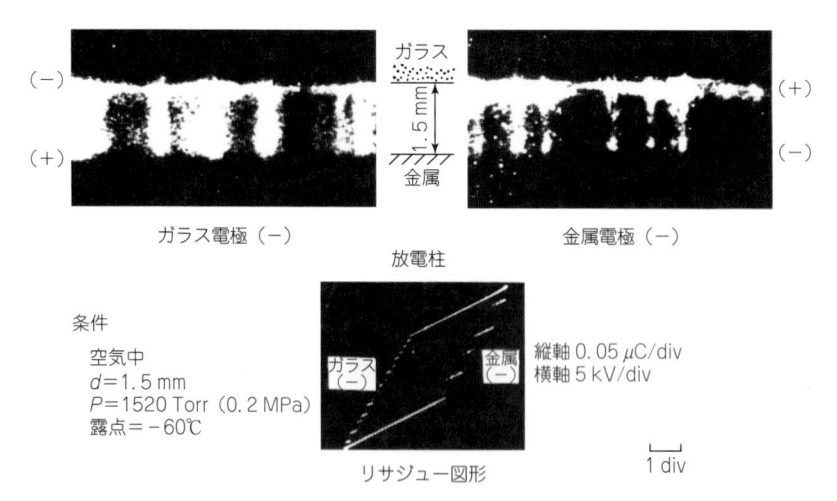

図3.26 空気圧力が1520 Torr（0.2 MPa）のときの放電柱とリサジュー図形

3.1 低周波バリア放電

(−) ガラス電極（−）
(+)
放電柱

ガラス 1.5 mm 金属
(+) 金属電極（−）
(−)

条件
空気中
d=1.5 mm
P=760 Torr（0.1 MPa）
露点=20℃

リサジュー図形

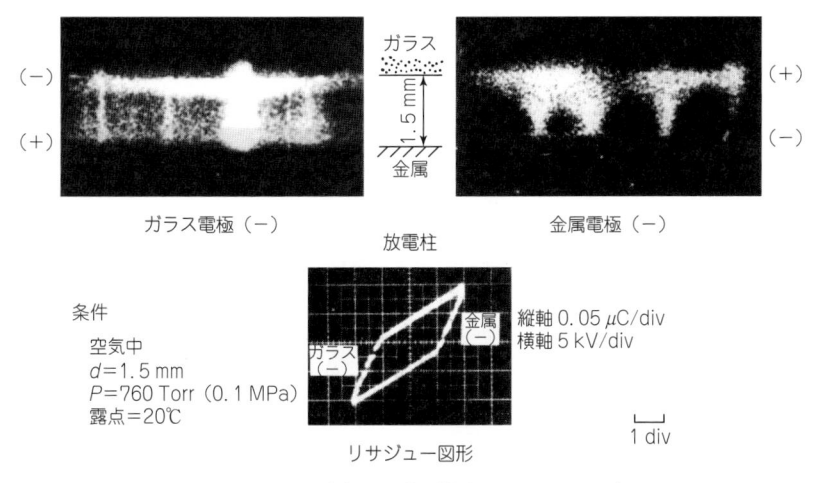

縦軸 0.05 μC/div
横軸 5 kV/div

1 div

図 3.27 湿り空気での放電柱とリサジュー図形

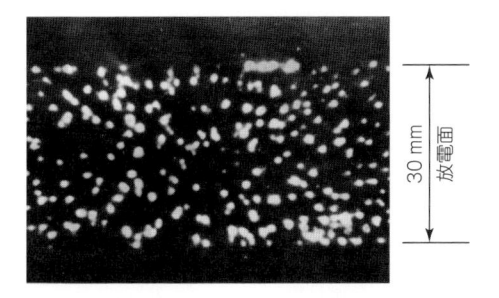

30 mm 放電面

図 3.28 電極面に垂直な方向から撮影した酸素中での放電柱

0.03 cm・MPa）が同じであるために，同じ $V^*=7\,\mathrm{kV}$ を示している．

⑤空気の乾燥度の影響： 図 3.27 は，ギャップに露点が 20℃（相対湿度は約 100%）の空気を流したものであるが，放電柱の形状やリサジュー図形はこれまで示してきた露点が −60℃ の乾燥空気の場合とは著しく異なっている．すなわち，ガラス電極が（−）の極性のときにはギャップ全体が淡い"diffused"な放電となっており，その中に細い放電柱（直径 0.1 mm 程度）と，図中に矢印で示す輝度の高い放電柱が見られる．ただし，この矢印の放電柱は撮影されたすべての写真の同じ位置に現れている．次に極性が変わり，金属電極が（−）の極性になると，放電柱は（−）極を頂点とした"diffused"な円すい形（金属電極面での直径は 2.5 mm 程度）となっているが，乾燥空気の場合のような電極面での輝点は存在せず，また放電柱のギャップ方向の明暗も見られない．この場合のリサジュー図形は，放電期間の電荷の不連続部分の大き

さは非常に小さく，極性による違いも見られない．

(ii) 酸素中の放電

酸素中の場合は，空気と比べるときわめて発光強度が弱い．オゾナイザ中での観測結果によれば(3.1.5項参照)，空気中でのバリア放電の分光写真からは，発光のほとんどすべてが窒素分子の 2nd positive band であり，酸素分子によるものは見当た

ガラス電極（−） 　　　　　　　金属電極（−）

条件
酸素中
$d=3$ mm
$P=760$ Torr (0.1 MPa)
露点$=-60$℃

放電柱

リサジュー図形

縦軸 0.05 μC/div
横軸 5 kV/div

1 div

(a)

ガラス電極（−） 　　　　　　　金属電極（−）

条件
酸素中
$d=1.5$ mm
$P=760$ Torr (0.1 MPa)
露点$=-60$℃

放電柱

リサジュー図形

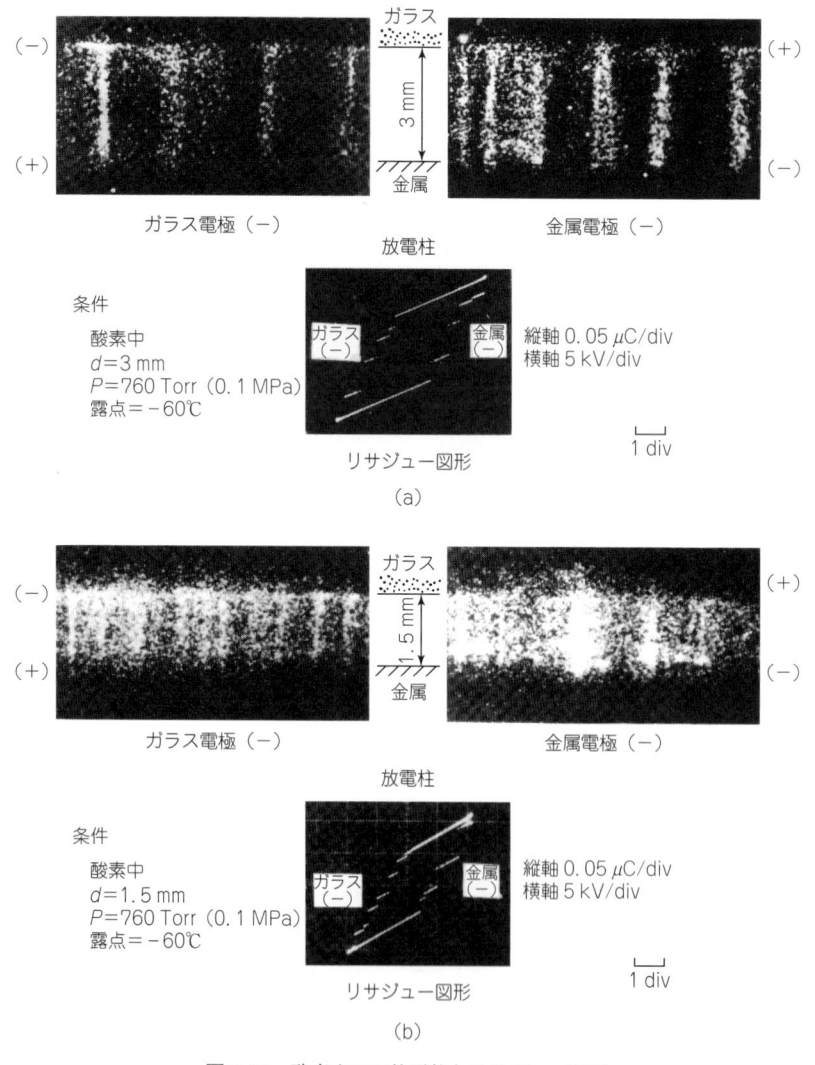

縦軸 0.05 μC/div
横軸 5 kV/div

1 div

(b)

図 3.29　酸素中での放電柱とリサジュー図形

らない．酸素中での弱い発光は，酸素中に不純物として含まれる窒素によるものである．

図 3.28 は，放電電極 I に酸素を流して放電したもので，電極面に垂直な方向から撮影したものである．この場合，撮影される部分でのオゾン濃度は空気の場合の約 2 倍と考えてよいが，実用のオゾナイザの出口濃度に比べるときわめて低い濃度である．図より，発光部の直径は 0.5〜1 mm であり，空気の場合より小さいことがわかる．この放電電極に実用の酸素原料オゾナイザで使用される 60 g/Nm^3 までのオゾン化酸素を流入させても，発光部の大きさや単位面積あたりの放電柱の個数に変化はなく，この点も空気の場合と異なるところである．

図 3.29 は，放電電極 IV を用いて，電極面から垂直な面から観測した放電柱とリサジュー図形である．この場合，I. I. の感度を空気の場合の 100 倍程度にしなければならないため，S/N 比が悪く若干鮮明さに欠けるが，放電柱は空気の場合よりも細く，円柱に近い形（$d=3$ mm では直径が 0.2〜0.5 mm, $d=1.5$ mm ではこれより小さい）をしているのがわかる．電極の極性による放電柱の違いは，金属電極が（−）の極性のときだけに金属電極面に輝点が見られること以外はない．

リサジュー図形の電荷波形の不連続部分の大きさの極性による違いはあまりないが，ガラス電極が（−）の極性のときは空気中での放電の場合より大きい．V^* は空気中の場合とほぼ同じである．

(iii) 窒素中の放電

図 3.30 は，窒素中での放電結果である．この場合，空気や酸素中で見られていた放電柱は観測されず，（+）の極性にあたる電極面近傍のみが全面に渡って一様に輝いており（厚さは 0.3〜0.5 mm），しかも電極の極性による違いもまったくない．

リサジュー図形における放電期間では，電荷の不連続部分は，いずれの極性のときにも観測されず，空気や酸素中でのパルス的な放電に対して，窒素中では無パルスの放電であることがわかる．また，V^* は空気や酸素のときの約 1.6 倍になっている．

次に，窒素中に酸素を 2% 混入した場合の結果を図 3.31 に示す．リサジュー図形の電荷の不連続部分が観測される極性（ガラス電極が（−））のときには放電柱が見られるが，電荷の不連続部分が見られない極性（金属電極が（−））のときには，ガラス電極面の近傍に一様な放電が見られ，先の図 3.30 の場合と同じ様相を呈している．

b. 放電柱の発光時間

放電柱の発光時間を知るために，I. I.（Image Intensifier）の前段にイメージコンバータカメラを設けて流し撮りをするための実験の系統図を図 3.32 に示す．バリア放電は放電が頻繁に発生する期間内でも，時間・空間的にランダムに発生し，さらに放電柱の発光時間がきわめて短いため，撮影が困難であるが，数百回に 1 回程度撮影でき

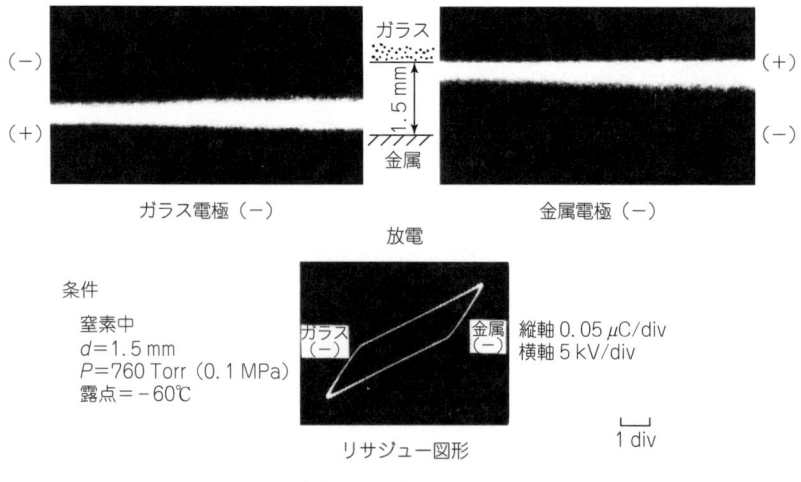

図 3.30 窒素中での放電とリサジュー図形

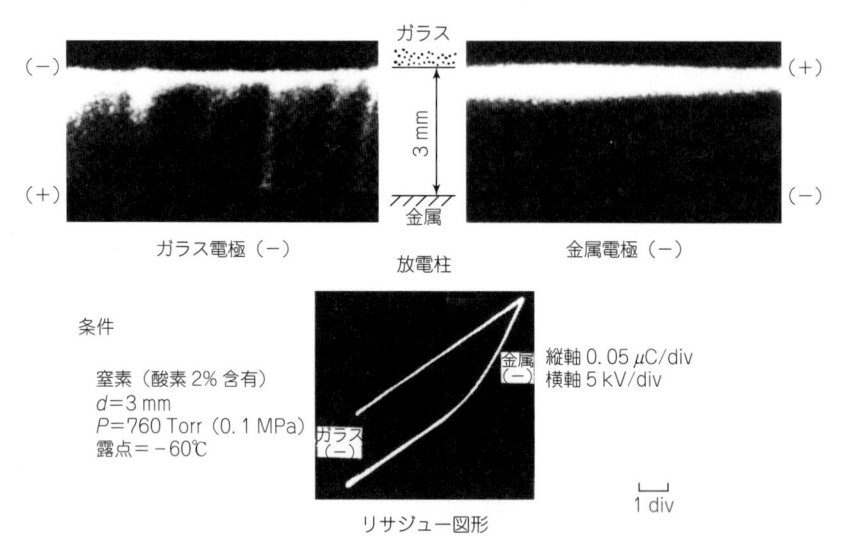

条件
窒素中
$d=1.5$ mm
$P=760$ Torr (0.1 MPa)
露点 $=-60$℃

縦軸 0.05 μC/div
横軸 5 kV/div

図 3.31 酸素を 2% 混入した窒素中での放電とリサジュー図形

条件
窒素（酸素 2% 含有）
$d=3$ mm
$P=760$ Torr (0.1 MPa)
露点 $=-60$℃

縦軸 0.05 μC/div
横軸 5 kV/div

る場合がある．

　図 3.33 は放電電極 II を用いて，オゾン濃度が薄い場合の空気中での放電柱を撮影したものである．同図の (a), (b) はイメージコンバータカメラの流し速度を 10 倍変えて撮影したものであるが，放電柱の形状には有意な差はなく，先に示した図 3.21 の積分光（静止）写真と同じくラッパ状をしている．放電柱のおもな発光は少なくと

3.1 低周波バリア放電

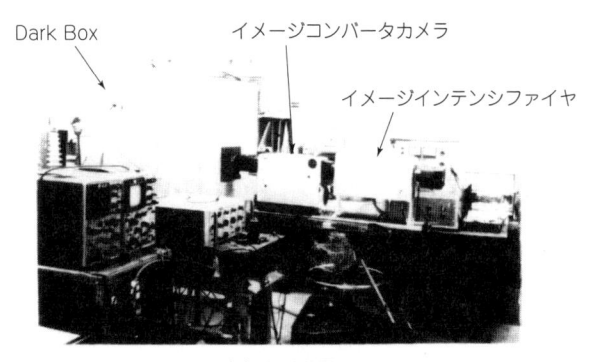

(a) 実験装置

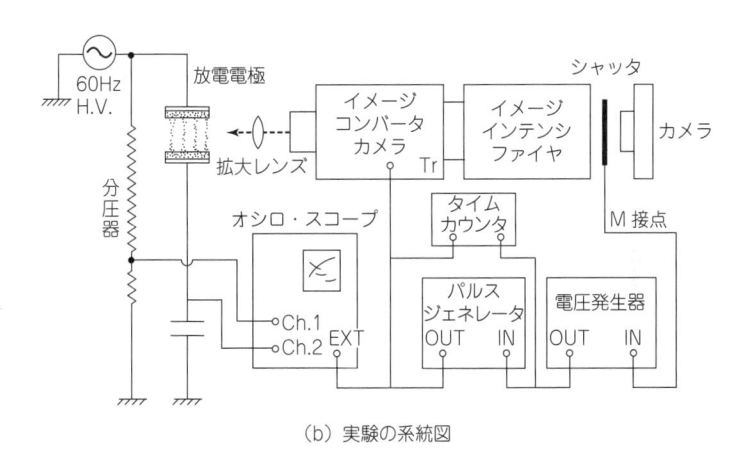

(b) 実験の系統図

図 3.32 実験装置と系統図

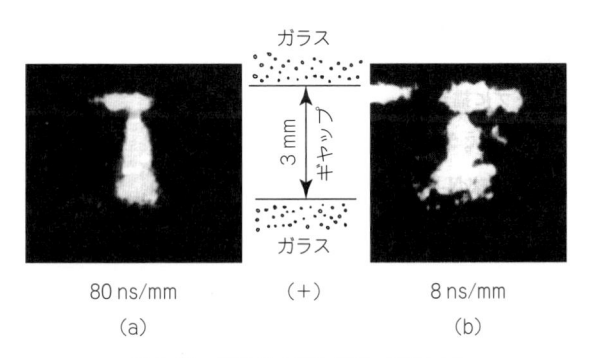

80 ns/mm　　　(+)　　　8 ns/mm
(a)　　　　　　　　　　　(b)

図 3.33 放電柱の流し撮り（空気中）

表 3.1　放電柱 1 本あたりの放電電荷量

	オゾン濃度	NO_x 濃度	放電電荷量
空気中	～0	～0	19×10^{-10} C
	7000 ppm	80 ppm	5×10^{-10} C
酸素中	0～30000 ppm	―	4×10^{-10} C

も 10 ns 以下で終わっていないと，図 3.33 のように放電路の中心に対して対称な形の放電柱は得られない．これにより，放電柱のおもな発光時間は，10 ns 以下であると判断できる．

c. 放電柱 1 本あたりの放電電荷量

電極面に垂直な方向から観測した放電柱の密度と，それと同時に測定した電流積分波形 Q から 1 本の放電柱の放電電荷量 q を概算評価できる．結果をまとめて表 3.1 に示す．

空気中では酸素中に比べ放電柱に分布が疎で，放電柱 1 本あたりの放電電荷量が大きいが，オゾン濃度が高くなるにつれて分布が密になり，1 本あたりの放電電荷量は急激に低下する．酸素中では放電柱分布，放電電荷量はいずれもオゾン濃度に依存しない．

3.1.4　放電機構としての位置づけ

バリア放電の放電機構について述べる．平行平板の金属電極に抵抗を介して直流電圧を印加して，電圧を徐々に上昇させていくと，小さい Pd 値では，暗流→タウンゼント放電→グロー放電→アーク放電，の諸形式が展開されることはよく知られているが，火花放電の過程にもこのような放電形式が過渡的に展開される．たとえば Kekez ら[1]は，水素とクリプトン中での火花放電の過程を超高感度，超高速度カメラで観測している．そしてこの中でタウゼント放電（この発光は観測されていない）の後，電流の増大に伴って第 1 段階の "diffused" な過渡グロー放電，第 2 段階では陰極面に輝点が形成された "filamentary" な過渡グロー放電を経過してアーク放電に至る様子を写真で示している．

また Andreev ら[2]は，空気中で金属電極間に ns のオーダの電圧を印加したときの放電を観測し "diffused" な放電の後，アークに移行する様子を観測しており，電極間にマイカ板を挿入したときの放電は "diffused" な過渡グローの段階で放電が停止することを述べている．Allen ら[3]や Chalmers[4]は，タウゼント放電や過渡グローの放電に移行するときには，ギャップ電圧が降下することを報告している．

金属電極間では，このように放電の最終形式であるアークにまで進展するが，バリア放電では誘電体が介在しているために放電の進展に伴い，ギャップに逆電界が形成

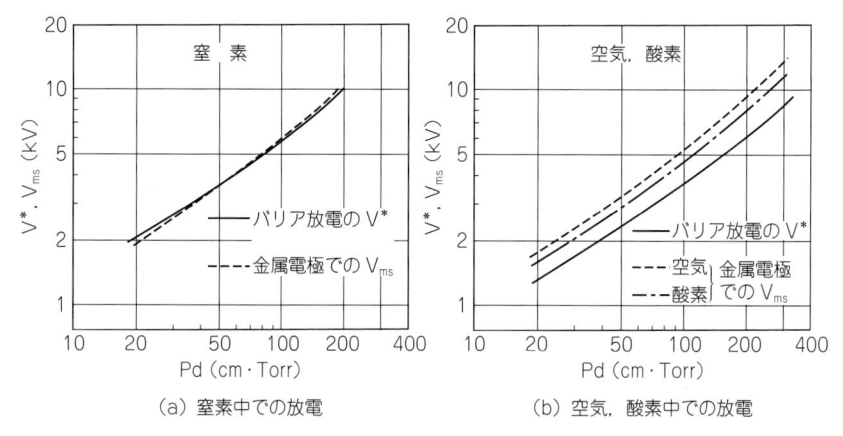

(a) 窒素中での放電　　　　　　　　(b) 空気，酸素中での放電

図 3.34 金属電極での火花電圧 V_{ms} とバリア放電の放電維持電圧 V^* の関係

されるため，たとえばタウンゼント放電や過渡グローの放電形式の段階で放電が消滅し，その姿を浮き彫りにすることが可能である．以下に，この観点から検討された各種ガスのバリア放電の放電機構について見解を述べる．

a. 窒　素　中

図 3.30 で示した窒素中の放電では，(+) の極性の電極近傍のみが一様に輝いた放電が観測され，また図 3.30 や図 3.8 で示すリサジュー図形から，窒素中の放電は無パルスの放電であった．

ところで，平行平板電極でのバリア放電の放電開始電圧 V_s は，平行平板金属電極間での火花電圧と等しいとされている．図 3.34(a) はリサジュー図形から測定した放電維持電圧 V^* の値と金属電極間における火花電圧 V_{ms} を比較したものである．図より，本実験の $20 < Pd < 200$ cm・Torr の範囲で，V^* と V_{ms} とは非常によく一致しており，放電期間ではギャップ電圧の降下はほとんど起こっていないことがわかる．これより窒素中で見られる一様な放電はタウゼント放電で多重電子なだれがギャップを並進し，(+) 極の電極近傍で電離が活発に起こって発光しているものと考えられている．

b. 空気中，および酸素中

空気中での放電は，図 3.21 や図 3.25 などの放電柱の写真やリサジュー図形から明らかなように，パルス的な放電柱の集合である．したがって，放電柱の生成過程が存在するが，この放電が電子なだれの状態で停止しているか，あるいはそれよりも進んだストリーマにまで進展しているか，を検討する．

微細なバリア放電の発光時間は 10 ns 以下である．この場合，放電ギャップが 3 mm である．この結果より，放電柱が陰極と陽極との間を橋絡して 1 本の放電柱を形成

するためには,少なくとも放電の進展速度は $3\,\mathrm{mm}/10\,\mathrm{ns}=3\times10^5\,\mathrm{m/s}$ 以上でなければならない.本実験条件の E^*/P における電子ドリフト速度は $1.3\times10^5\,\mathrm{m/s}$ であり,上記の速度はこれよりも大きく,放電は電界集中によって起こったものでなければならない.これよりバリア放電は電子なだれよりも進んだストリーマの段階まで進展しているものとされている.

また1本の放電柱の電荷量は $10^{-9}\sim10^{-10}\mathrm{C}$ のオーダであった.このような電荷量は電子なだれだけでは得られず(電子なだれによる増倍率 $\exp(\alpha d)=10$),局所的に大きな電界が生じ,さらに活発な電離が行われていなければ得られない値である.この点からも,放電はストリーマにまで進展していると考えられている.

次に放電形式について検討する.図 3.34(b) は空気中での V^* と,金属電極間での火花放電電圧 V_{ms} とを比較したものである.図より V^* は V_{ms} より 20~40% 低い値を示しており,タウンゼント放電よりも進展した放電形式となっている.一方,バリア放電を分光観測した報告によれば,スペクトル線には金属蒸発によるものは見られず,また窒素の 2nd positive band の発光スペクトルから得られる回転温度は,常温よりも数十℃高いだけであるという結果も得られており,バリア放電はアークに移行していない.したがって,空気中の放電は放電形式で分類すると,過渡グローの状態で消滅しているものと考えられる.

以上を総合すると,空気中のバリア放電は,多重電子なだれにより(+)極の電極近傍に局所的に空間電荷電界の高いところが生じて,そこからストリーマが発生して放電ギャップを橋絡し,その後過渡グローの状態となるが,この自己電流で誘電体に電荷が蓄積され逆電界が生じるため,この段階で放電が消滅する.

次に,空気中に多くの水分が含まれると"diffused"な放電が見られることが図 3.27 で示されており,このときの V^* は,相対湿度が 100% のときの金属電極間での火花電圧よりも約 10% 減となっている.水分が放電の進展を抑制する作用を有することはよく知られており,水分の影響でタウンゼント放電から過渡グロー放電への進展が,乾燥空気の場合よりも抑制されたものと考えられている.

次に,図 3.29 で示した酸素中での放電も V^* が空気中のものとだいたい同じで,図 3.34(b) のように同条件での金属電極間の火花電圧よりも約 20% 低い値であることから,空気中の場合の放電形式と大差はない.

3.1.5 分光特性ー発光スペクトルによる放電気体温度の計測ー

放電場の気体温度は,そこで起こる化学反応の速度を決定するもっとも基本的な量の一つであるが,バリア放電では高電圧の下で微細な放電柱が発生・消滅を繰り返しているため,放電部気体温度を直接測定することはむずかしい.ここではオゾナイザの発光を分光学的に分析し,分子の発光スペクトルの回転項分布により,放電部の気

体温度に対応する分子回転温度を測定する．この温度はオゾナイザ中の気体温度分布の上限を与えると考えることができ，放電部で生成される酸素原子等の関与する化学反応に関わる重要な因子である．

a. 理　　論

2原子分子のエネルギー状態は，たとえばG. Herzbergの著書に示されるように，電子エネルギーと振動エネルギーと回転エネルギーの項に分けられ，このうち回転エネルギー F は通常もっとも小さく，回転の量子数 J に対し，B を rotational constant として第一近似で

$$F = BJ(J+1) \tag{3.12}$$

と表される．また，発光の上位と下位の回転の量子数が J' と J であるとき，発光強度 I_{em} は，エネルギー F に対するボルツマン因子を有する次の式で表現できる．

$$I_{em} = \frac{2C_{em}\nu^4}{Q_r} S_J e^{-BJ'(J'+1)hc/kT} \tag{3.13}$$

ここで C_{em}, Q_r は一つの band spectrum では定数，ν は波数，h はプランクの定数，c は光速，k はボルツマン定数，T は温度である．S_J は line strength で，後述する N_2 2nd positive group（$\Pi-\Pi$ の遷移）では，

$$S_J = \frac{J(J+2)}{J+1} \tag{3.14}$$

となる．とくにR branch では $J' = J+1$ なので，ν^4 の変化を無視すれば，発光強度は J について大略

$$I_{em} \propto (J+1) e^{-B'(J+1)(J+2)hc/kT} \tag{3.15}$$

の分布をもつ．N_2 2nd positive group は Hund の Case(b) に属するシステムで，J の大きなところでは，J のかわりに新しい量子数 K が回転の量子数としての意味をもつようになる．すなわち N_2 2nd positive group ($C^3\Pi_u - B^3\Pi_g$) は Triplet System であるために，R branch は $R_0(\Pi_0-\Pi_0)$，$R_1(\Pi_1-\Pi_1)$，$R_2(\Pi_2-\Pi_2)$ の3つの成分をもつが，回転の量子数 J が大きくなると，たとえば $R_0(J=21)$，$R_1(J=20)$，$R_2(J=19)$ がほぼ同じ波長となる．J のかわりに新しい量子数 K により，これら3つの発光成分は $R(K=20)$ としてとりまとめて扱えるようになる．そのため回転項の強度分布は

$$I_{em} \propto (K+1) e^{-B'(K+1)(K+2)hc/kT} \tag{3.16}$$

となる．I_{em} を測定すれば $I_{em}/(K+1)$ と $(K+1)\cdot(K+2)$ の相互関係から温度 T が求められる．この温度は上述のように回転項分布を決定するから，回転温度 T_r と呼ぶ．

N_2 の回転項の熱平衡化に要する衝突数は，たとえば340Kでは2.4回である．一方，N_2 2nd positive group の上位レベルの radiative life time は 3×10^{-8} s である．常温大気圧の N_2 の弾性衝突周波数は 3×10^{10} s^{-1} であるから，N_2 の回転項は十分熱平衡に

達した状態で発光している．したがって，このようにして求めた回転温度 T_r は放電発光部の気体温度を示すと考えてよい．

b. 実 験 装 置

オゾナイザの構造を図 3.35 (I), (II) に示す．(II) が断面図である．電気抵抗率の高い絶縁冷媒で均等に冷却されたガラス電極と金属電極により，バリア放電極が構成されている．放電ギャップ長は金属内電極を入れ替えることにより変化できる．ガラス電極は内径 37 mm，放電部長さ 1 m，ガラス厚さ 1.5 mm である．

装置の概略を図 3.36 に示す．電気系統は 50, 100, 200, 350 Hz の正弦波交流を 5〜14 kV$_{eff}$ に昇圧してオゾナイザに印加し，オシロスコープ上の電圧－電荷図（V-Q リサジュー図形）によって放電電力を測定する．空気は吸着式乾燥機によって露点を

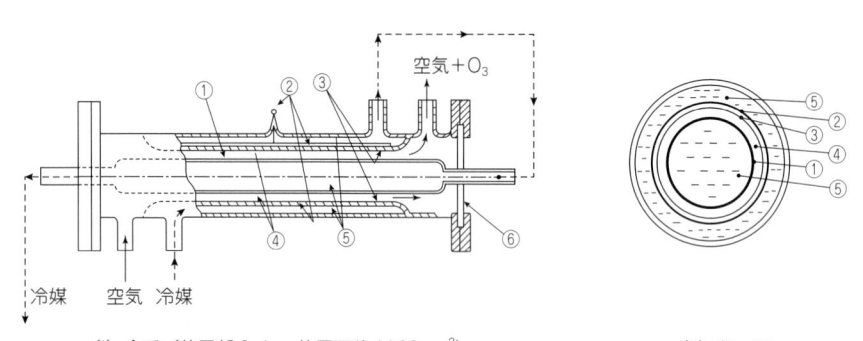

図 3.35 実験用オゾナイザの構造
①金属内電極，②高圧電極，③電極部ガラス管，④放電ギャップ，⑤冷却水，⑥石英窓，放電部 0.1 m，放電面積 1160 cm^2．

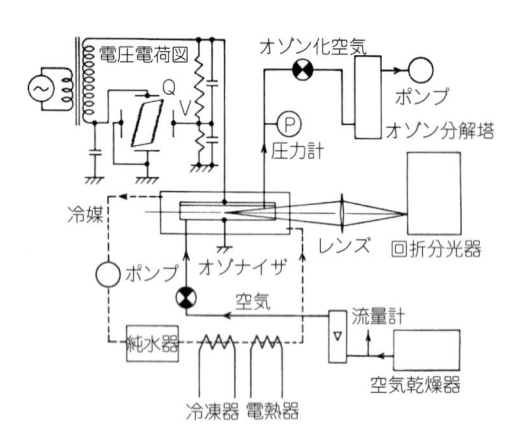

図 3.36 装置の系統図

−50℃以下まで乾燥しオゾナイザに供給した．気体流量はつねに常温大気圧換算流量 Q_N で示す．電極温度 T_w は冷媒の温度を調整することにより設定する．気体圧力 p は 100〜760 Torr（13.3 kPa〜0.1 MPa）に設定する．760 Torr（0.1 MPa）より下の圧力に設定する場合は，活性炭を充填したオゾン分解塔を介して真空ポンプを作動させる．

光学系統は光路長約 1 m のオゾナイザから石英窓を通して出てくる光を石英レンズで集光し，回折格子分光器（ブレーズ波長 3000 Å，グレーティング 1200 本/mm）に入れ，光電子増倍管で光強度を測定する．熱雑音を低減するために乾燥した冷気を光電子増倍管に吹きつけ冷却した．光学系全体の感度較正は NBS 標準ランプ（EPT-1195）により行っている．スペクトル写真の撮影のためには乾板（KODAK-103aF）を使用した．

c. 実 験 結 果

オゾナイザの発光スペクトルを写真乾板によって 2800〜4500 Å の範囲で分光器入口側のスリット幅を変化させ，各 10 mm の露光時間で撮影したものが図 3.37 である．

オゾナイザの薄紫色の発光のほとんどすべては N_2 2nd positive group である．N_2^+ 1st negative group や N_2 の高エネルギー励起レベルからの発光：N_2 Gaydon-Hermann Singlet System や，非常にかすかではあるが NO β System などの発光も見られる．しかしこれら三者は，いずれもオゾナイザのオゾン発生効率がきわめて低下する 100 Torr（13.3 kPa）前後，あるいはそれ以下の低圧力領域での放電で強度を増してくるにすぎない．空気は十分乾燥しているので，一般の空気中放電でよく観測される OH の band spectrum は認められない．また O_2 分子の発光はまったく

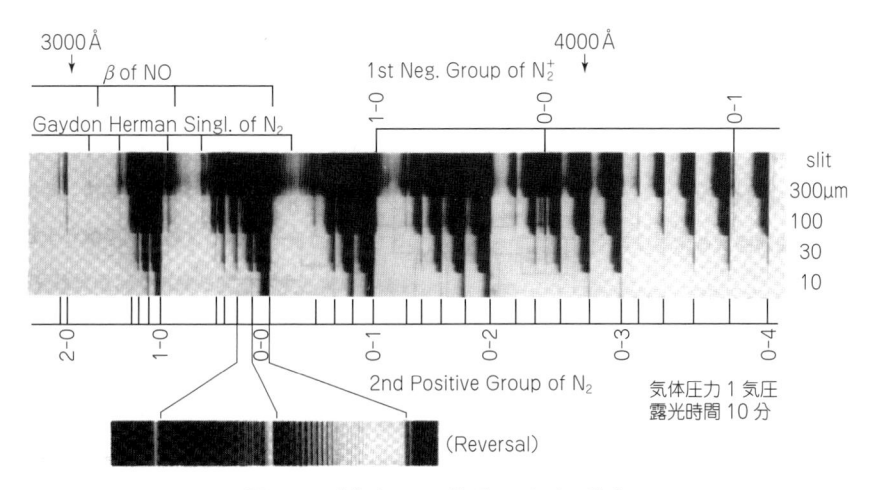

図 3.37 空気中バリア放電 I における発光

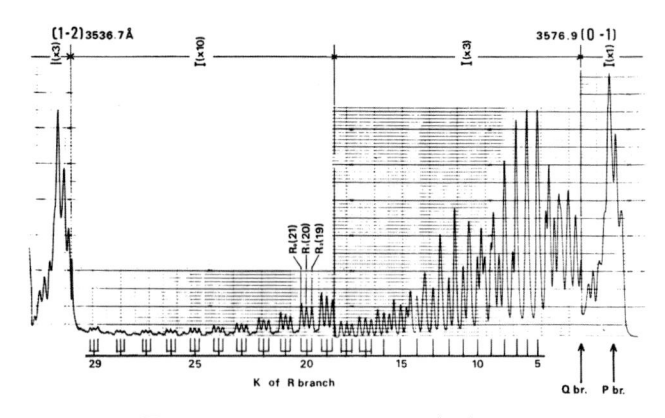

図 3.38　N_2 2nd positive group (0-1) band

観測されない．このことはオゾナイザに酸素を供給して放電を行った場合にも同様で，O_2 分子の発光はまったく観測されず，不純物としてわずかに存在する N_2 の 2nd positive group の発光が観測されるのみである．以下では発光スペクトル分析の対象を N_2 2nd positive group に限る．

図 3.38 に気体圧力 $P=760$ Torr (0.1 MPa)，放電空隙長 $d=1.5$ mm の場合の N_2 2nd positive (0-1) band の回転項分布の記録を示す．最高強度の head 部分を形成するのは P branch であるが，重畳しているために分解できていない．origin 部分にはかすかに Q branch があるが，これも分解できていない．短波長側はほとんど R branch のみが観測される．前述のように J の大きいところでは，J のかわりに K が回転量子数としての意味をもつ．たとえば $R_0(21)$, $R_1(20)$, $R_2(19)$ をまとめて $R(K=20)$ としてその強度を求めれば，3 つの光成分 R_0, R_1, R_2 が厳密には分解できていないスペクトルも，新しい量子数 K について回転項分布を精度よく求められる．また R_1 branch は $J=K$ であり，かつつねに R_0 と R_2 の中間的な強度を示していることが図よりわかるので，$R(K)=R_0+R_1+R_2$ の分布は $3×R_1$ ($J=K$) の分布と考えてもよい．したがって，$R_1(K=J)$ が単独に分解されている $R_1(12)$, $R_1(13)$, $R_1(14)$ も $R(K)=3×R(J=K)$ とすることで，$R(K)$ として延長することができる．また $J=6$ のように R_0, R_1, R_2 がほとんど合致するところは，$R(K=J)=R_1(J)+R_2(J)+R_3(J)$ として考えてよい．このようにして $K=5～7$, $12～14$, $16～29$ について，$R(K)$ の強度が測定される．

N_2 2nd positive (0-1) band の回転項強度分布を，同時に測定した (0-0), (0-1), (0-2) band とともに図 3.39 に示す．(0-0), (0-1), (0-2) band はいずれも上位レベル v' が 0 であるから，同一の回転項分布を示すはずである．すなわち，3 つの分布から得られる回転温度の相違が，温度測定の精度を示すことになるが，図 3.39 の場合，

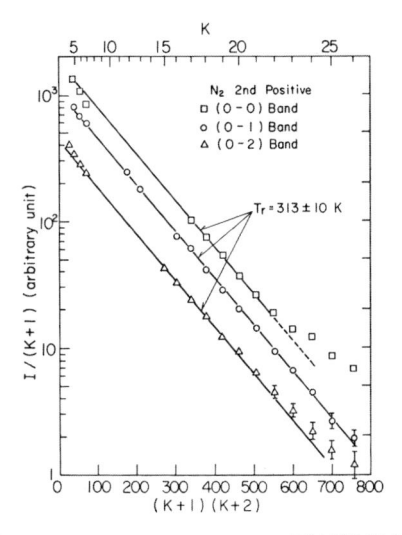

図 3.39 N_2 2nd positive group の回転項強度分布

測定誤差は ±10 K 以内である．ここで (0-0) band は $K=23$ 以上で未知のスペクトルの重畳があるために，温度測定には不適当である．また (0-2) band は (0-0)，(0-1) band に比べ全体に光強度が小さく，元来発光強度が微弱なオゾナイザの光学的測定には適していない．以下の回転温度測定はすべて (0-1) band による．

d. 回転温度

図 3.40 に回転温度の測定結果を示す．図において (I) は $P=760$ Torr (0.1 MPa)，$d=1.5$ mm，$T_w=0℃$ の条件下で，放電電力 W と気体流量 Q_N を変化させた場合の回転温度 T_r である．オゾナイザの定格作動条件は $W/Q_N=10〜15$ Wmin/L であることを考慮に入れて，$W=100$ W で Q_N を 20, 5, 1.25 L/min に変化させ，W/Q_N を 5〜80 W・min/L に大きく変化させて T_r を測定したが，いずれも T_r は測定誤差範囲内で一致している．このことは $W=20$ W でも成立していて，T_r に関する Q_N または W/Q_N の影響は無視できる．次に T_r は W を 0 に近づけても $T_w(-0℃)$ に漸近していない．バリア放電の電力は基本的には放電柱の数とその生成頻度に比例しているが，個々の放電柱の消費エネルギーは圧力空隙長の積 Pd 値で大略決定され有限であると思えるから，$W≒0$ の状態で発光部分の温度 T_r は T_w よりも大きな温度を示すと考えられる．

また電力 W に対して T_r は直線的に増加せず，増加割合が徐々に低下する．個々の放電柱エネルギーはだいたい一定であっても，密度や生成回数が W の増加とともに増加するので，放電柱エネルギーの緩和速度が鈍り，放電部の平均温度を示す T_r

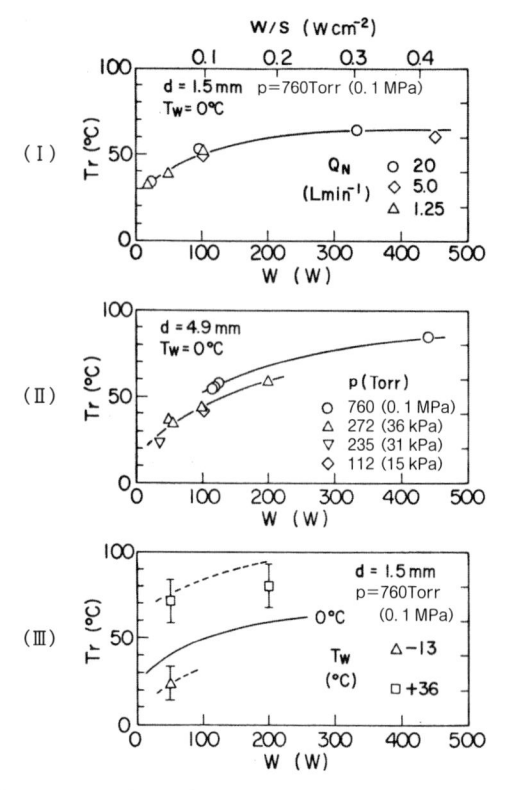

図 3.40 バリア放電部気体分子の回転温度 T_r と放電電力 W

も若干上昇する．その結果，T_r は W に対して弱い依存性を示すと考えることができる．

図 3.40 において（II）は $d=4.9$ mm，$T_w=0$°C の条件で，気体圧力 P を 760～112 Torr（0.1 MPa～14.9 kPa）に変化させた場合の T_r を求めたものである．同一の W で複数測定点があるのは Q_N の違いによるものであるが，この場合も（I）と同様に，Q_N あるいは W/Q_N の違いよる T_r の差は小さく無視できる．$W \to 0$ に外挿して得られる T_r の値は P の減少に伴い若干減少する．これは個々の放電柱のもつエネルギーが pd 値で大略決定されることが原因であろう．$P=760$ Torr（0.1 MPa）の場合，（I）$d=1.5$ mm に比して全体的に大きい温度を示しているが，これは（II）で d が 4.9 mm と大きくなり，放電柱エネルギーが増加したこと，気体の熱伝導を介した電極による気体冷却の効果が減少したこと，の2つが原因であると考えられる．

図 3.40 において，（III）は $d=1.5$ mm，$P=760$ Torr（0.1 MPa）の条件下で T_w を

−13℃,+36℃に変化させた場合の測定例を(I)の結果も合わせて示したものである.+36℃においては放電の電気的雑音が著しく大きくなり,測定系も影響を受けて測定精度が悪くなっている.$T_w = -13℃, 0℃, +36℃$の結果を比較すると,T_rはT_wの変化に対してほぼ平行移動の関係を有するとみなせる.

e. 回転温度と気体平均温度

回転温度は,すでに述べたように放電時に形成される放電柱近傍の平均気体温度であるが,放電柱のエネルギーが周囲気体に放散するにつれて全体の気体温度の平均値も上昇し,それはオゾナイザ出口の気体平均温度として測定できる.測定値の若干例を図3.41に示す.図中の計算値(点線)は,放電電力がすべて放電空間に熱的に放出されるとし,空間内一様発熱とを仮定して得られた,出口気体平均温度と電極温度との差 ΔT_{cal} で,

$$\Delta T_{cal} = \frac{1}{12} \frac{W/S}{k} d \tag{3.17}$$

と表される.W/Sは放電電力の面密度,kは空気の熱伝導率,dは放電ギャップ長である.図3.41(I),(II)に示されるように,出口気体平均温度と電極温度T_wの差ΔTの実測値は,回転温度の場合の1/5程度以下であり,両者の間に(3.17)式の計算値ΔT_{cal}がある.

放電柱に注入されるエネルギーとその分布によって放電部の温度が決まり,回転温度として観測されるが,放電柱は場所的に局在化しているので,回転温度は均一発熱

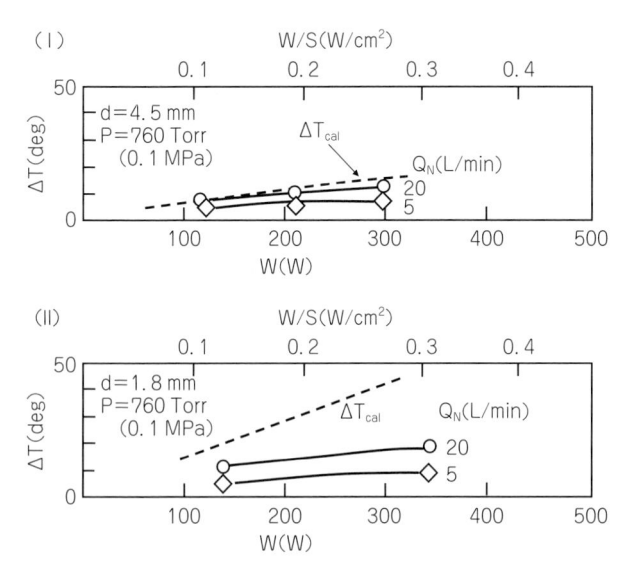

図3.41 オゾナイザ出口気体平均温度と電極温度の差 ΔT と放電電力 W

モデルの計算値 ΔT_{cal} よりも高くなる．次にその放電部の熱エネルギーは周囲気体と電極に放散し，その結果，出口気体温度が決まる．放電柱の形状は陰極から陽極へラッパ状に広がる形をしていることがわかっているので，実際の発熱は一様分布ではなく，電極面近くで大きな発熱をする分布となっていて，そのために放電柱エネルギーはより有効に電極へ放散されていると考えられる．このため出口気体平均温度は，一様発熱モデルによる計算値よりも小さいと推定される．

f. 振動温度

光学的な温度測定では，回転温度の他に振動温度も求められる．すなわち $(v'-v'')$ band の光強度 $I_{v'v''}$ は v' レベルの数 $N_{v'}$，transition probability $p_{v'v''}$，band の波数 $v_{v'v''}$ によって，

$$I_{v'v''} \propto N_{v'} \cdot v_{v'v''}^4 p_{v'v''} \qquad (3.18)$$

と表現することができる．N_2 2nd positive group の $v_{v'v''}$ と $p_{v'v''}$ はそれぞれの band についてわかっているので，$I_{v'v''}$ を測定することによって $N_{v'}$ の分布を知ることができ，

$$N_{v'} \propto e^{-\omega_e v' hc/kT} \qquad (3.19)$$

で定義される振動温度 $T=T_v$ が求められる．ここで，ω_e は vibrational constant である．図 3.42 にその測定例を示す．振動項がボルツマン分布に達していないこと，分布が圧力に対してほとんど不変であることがわかる．この分布は直線近似では $v'=0\sim4$ で 2000～2500 K，$v'=0\sim1$ で 3000～4000 K を与えている．放電励起した N_2 の振動温

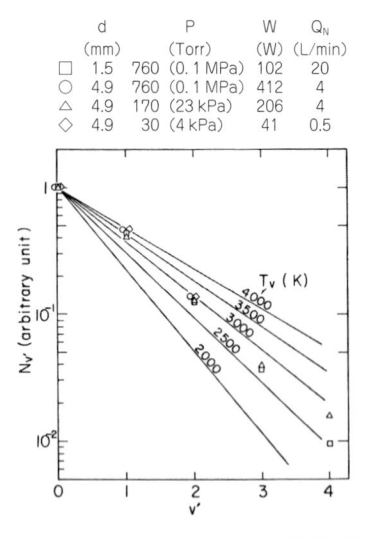

図 **3.42** N_2 2nd positive group の振動項分布

度（$v'=0\sim1$ で求めたもの）が気体温度よりきわめて高く，また全体的にボルツマン分布に達していないのは，マイクロ波放電でよく知られた事実であるが，バリア放電でも同様の事情であることが明らかになった．原因は N_2 分子の振動項の緩和時間 τ_v と圧力 P の関係が，常温で $P\tau_v = 101\sim 103$ atm・s にも達し，穏やかな緩和過程をとることである．

3.2 高周波バリア放電

3.2.1 放電の現象

バリア放電の電力は電源周波数 f に比例する．このため大きな電力密度が必要な場合，たとえばガスレーザの励起用放電ではオゾナイザに比べて2桁程度高い周波数を用いる．また高出力レーザの場合にはレーザ共振器空間を確保するため，放電ギャップはオゾナイザの場合よりも大きくなる．またレーザ増幅の利得をかせぐために，やや低い圧力を用いる．このような条件では，オゾナイザのような低周波バリア放電の電気特性とは異なる現象が現れる．具体的には

1) V-Q リサジュー図形は楕円となり，低周波バリア放電の平行四辺形とは異なる．
2) 同じ印加電圧で比較すると，放電電力が低周波バリア放電よりも大きい．

この放電の現象を次に示す．

図3.43は放電電極の一例を示す断面図であり，具体的には CO_2 レーザ励起用のバリア放電電極である．図3.44は計測回路図である．放電ギャップには放電の発熱を抑制するために数十 Torr（数 kPa 程度）のレーザガス（CO_2, He, CO, N_2）が数十 m/s の高速で流れている．図3.45は放電の様子の写真であり，放電ギャップに均一に広がるグロー状の放電が見られる．後に示すが，この放電の様子を時間的，空間的に観測しても低周波バリア放電のように電極面に微細な放電が無数に広がる放電は観測されず，電極面全体にグロー状に広がる放電である．

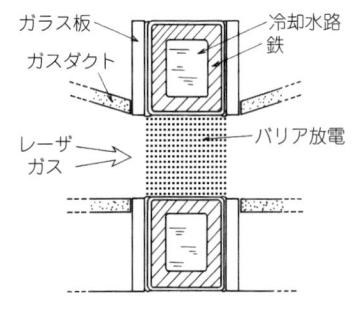

図 3.43　実験用放電電極の断面図

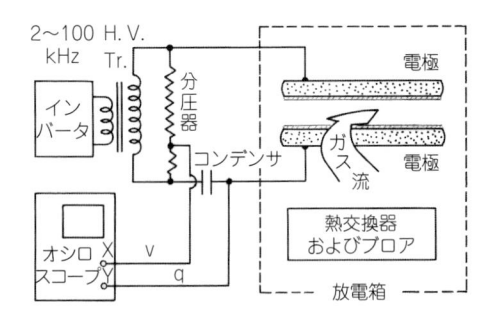

図 3.44　計測の系統図

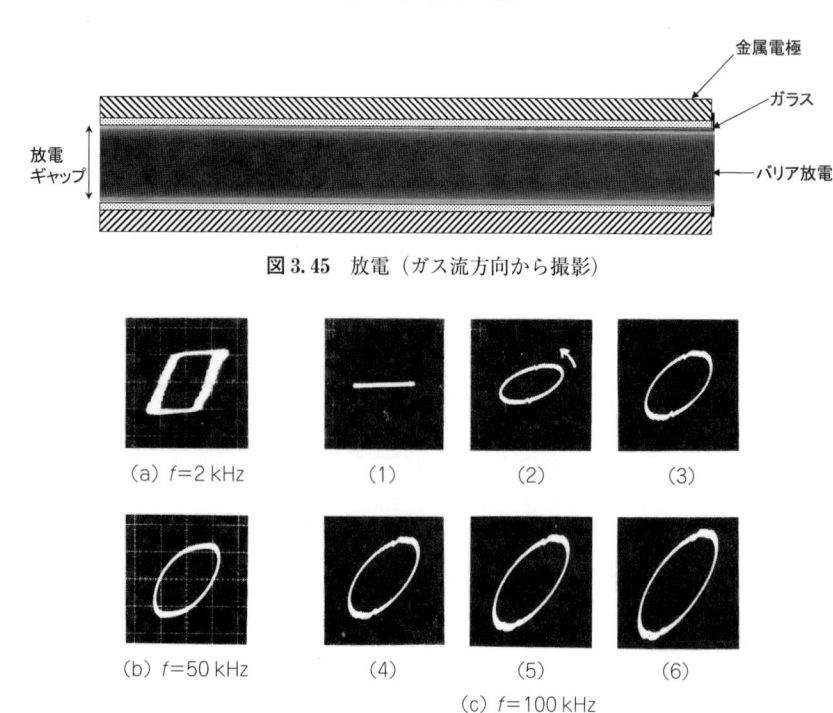

図 3.45　放電（ガス流方向から撮影）

(a) f=2 kHz　(1)　(2)　(3)

(b) f=50 kHz　(4)　(5)　(6)

(c) f=100 kHz

図 3.46　f = 2, 50, 100 kHz でのリサジュー図形

図 3.46 は電源周波数を変化させたときの V-Q リサジュー図形である．電源波形は正弦波である．f = 2 kHz では低周波バリア放電で見られる平行四辺形の形をしているが，周波数を大きくすると，平行四辺形から楕円の形に変化していく．楕円のリサジュー図形は低周波バリア放電のように電圧波形の1周期に明確に見られる放電期間と非放電期間はなく，放電期間のみであることを表している．すなわち，放電負荷の部分は低周波バリア放電の等価回路のようなツェナーダイオードではなく，抵抗 R で表現される．

電源周波数 f を増加させるとリサジュー図形が平行四辺形から楕円形に変化していくのは，放電により生成されたイオンの消滅に関係すると理解される．図 3.47 に高周波バリア放電のモデルを示す．ギャップ電圧が放電開始電圧に達して放電が起こると，ギャップでは電離が行われているので電子とイオンが存在するが，ギャップ電圧が降下（印加電圧は交流）して電離が行われなくなると，電子はすみやかに（＋）極の電極に流入（ドリフト）し，ギャップにはイオンのみが残される．この放電条件では電子のドリフト速度は 6×10^6 cm/s 程度であり，イオンのそれより2桁大きい．し

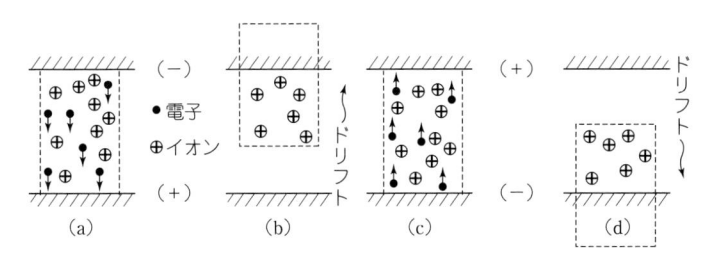

図 3.47　1サイクル内の放電モデル

したがって，たとえばギャップ長が 4 cm では電子がギャップを横切る時間は $0.7\,\mu s$ 程度で，イオンはこれより2桁大きい（$70\,\mu s$）ことになる．電源周波数が $f=100\,\mathrm{kHz}$（半周期は $5\,\mu s$）なので電子はすみやかに電極に流入し，イオンはギャップに残される．

このイオンの消滅過程としては，ドリフト，ガス流による流出，逆の極性のイオンとの再結合などがあげられるが，ドリフトによる消滅が一番大きい．このイオンの消滅時間，すなわち消イオン時間 τ と印加電圧（＝ギャップ電圧）の反転時間 $1/2f$ の兼ね合いにより，リサジュー図形の形が決定される．

電源周波数 f が低くて，$\tau \ll 1/2f$ が成立する場合，放電（電離）が終了してギャップ電圧が反転する間にイオンはドリフトで消滅してしまうため，ギャップは次のサイクルで放電開始を迎えるときは絶縁性になっている．このため図 3.46（a）の平行四辺形のリサジュー図形が得られる．

これに対して f が大きくなり τ と $1/2f$ の値が大きく違わなくなると，放電が終了してギャップ電圧が反転するまでの間に，すべてのイオンがドリフト消滅しきれなくなって，ギャップにはイオンが残留して少し導電性をもつようになる．これが図 3.46（b）の $f=50\,\mathrm{kHz}$ におけるリサジュー図形である．

さらに f が高くなって $t \gg 1/2f$ になると，放電終了後もギャップには大部分のイオンが捕捉（ion trapping）され，つねに導電性をもつためギャップはオーミックな特性をもつようになる．図 3.46(c) の $f=100\,\mathrm{kHz}$ でのリサジュー図形は，このような状態に対応する．周波数に伴う電気特性のこのような大きな変化が生じる物理モデルは，第4章において解明する．

3.2.2　等価回路と放電電力式

等価回路は図 3.48 のように放電が始まる前の電圧では，電極の静電容量 C_d と放電ギャップの静電容量 C_g の直列回路で表される．また放電が始まると放電ギャップはプラズマで満たされるので放電部は抵抗 R で表し，R と C_d との直列回路で表されることになる．図 3.48 の回路に波高値が V_{op} の正弦波電圧を印加したときには，抵抗

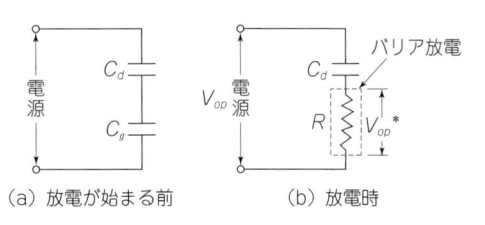

図3.48 高周波バリア放電の等価回路

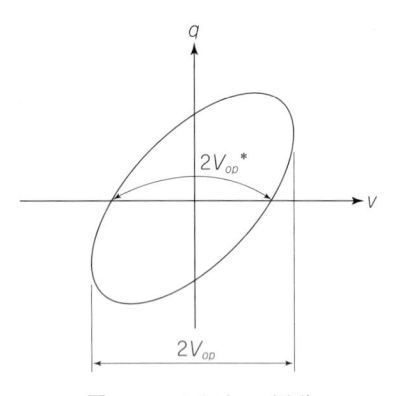

(a) 放電が始まる前 ／ (b) 放電時

図3.49 リサジュー図形

R の両端に現れる電圧も正弦波であり，この電圧を V_{op}^* とすると，印加電圧 $v(t)$ と電荷（電流積分）$q(t)$ は

$$v(t) = V_{op} \cos \omega t \tag{3.20}$$

$$q(t) = C_d \sqrt{V_{op}^2 - V_{op}^{*2}} \sin(\omega t + \varphi) \tag{3.21}$$

ただし，

$$\varphi = \cos^{-1} \frac{V_{op}^*}{V_{op}} \tag{3.22}$$

で表される．したがって，V-Q リサジュー図は (3.20) 式と (3.21) 式を合成すると得られ，次に示す楕円の式となる．

$$\frac{v^2}{a^2} + \frac{q^2}{b^2} - 2\frac{vq}{ab} \sin \varphi = \cos^2 \varphi \tag{3.23}$$

ただし，$a = V_{op}$, $b = C_d \sqrt{V_{op}^2 - V_{op}^{*2}}$ である．図3.49は楕円の式を図示したものであり，たとえばリサジュー図形が V-Q リサジューの $q=0$ で電圧軸を横切る幅の大きさは (3.23) 式から $2V_{op} \cos \varphi = 2V_{op}^*$，すなわちギャップ電圧の2倍を示している．

次に，図3.48の放電時の等価回路から波高値が V_{op} の正弦波電圧が印加されたときに負荷 R で消費される電力，すなわち放電電力 W を求めると，電流 $= dq/dt$，ギャッ

プ電圧 $= V_{op}{}^* \cos(\omega t + \phi)$，および (3.22) 式から

$$W = \frac{1}{2} V_{op} \omega C_d \sqrt{(V_{op})^2 - (V_{op}{}^*)^2} \frac{V_{op}{}^*}{V_{op}} = \pi f C_d V_{op}{}^* \sqrt{V_{op}{}^2 - V_{op}{}^{*2}} \quad (3.24)$$

が得られる．

3.2.3 放電特性

リサジュー図形の電圧軸を横切る幅の大きさは $2V_{op}{}^*$，すなわち放電ギャップの維持電圧の2倍を示すことは先に述べた．図3.50は種々の条件の下でリサジュー図形から印加電圧の波高値 V_{op} とギャップ電圧の最大値 $V_{op}{}^*$ の関係を求めたものである．$V_{op}{}^*$ は電圧の値によらず，ギャップ長 d，ガス圧力 P，ガス組成に依存している．このデータを Pd 値と $V_{op}{}^*$ のグラフで再整理したものが図3.51である．ガス組成が同じ場合，$V_{op}{}^*$ は Pd の関数として表され，低周波バリア放電の放電維持電圧 V^* と同じような挙動を示す．

図3.51から $V_{op}{}^*$ の実験式は窒素濃度を x % とすると，次のようである．ただし実験範囲は $4 \leq d(\mathrm{cm}) \leq 5$，$60(8\,\mathrm{kPa}) \leq P(\mathrm{Torr, Pa}) \leq 100(13\,\mathrm{kPa})$，$40 \leq x(\%) \leq 70$ であり，ガス組成は $CO_2 : CO : N_2 : He = 8 : 4 : x : (88-x)$ である．

$$V_{op}{}^* = 2.61(x)^{0.5} Pd \quad (3.25)$$

ここで，$f = 100\,\mathrm{kHz}$ での楕円形のリサジュー図形から求めた $V_{op}{}^*$ と，同条件で f のみを $2\,\mathrm{kHz}$ として放電させたときに得られる平行四辺形のリサジュー図形から求め

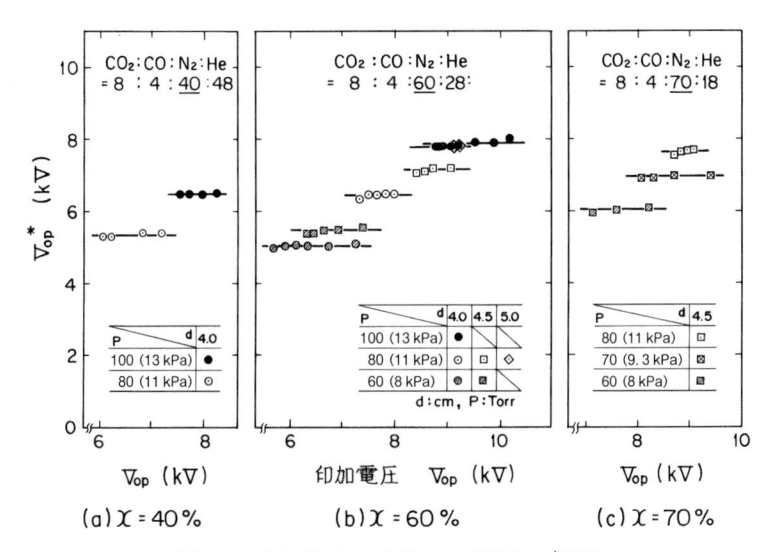

図3.50 印加電圧 V_{op} とギャップ電圧 $V_{op}{}^*$ 関係

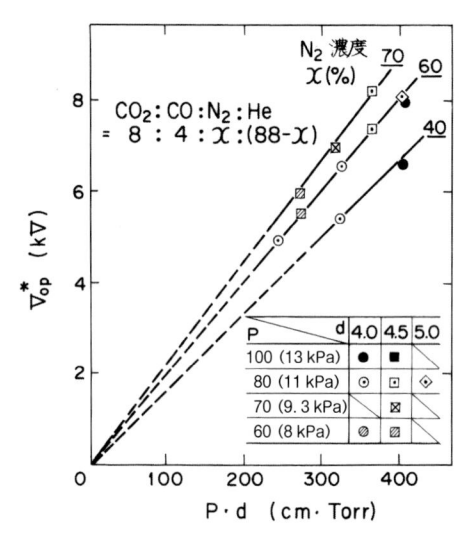

図3.51 Pd値とギャップ電圧V_{op}^*の関係

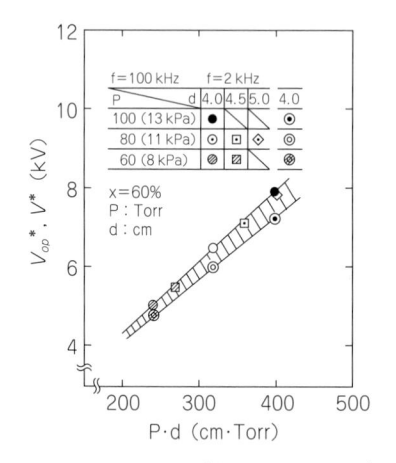

図3.52 $f=100$ kHz でのV_{op}^*と$f=2$ kHz のV^*との比較

たV^*の値を比較したものを図3.52に示す．V_{op}^*とV^*はおおむね一致しており，放電ギャップの電圧は周波数fに依存しない．これらのことから，放電部での電圧V_{gap}と放電電流Iとの関係の周波数依存性を模式的にグラフ化すると，図3.53のようになる．すなわち，$V_{op}^* \fallingdotseq V^*$で放電時のギャップ電圧は周波数$f$によらない．同図（a）が$\tau \ll 1/2f$のとき，（b）が$\tau = 1/2f$, （c）～（d）が$\tau \gg 1/2f$が成立するときである．（d）のグラフの傾きは放電部の導電率（1/抵抗R）を表す．

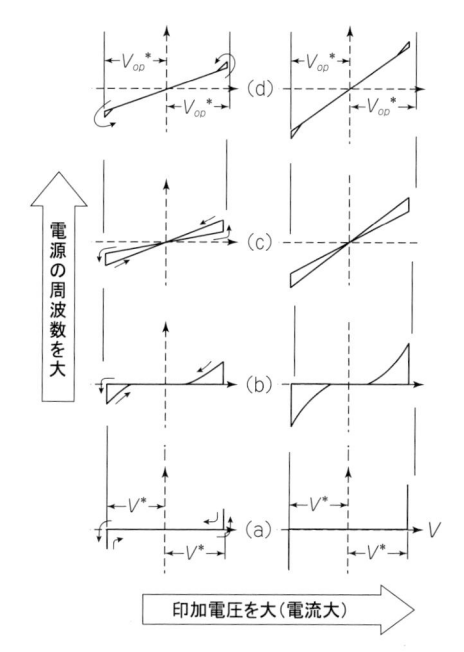

図 3.53　放電ギャップ電圧と電流のモデル図

3.2.4　発光特性

この章では，高周波バリア放電の様子を時間，空間分解して直接観測した結果を示す[5]．

観測に用いた放電部の構造を図 3.54 に示す．金属角パイプの外周がガラスでライニングされた長さ 2 m の電極を対向配置し，両電極間に放電を発生し，レーザ励起を行う．主放電面を除く電極の周囲は絶縁材料でモールドし，放電領域を限定している．放電長，放電幅およびギャップ長は，それぞれ 1.5 m, 30 mm, 40 mm である．高周波電源より，周波数 100 kHz の高電圧が，中点接地方式で両電極に印加される．ガス組成は，CO_2-CO-N_2-He＝8-4-60-28(％) の 4 種混合ガスで，動作圧力は 60 Torr (8 kPa) である．レーザガスは図に示すように，放電に対し横方向から，60 m/s 程度の速度で循環している．この装置により cw-3 kW のレーザ出力が得られる．

スペクトル分光は optical multichannel analyzer (OMA) により，放電発光の 10 秒間の積分値を測定して行う．測定波長領域は 200～1000 nm で，波長分解能は 0.6 nm である．開口をもつ 2 枚のスリットを直列に配置し，観測される放電領域を確定する．発光スペクトルの放電ギャップ方向の分解能は 1.5 mm である．

図 3.54　実験装置の構造

図 3.55　ストリークカメラの構成

(a) V-Q リサジュー図
（横軸 3 kV/div, 縦軸 4.14 μC/div）

(b) 電圧，電流波形
（2 kV/div, 5 A/div, 2 μs/div）

(c) 放電写真

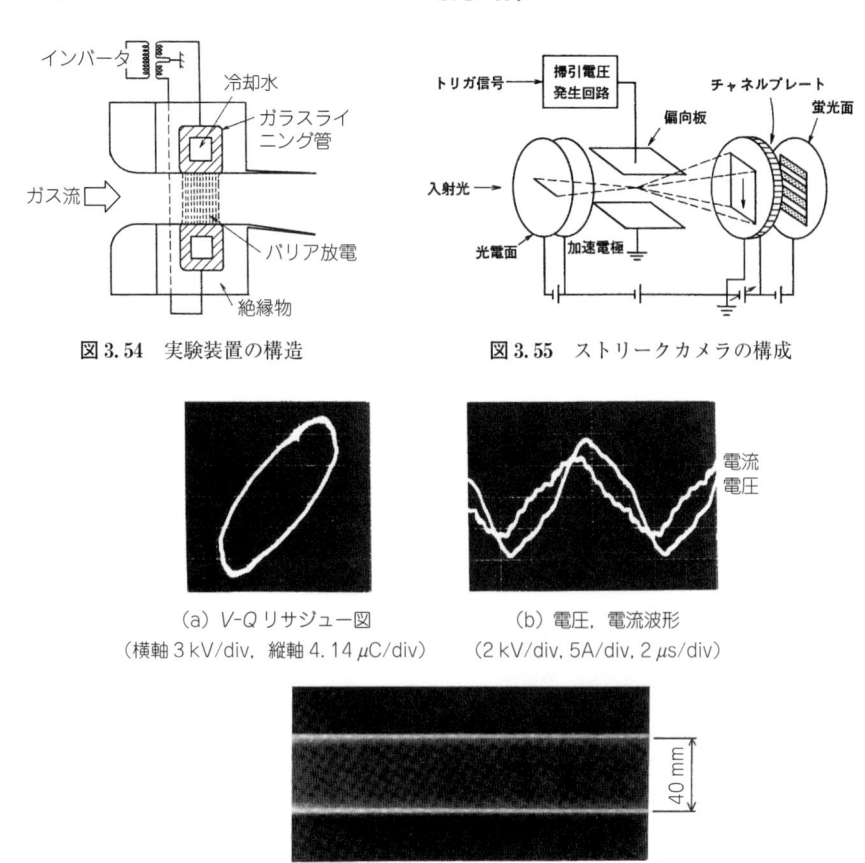

図 3.56　高周波バリア放電の電気的特性

a. 発光の観測

　発光の時間，空間分解特性は，図 3.55 に示すストリークカメラにより測定する．入射光の像は光電面で電子像に変換され，偏向場に入射する．このとき，偏向板に掃引電圧を印加して，電子像を上方から下方へ掃引し，チャネルプレートにおいてストリーク像（流れ像）を得る．本測定系での空間および時間分解能は，それぞれ 0.07 mm，94 ps であり，波長感度は 200〜800 nm の範囲において，ほぼフラットな特性をもつ．ストリークカメラにおけるトリガジッタは 49 ps である．バリア放電では，放電空間に印加される電圧は直接測定できないが，放電場に印加される電圧（放電電圧）と電流は同位相であることが見出されているため，発光測定結果を放電電圧の位相と対比することができる．

代表的な V-Q リサジュー図形，印加電圧と放電電流の波形および放電写真を，図 3.56 に示す．ただし，電圧波形は片側電極とアース間での測定値である．この周波数領域におけるバリア放電の電気特性の特徴は前述したように，

① V-Q リサジュー図は楕円形を示し，放電期間と非放電期間の区別がなくなる．

② 放電ギャップにかかる電圧 V_{op}^*（印加電圧より誘電体にかかる電圧を引算した電圧）は，電流と位相が一致する．すなわち，放電ギャップは等価回路として純抵抗で表される．

本ガス組成における平均換算電界強度は $(E/N)_{eff} = 45\ Td (4.5 \times 10^{-16}\ V\cdot cm^2)$ 程度である．ただし電界強度は時間とともに変化するため，平均電界を実効値

$$(E/N)_{eff} = \frac{V_{op}^*}{\sqrt{2}} \cdot \frac{1}{dN}$$

で定義した．ここで，V_{op}^* は 1 周期におけるギャップ電圧の最大値，d はギャップ長，N はガス密度である．この平均電界によりレーザ励起特性が定性的に説明されることは次章で明らかにされる．放電写真より 40 mm の大ギャップ中で均質な放電状況が実現されていることが確認できる．

b. 発光スペクトル

放電発光は窒素の 2nd positive band からの発光が主であり，窒素以外の発光スペクトルは観測されない．波長 380 nm 付近に着目して，発光スペクトルの空間分布を示したものが図 3.57 である．図中 X はギャップ方向の距離を示し，$0 \leq x \leq 40$ (mm) が放電空間である．電極近傍（$x=2$）においてのみ高エネルギー電子により励起される N_2^+ イオンの 1st negative $(0, 0)$ band の発光 (391.4 nm) が観測され，電極近傍の電子エネルギーは，バルク部よりも高いことが予想される．2nd positive band 光のうち，$(1, 3)$ band (375.5 nm) と $(0, 2)$ band (380.5 nm) の強度比を位置の関数として示したものが図 3.58 である．図よりこの強度比は，電極近傍において 0.67

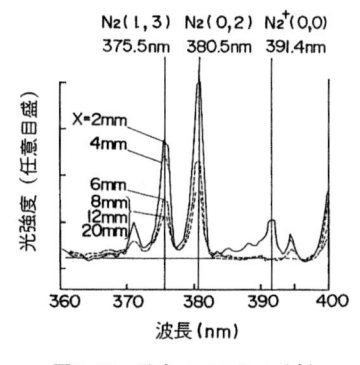

図 3.57　発光スペクトル分析 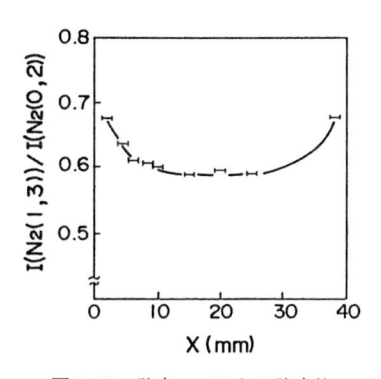　　　　図 3.58　発光スペクトル強度比

程度であり，バルク部において 0.6 程度で，ほぼ一定である．また図には示していないが，$N_2^+(0,0)$ band と N_2 2nd positive $(0,2)$ band の強度比は，電極近傍において 0.218 程度，バルク部において 0.02 程度以下である．

分光学的解釈　Gallimberti らによると，N_2 2nd positive band の (v',v'') と $(0,2)$ 発光の相対強度比は

$$\frac{I_{v'v''}}{I_{02}} \propto \frac{\int \sigma_{v'v''}(\varepsilon)\sqrt{\varepsilon}\,f(\varepsilon)\,d\varepsilon}{\int \sigma_{02}(\varepsilon)\sqrt{\varepsilon}\,f(\varepsilon)\,d\varepsilon} \frac{\Phi_{qv'}}{\Phi_{q0}} \tag{3.26}$$

で与えられる[6]．ここで，$\sigma_{v'v''}$：励起断面積，ε：電子エネルギー，$f(\varepsilon)$：電子エネルギー分布関数，$\Phi_{qv'}$：v' レベルの quenching factor である．$\sigma_{v'v''}$，$f(\varepsilon)$ および $\Phi_{qv'}$ が既知量であれば，(3.26) 式より平均電子エネルギーが推定できる．ここでは傾向を知る意味で，$f(\varepsilon)$ にマクスウェル分布を仮定し，空気中における $\Phi_{qv'}$ を用いて平均電子エネルギーを概算する．この結果，$N_2(0,2)$ と $N(1,3)$ の強度比より，電極近傍およびバルク部での平均電子エネルギーはそれぞれ，約 8 eV，2 eV と評価することができる．これは，同様の方法で $N_2^+(0,0)$ と $N_2(0,2)$ の強度比から評価した値とほぼ一致している．バルク部における平均エネルギーは，ボルツマン方程式解析による値 1.8 eV と同程度である．

c. 発光の時間，空間分布

放電電力 10 kW において，ストリークカメラによる放電発光の時間，空間分解写真を図 3.59 に示す．同図は印加電圧 1 周期における放電発光の時間的流れ図であり，横軸はギャップ方向の位置を示す．巨視的には，電圧 1 周期において 1 組の逆特性をもつ発光が観測される．発光は陰極から陽極に向かって進展し，その進展速度は図から読みとると，$1\times10^7 \sim 2.5\times10^7$ cm/s であり，発光の進展速度は，$(E/N)_{\mathit{eff}}$ の値の定常電場における電子ドリフト速度 $(0.8\times10^7$ cm/s$)$ に対して数倍ある．なお，発光

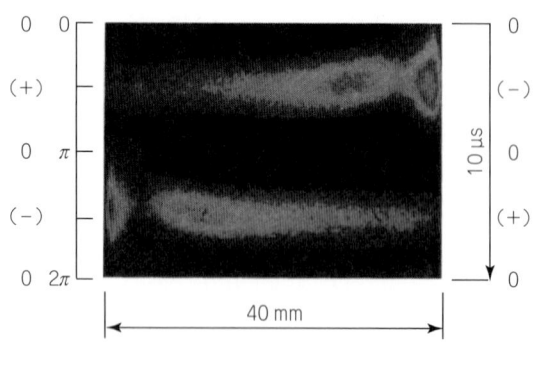

図 3.59　発光の時間，空間分解測定

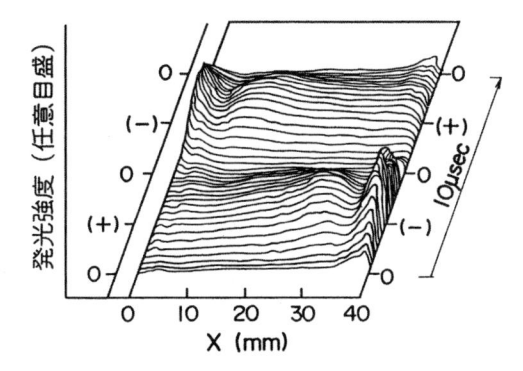

図 3.60 放電発光の 3 次元表示

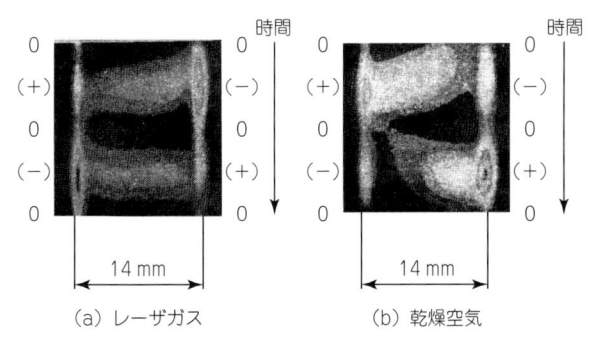

(a) レーザガス　　　　(b) 乾燥空気

図 3.61 ガス種による発光分布の変化

分布から電子の分布を推定するには，衝突励起から発光に至るまでの時間を考慮する必要があるが，ここではガス圧力が高く quenching 時間が短いこと，発光の励起準位の寿命 (38 ns) が短いことから，発光の分布と電子の分布が等しいとして評価した．

図 3.59 のストリーク写真を空間，時間，発光強度で 3 次元表示したものが図 3.60 である．陰極表面における高輝度な発光領域の存在が大きな特徴である．ギャップ方向の発光分布は，$X=0$ mm 側電極が陰極の場合，陰極表面での強い発光部 ($x=0$ mm)，陰極部の暗部 ($x=5$ mm)，バルク発光 (ピーク，$x=12$ mm) が，観測される．ガス圧力の減少により，電極表面での発光に変化は見られないが，陰極の暗部は拡大し，さらに陽極部にも暗部が顕著に現れる．図には示さないが，10 Torr(1.3 kPa) 以下の領域では，陰極部と陰極部の暗部に挟まれ，バルク発光が宙に浮いた状態となる．

電極構造および実験条件は異なるが，ギャップ長：14 mm，誘電体材料：セラミックス (比誘電率：90)，電源周波数：150 kHz，ガス圧力：40 Torr(5.3 kPa) の条件下で，

ガスを前記のCO_2レーザガス，窒素あるいは乾燥空気にした場合の放電観測を行った．結果の一例を図3.61に示す．放電の進展方向は同じであるが，進展速度と高輝度部の位置に興味深い相違がある．レーザガスと窒素の場合，ほぼ同様の特性を示すが，空気中においては発光の進展速度が減少し，陰極表面が高輝度領域となる．空気中に含まれる電子付着性の強い酸素ガス分子の存在が，これらの差異の主要因と考えられる．

ギャップ方向の発光，暗部領域を，直流グロー放電の機構と対比して考えると，陰極部で見られる暗部は，ガス圧力増大に伴い減少することから，直流グロー放電における陰極暗部に対応する電子加速空間に対応し，バルク部は，電子エネルギーの一様な陽光柱に対応する領域といえる．電極表面近傍の発光部は，誘電体表面における沿面放電である可能性も考えられるが，興味深い領域である．この領域はバリア放電維持のための初期電子生成に大きな影響を与えている可能性がある．すなわち，陰極側誘電体表面での荷電粒子付着による局所高電界による電子発生機構，あるいは沿面放電による光電離などが考えられる．

d．補足：高周波バリア放電における電子スウォームの時間的挙動

2.4.1項のバリア放電場におけるボルツマン方程式の扱いでも述べたが，電界が時間とともに各周波数ωで

$$E(t) = E_0 \sin(\omega t) \tag{3.27}$$

で周期的に変化する場において，電子の速度分布の等方性成分$g_0(v,t)$と方向性成分$g_1(v,t)$はそれぞれ緩和方程式

$$\frac{dg_0(v,t)}{dt} + \zeta[E_0, \omega, g_1(v)] = -\frac{g_0(v,t)}{\tau_e(v)} \tag{3.28}$$

$$\frac{dg_1(v,t)}{dt} + \xi[E_0, \omega, g_0(v)] = -\frac{g_1(v,t)}{\tau_m(v)} \tag{3.29}$$

（ここで，ζ，ξはそれぞれ速度分布関数g_1，g_0の電子速度vによる偏微分を含む関数）を満たすことがボルツマン方程式から導出される[7]．ここで，$\tau_e(v)$，$\tau_m(v)$はエネルギーと運動量の衝突緩和時間で，

$$\tau_e(v)^{-1} \approx (2m/M)v_m(\varepsilon) + \sum v_i(\varepsilon) \tag{3.30}$$

$$\tau_m(v)^{-1} \approx v_m(\varepsilon) + \sum v_i(\varepsilon) \tag{3.31}$$

と書ける．m/Mは電子と分子の質量比，$v_m(\varepsilon)$は弾性衝突の運動量移行周波数，$v_i(\varepsilon)$はi種の非弾性衝突周波数である．

バリア放電励起CO_2レーザの主成分ガスであるN_2ガスにおける衝突断面積$Q(\varepsilon)$と100 Torr(133 kPa)での衝突緩和時間の関係を図3.62，3.63に示す（再掲）．電界の時間変化と衝突緩和時間との比較のため，各電源周波数における角周波数の逆数を図3.63に示した．衝突緩和時間τは電子速度v，衝突断面積Q，ガス密度Nの積（τ

3.2 高周波バリア放電

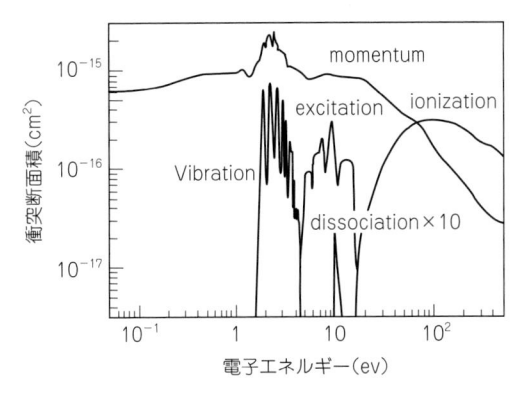

図 3.62 窒素ガスの衝突断面積

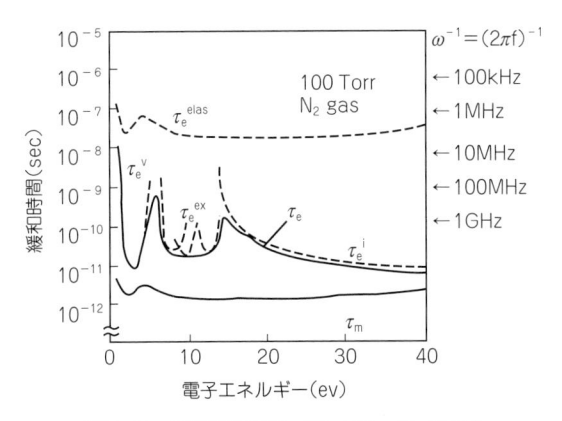

図 3.63 衝突緩和時間（N_2 ガス，13.3 kPa）

$= vQN$）で表されるため，ガス圧力に直接関連する量である．図 3.62 より明らかなように，N_2 ガスは低エネルギー（2 eV 近傍）領域に大きな振動励起断面積をもつことが特長であり，この振動励起により CO_2 レーザが高効率動作できることはよく知られた事実である．

弾性衝突によるエネルギーの緩和時間 τ_e^{elas} と運動量の緩和時間 τ_m は，$\tau_e^{elas} = (M/2m)\tau_m$ の関係があるので，一般に運動量の緩和時間 τ_m に比較してエネルギーの緩和時間 τ_e^{elas} は非常に長い．このため，ECR (electron cyclotron resonance) プラズマのような RF 放電の電場中では，(3.28)，(3.29) 式より電子速度の方向性成分 $g_1(v, t)$（ドリフト速度に関連する）は電界と同相の時間変化を示し，等方性成分 $g_0(v, t)$（平均エネルギー，衝突周波数に関連する）は時間によらない DC 的振る舞いをする．ところが，バリア放電励起 CO_2 レーザの放電場条件では，図 3.63 に示すように，

ガス圧力が高く衝突緩和時間が短いこと，N_2 の振動励起のため，低エネルギー領域においてもエネルギーの緩和時間が短いため，電界の時間変化に対して運動量の緩和はもちろん，エネルギーの緩和時間さえ十分短いことがわかる．このことより，電子スウォームは電界の時間変化に完全に追従し，各時刻における電子スウォームは瞬時電場で表現することができる．したがって本書では，電子スウォームの時間変化が瞬時電場の変化に完全に追従すると仮定して解析している．

3.3 低周波，高周波バリア放電の電気回路論的比較

ここでは低周波バリア放電と高周波バリア放電の等価回路を使い，放電電力に与える印加電圧波形の影響やリサジュー測定時の浮遊容量の影響を電気回路論的に比較して，両者の違いを明確にする．

3.3.1 低周波バリア放電の印加電圧波形の影響
a. 定常放電の場合

放電空間が V^* で定常放電を維持するとした場合，バリア放電電極に印加される電圧 $v(t)$ を図3.64に示すような歪波形とし，電圧波形の1周期に放電期間，非放電期間が各々2回ずつ存在するとする．ここで V_{op} は印加電圧の波高値であり，図中の V_b は

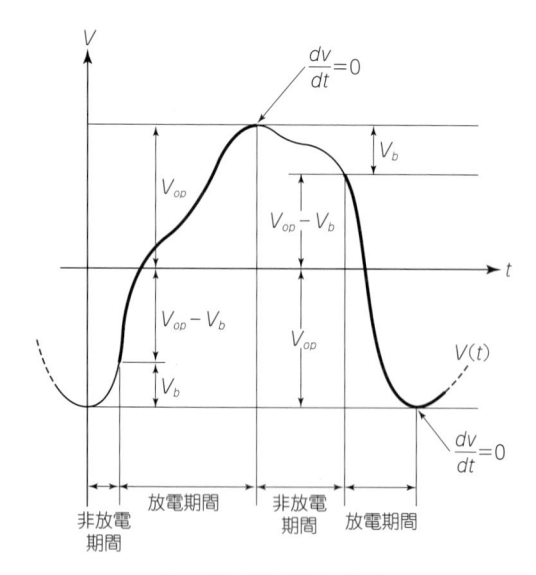

図3.64 印加電圧の波形

3.3　低周波，高周波バリア放電の電気回路論的比較

$$V_b = \left(1 + \frac{C_g}{C_d}\right) 2V^* \tag{3.32}$$

で表せる．放電期間での印加電圧の変化分 ΔV は

$$\Delta V = 2V_{op} - V_b \tag{3.33}$$

であり，この期間では C_d のみが回路素子となるから，C_d を横切る電荷量 Δq は

$$\Delta q = C_d \Delta V = C_d (2V_{op} - V_b) \tag{3.34}$$

となる．この電荷量 Δq がギャップ電圧 V^* を横切るから，1 回の放電期間にギャップで消費されるエネルギー ΔE は

$$\Delta E = V^* \Delta q = C_d (2V_{op} - V_b) V^* \tag{3.35}$$

となる．放電期間は電圧の 1 周期に 2 回，したがって周波数 f の電源では，ギャップで消費される放電電力 W は (3.32)，(3.35) 式から

$$W = 2f\Delta E = 4C_d f V^* \left\{ V_{op} - \left(1 + \frac{C_g}{C_d}\right) V^* \right\} \tag{3.36}$$

が得られるが，この式の導出の過程には，印加電圧の波形に関係するものは関与していない．したがって，印加電圧の波形に無関係な式として (3.36) 式が求められていることになる．

b.　パルス的に放電が生じる場合

次に，実際の放電で通常生じているパルス放電の場合について検討する．すなわち，ギャップでは，放電開始電圧 V_s で放電が始まり，V_e で放電が消滅し，この 1 個の放電柱が占める電極の面積が ΔS であるパルス的放電が，電極面積 S 全体に渡って均一に放電期間で生じるモデルを考える．

この場合，1 個の微小放電の放電電流 i_δ は

$$i_\delta = -(V_s - V_e) C_d \frac{\Delta S}{S} \delta(t) \tag{3.37}$$

である．ただし，$\delta(t)$ はデルタ関数である．これより微小放電で運ばれる電荷量 Δq は

$$\Delta q = \int_0^\infty i_\delta dt = -(V_s - V_e) C_d \frac{\Delta S}{S} \tag{3.38}$$

単位時間あたりの微小パルス放電の回数 D は

$$D = \frac{S}{\Delta S} \frac{1}{V_a} \left| \frac{dv}{dt} \right| \tag{3.39}$$

である．ここで $V_a = (1 + C_g/C_d)(V_s - V_e)$ であり，1 回の放電が生じて，同じ場所で次の微小放電が生じるまでの電源電圧の上昇分である．

これより，放電電流 I_d は

$$I_d = \Delta q D = -(V_s - V_e) C_d \frac{1}{V_a} \left| \frac{dv}{dt} \right| = -\frac{C_d}{1 + C_g/C_d} \left| \frac{dv}{dt} \right| \tag{3.40}$$

となる．したがって，電圧を $v(t)$，電源の周波数を f，周期を $T(=1/f)$ と書くと，放電電力 W は

$$W = f\int_0^T v(t)I_d dt = -\frac{C_d}{1+C_g/C_d} f\int_0^T v(t)\left|\frac{dv}{dt}\right|dt$$

$$= \frac{C_d}{1+C_g/C_d} f\left\{\int_{-(V_{op}-V_b)}^{V_{op}} v(t)\,dv + \left(-\int_{V_{op}-V_b}^{-V_{op}} v(t)\,dv\right)\right\}$$

$$= -\frac{C_d}{1+C_g/C_d} f\{V_{op}^2 - (V_{op}-V_b)^2\}$$

$$= C_d f(V_s + V_e)\left\{2V_{op} - \left(1+\frac{C_g}{C_d}\right)(V_s+V_e)\right\} \tag{3.41}$$

が求められる．ここで $(1/2)(V_s+V_e)$ は放電電圧の平均値を表すから，前述の放電維持電圧 V^* と等しいと考えることができ，$(1/2)(V_s+V_e) = V^*$ であるので，結局 (3.41) 式は

$$W = 4C_d f V^*\left\{V_{op} - \left(1+\frac{C_g}{C_d}\right)V^*\right\} \tag{3.42}$$

となる．パルス的に放電が起こると考えても，(3.41) 式は定常放電を考えて導出された (3.36) 式と同一となり，やはり印加電圧の波形に関係なく (3.42) 式が求まる．

以上，低周波バリア放電の放電電力式は放電が定常的，パルス的に生じる場合でも同じであり，また印加電圧の波形には無関係であり，印加電圧の波高値のみによって決定される．これらは次に述べる高周波バリア放電と大きく異なる点である．

3.3.2 高周波バリア放電の印加電圧波形の影響

高周波バリア放電は低周波バリア放電の場合とは異なり，印加電圧の波形により，放電電力投入の式が異なる．

a. 正弦波電圧の場合

正弦波電圧の場合は等価回路から，放電空間を一様な抵抗 R として消費電力 W を求める．

H を波高率（$H=$波高値/実効値）(crest factor) とすると，R の両端の実効電圧 $= V_{op}^*/H$ であるので，抵抗 R で消費される電力 W は

$$W = \frac{(V_{op}^*/H)^2 R}{R^2 + (1/\omega C_d)^2} \tag{3.43}$$

となる．一方，

$$R = \frac{(V_{op}^*/H)^2}{W} \tag{3.44}$$

となる．ここで (3.43) 式の H の値は正弦波では $H=\sqrt{2}$ である．(3.43) 式と (3.44) 式から R を消去すると

$$W = \pi C_d f V_{op}^* \sqrt{V_{op}^2 - V_{op}^{*2}} \tag{3.45}$$

が求められ，先に示した式が得られる．

b. 三角波電圧の場合

フーリエ級数で電圧 $v(t)$ を表すと，電圧波形 $v(t)$ は

$$v(t) = \frac{8V_{op}}{\pi^2} \sum_{m=0}^{\infty} (-1)^m \frac{1}{(2m+1)^2} \sin(2m+1)\omega t \tag{3.46}$$

で表され，放電負荷の R で消費される電力 W は

$$W = \frac{1}{2R}\left(\frac{8V_{op}}{\pi^2}\right)^2 \sum_{m=0}^{\infty} (-1)^{2m} \frac{1}{(2m+1)^4\{1+(1/\omega C_d R)^2\}} \tag{3.47}$$

c. 方形波電圧の場合

同様に

$$v(t) = \frac{4V_{op}}{\pi} \sum_{m=0}^{\infty} \frac{1}{(2m+1)} \sin(2m+1)\omega t \tag{3.48}$$

であるので，同様にして W を求めると

$$W = \frac{1}{2R}\left(\frac{4V_{op}}{\pi}\right)^2 \sum_{m=0}^{\infty} \frac{1}{(2m+1)^2+(1/\omega RC_d)^2} \tag{3.49}$$

となる．$H=$ 波高値/実効値で方形波では $H=1$ であるので，抵抗 R は

$$R = \frac{V_{op}^*}{W} \tag{3.50}$$

図3.65は，これらの式を使って，$C_d = 2.2$ nF, $C_g \fallingdotseq 0$, $f = 100$ kHz, $V_{op}^* = 5$ kV の条

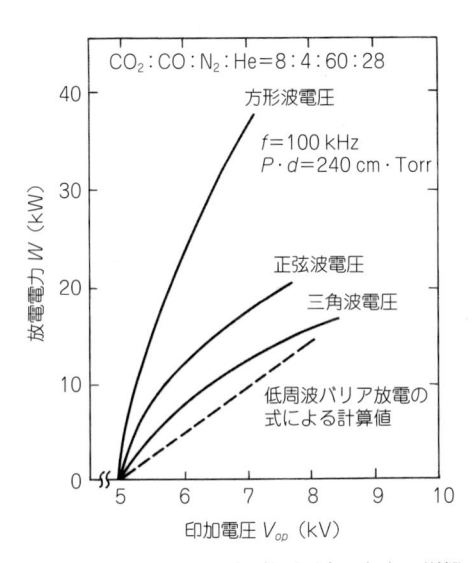

図3.65 印加電圧の波形が放電電力に与える影響

件で計算した結果である．高周波バリア放電は印加電圧の波形により電力投入が大きく異なっているのがわかる．印加電圧が同じであれば，Wは三角波，正弦波，方形波の順に大きくなる．低周波バリア放電は印加電圧の波形によって投入電力は変化しないことは先に述べたとおりであり，参考まで低周波バリア放電の場合のグラフを同図中に破線で示すが，高周波バリア放電と特性は大きく異なることがわかる．

以上，電圧波形と電力投入との関係を検討した結果，従来よく知られている低周波バリア放電では，印加電圧の波形によらず，印加電圧の波高値のみによって放電電力が決定されるが，高周波バリア放電では印加電圧波形により電力投入の特性が変わることがわかる．

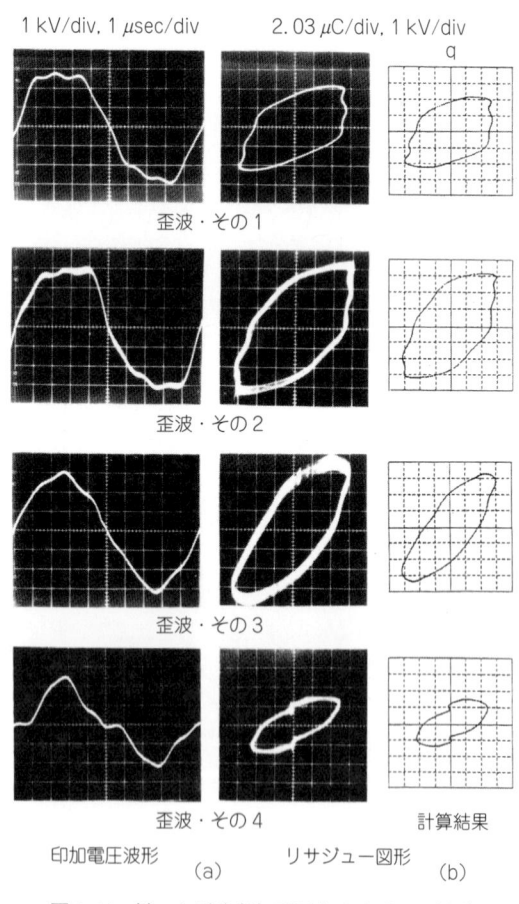

図 3.66 様々な歪波印加電圧とリサジュー図形

d. 歪波のリサジュー図形

先に述べたように正弦波電圧の場合には，高周波バリア放電の等価回路のモデルでは楕円のリサジュー図形が描かれ，実験結果と一致する．ここでは歪波電圧が印加されたときのリサジュー図形について実験と計算結果を示す．

図 3.66(a) はさまざまな歪波の電圧を印加した場合のリサジュー図形である．ただし，周波数はバリア放電にとっての高周波領域である 100 kHz である．同図 (b) は印加電圧の波形をフーリエ展開して，電極の静電容量や正弦波でのギャップ電圧 V_{op}^* を使って，先に示した高周波領域でのバリア放電の等価回路から計算機シミュレーションでリサジュー図形を求めたものである．図から実験結果と計算はよく一致していることがわかる．これより，歪波においても等価回路モデルは成立しており，放電部の電圧（R の両端）の波高値は印加電圧の波形によらないことなどがわかる．このことからさまざまな歪波の波形においても，高周波領域の等価回路モデルは成立することがわかる．

3.3.3 リサジュー図形への浮遊容量の影響（測定上の注意点）

バリア放電の放電特性の基礎実験では放電ギャップの精度を得るために，放電電極の面積は比較的小さなものが使われる．この場合，誘電体の静電容量 C_d は比較的小さくなり，V-Q リサジューなどの放電特性の測定系の浮遊容量が無視できない場合もある．正確な実験を行うためには各種測定における浮遊容量の影響を知る必要がある．ここでは，低周波バリア放電と高周波バリア放電について，浮遊容量の測定への影響について述べる．

a. 低周波バリア放電の場合

放電電極が比較的小さい場合，測定系と放電部との間の浮遊容量（stray capacitance）C_s が無視できなくなり，測定結果に誤差を与えるため，その補正法を示す．

図 3.67 は C_s がない場合の放電管の等価回路①と，C_s がある場合の等価回路②であり，同図の右にこれらに対応して得られる各々のリサジュー図形①（破線），②（実線：記号はダッシュ付）を示す．①が本来のリサジュー図形である．放電時は C_g は無視されるので，①，②の場合の等価回路と放電時，非放電時のリサジュー図形の傾きから

$$\alpha' = C_d + C_s = \alpha + C_s \tag{3.51}$$
$$\beta' = 1/(1/C_d + 1/C_g) + C_s = \beta + C_s \tag{3.52}$$

(3.51), (3.52) 式，および $C_d > 0$, $\alpha' - \beta' > 0$. ゆえに，次式を得る．

$$C_d = \alpha = \frac{1}{2}\{(\alpha' - \beta') + \sqrt{(\alpha' - \beta')^2 + 4(\alpha' - \beta')C_g}\} \tag{3.53}$$

ここで (3.53) 式の C_g は，電極の形状から計算で求められるので，浮遊容量 C_s が存

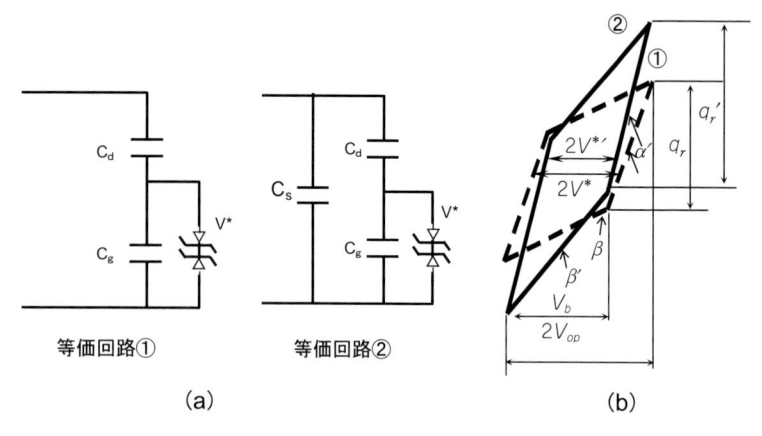

図 3.67 低周波領域の浮遊容量と等価回路，リサジュー図形

在している場合のリサジュー図形の α', β' の値を読み取ることで (3.53) 式から真の電極の静電容量 C_d が求まる．同時に C_s も求まる．また C_s ではエネルギーは消費されないので，①と②のリサジュー図形の形状から

$$V^* \cdot q_r = V^{*\prime} \cdot q_r' \tag{3.54}$$
$$\alpha \cdot q_r' = \alpha' \cdot q_r \tag{3.55}$$

となる．ゆえに

$$V^* = \alpha'/\alpha \cdot V^{*\prime} = (1 + C_s/C_d) V^{*\prime} \tag{3.56}$$

となり，C_d, C_s は得られているので，$V^{*\prime}$ を読み取ることで (3.56) 式から真の V^* を求めることができる．

なお，このモデルは，放電部に並列に大きな静電容量が存在している絶縁物中のボイドで生じる放電モデルと同一であり，この考え方はボイド放電の分野にも適応できる．

b. 高周波バリア放電の場合

図 3.68(a) のように浮遊容量 C_s が存在していると，印加電圧が正弦波の場合は図 3.68(b) のようにリサジュー図形から読み取られる値には誤差が含まれており，真の値を得るためには補正を加えなければならない．その手法は先と同様である．図 3.68 の等価回路 II から，vq リサジュー図形は

$$\frac{v^2}{a^2} + \frac{q^2}{b^2} - 2\frac{vq}{ab}\sin\varphi = \cos^2\varphi \tag{3.57}$$

となる．ここで

$$a = V_{op}, \quad b = \frac{V_{op}}{\omega\{R^2 + (1/\omega C_d)^2\}}c, \quad c = \sqrt{R^2 + \left\{\frac{1}{\omega C_d} + C_s\left(\frac{1}{\omega C_d^2} + \omega R^2\right)\right\}^2} \tag{3.58}$$

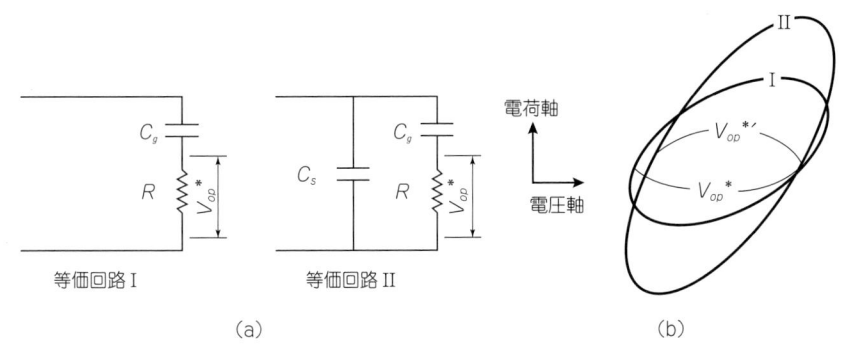

図 3.68 高周波領域の浮遊容量と等価回路，リサジュー図形

$$\cos\varphi = \frac{R}{c} \tag{3.59}$$

である．したがって，(3.57) 式で $q=0$ とすると，C_s が存在しているときの $V_{op}^{*\prime}$ が求まり，C_s が存在しないときの V_{op}^{*} との関係を求めて整理すると

$$V_{op}^{*} = V_{op}^{*\prime}\sqrt{\left(1+\frac{C_s}{C_d}\right)^2 + \left(\frac{C_s}{C_d}\right)^2 \frac{V_{op}^{*2}}{V_{op}^{2}-V_{op}^{*2}}} \tag{3.60}$$

が得られる．この式から C_s を含んだリサジュー図形から読み取られる $V_{op}^{*\prime}$ から真の V_{op}^{*} を求めることができる．

3.3.4　V_{gap}-I リサジューの計測

バリア放電において放電ギャップにおける実際の電圧は，放電空間の現象やイオンや電子の荷電粒子のエネルギーを推定する上で重要である．バリア放電の場合，印加電圧は誘電体とギャップに分圧されるため，ギャップの電圧を直接に測定することは，電極の構成上困難であり，リサジュー図形の $q=0$ における電圧軸を横切る幅の大きさ（放電維持電圧 V^{*}）から求めていた．放電のメカニズムを研究するためには V^{*} の値だけでなく，V_{gap}-I（電流）特性を知る必要がある．とくに，電源周波数が高くなって放電により生成されたイオンがトラッピングされ始めるような状況になると，低周波放電モデルと高周波モデルとの中間的なモデルが考えられ，放電部でのイオンの動きを検討する上でも，V_{gap}-I 特性のリサジュー図形を計測することは重要である．

図 3.69 はバリア放電（低周波，高周波とも共通）の各部の電圧を示したもので，$V(t)$ は印加電圧，ギャップの電圧を $V_{gap}(t)$，回路電流を $i(t)$ とすると

$$V(t) = \frac{1}{C_d}\int i(t)dt + V_{gap}(t) = \frac{1}{C_d}q(t) + V_{gap}(t) \tag{3.61}$$

の関係が成立する．ここで，従来 V-Q リサジュー図形において $q(t)=0$ での電圧の

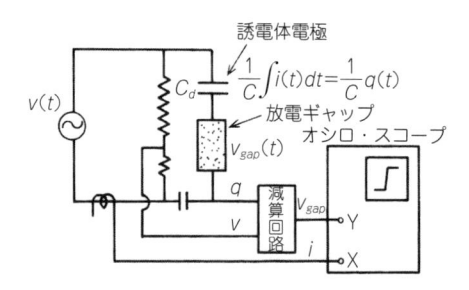

図 3.69 V_{gap}-I リサジュー図形の測定回路

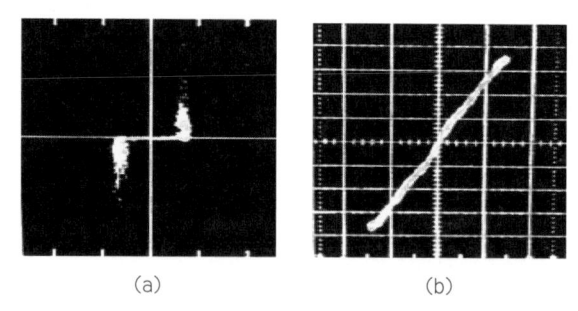

図 3.70 V_{gap}-I リサジュー図形の測定結果
(a) $f=2$ kHz（低周波バリア放電），(b) $f=100$ kHz（高周波バリア放電）．
横軸（ギャップ電圧 V_{gap}）：2 kV/div，縦軸（電流 i）：1 A/div．

値をギャップ電圧 V^* としているのは，(3.61) 式において $V(t)=V_{gap}(t)$ となるからである（V^* は V_{gap} の波高値）．

さて (3.61) 式より，$q(t)$ は電荷検出用コンデンサの両端の電圧から検出されるので，印加電圧 $V(t)$ から $q(t)$ を減算回路で処理すれば，その回路の出力は $V(t)-q(t)/C_d=V_{gap}(t)$ となる．したがって，この波形 $V_{gap}(t)$ と，たとえばピアリン電流計で検出した回路電流とをオシロスコープに入力すれば，V_{gap}-I リサジュー図形を得ることができる．

図 3.70 に V_{gap}-I リサジュー図形の測定結果の一例を示す．同図 (a) は低周波バリア放電の負荷として表されるツェナーダイオードの特性を示しており，同図 (b) は高周波バリア放電の負荷として表される抵抗の特性を示している．以上のように，この手法は直接的な計測が困難な放電ギャップでの放電特性を浮き彫りにすることができ，計測の一つの手段として活用できる．

3.4 急峻矩形波バリア放電

これまでは印加電圧の波形は正弦波や歪波であったが，急峻な矩形波のパルス波形が印加された場合のバリア放電の放電現象や特性について述べる．ここでいう急峻なパルスとは放電開始時間（放電形成時間＋統計的遅れ時間）より立ち上がり時間の早いパルス波形であり，この場合，通常の放電電圧よりも高い電圧で放電が起こる（過電圧放電）．このような波形は具体的にはプラズマディスプレイ（以後，PDP と称する）の放電のための電圧として使われており，その放電現象は先に述べた低周波，高周波のバリア放電とも，また異なる．PDP はガラス電極が同じ面上に配置された構造のいわゆる共面電極構造であり，放電のギャップは 50～100 μm である．ガスは Xe 5% 程度でバランスガスとして He あるいは Ne が使われ，全圧は 500 Torr (67 kPa) 程度である．PDP の駆動用電源の印加電圧の波形は立ち上がり時間が数十 ns，周波数 100 kHz 程度の矩形波である．

3.4.1 PDP の構造と動作の概要

<構造>

図 3.71 に PDP の構造例を示す．同図 (a) は PDP を前面基板（光り取り出し方向）から見た構造図，(b) は前面基板から見た構造図である（PDP の構造や形成方法の詳細は文献[8]を参照）．前面基板には 2 組の電極が互いに平行に形成されており，これらの電極を X 電極および Y 電極と呼ぶ．これらの電極の間に電圧を印加することによって放電を生じさせる．各 X, Y 電極は金属の母電極と，透明電極から成る．透明電極は電極を広く，かつ可視光を効率よく取りだすために，金属の母電極は電極の抵抗値を下げるためである．

X 電極および Y 電極は 30 μm 厚のガラスの誘電体でおおわれている．この誘電体を介して，X 電極と Y 電極間で沿面放電が生じる．誘電体層の表面には一般には MgO の保護膜が蒸着されている．MgO 膜は放電によるスパッタで電極が摩耗するのを防ぐ．また同時に MgO は高い γ（2 次電子放出係数）をもつため，放電開始電圧を下げることができる．

一方，背面基板には書き込み電極（W 電極）とリブ（障壁）が形成され，その谷間に R（赤），G（緑），B（青）の 3 色の蛍光体が塗布される．W 電極とリブは XY 電極と直交する．リブとリブの間に挟まれた空間と，1 組の XY 電極が一つの放電セルを形成する．放電によって発生した紫外光が蛍光体を励起し，可視光を発光する．可視光は前面基板から取りだされる．

前面パネルと背面パネルの間には放電ガスが封入される．PDP に用いられる放電

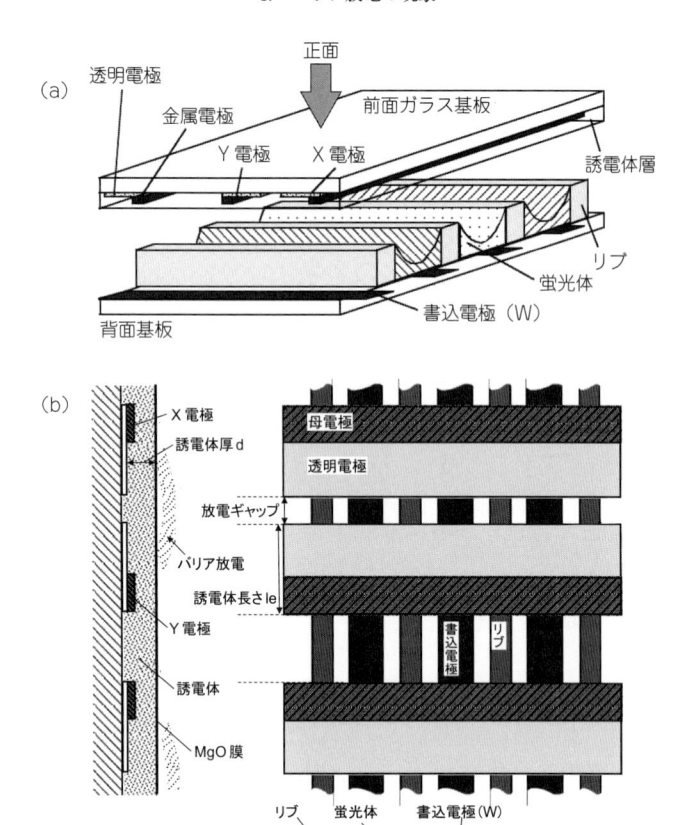

図 3.71 PDP の電極構成
(a) 斜視図, (b) 正面図, 断面図.

ガスが Xe と He, あるいは Xe と Ne の混合ガスが通常用いられる. 紫外光を発するのは Xe であり, He あるいは Ne はバッファである. Xe の圧力を高くすると放電の開始電圧が上昇してしまうので, Xe ガス圧は一般には全圧の 5% の 25 Torr(3.3 kPa) 程度である. He あるいは Ne は圧力を高くすることによって Xe からの紫外線発生量を増し, 効率を高める働きと, ペニング効果によって放電開始電圧を下げる働きがある. ここでは PDP の代表的な放電条件の全圧 500 Torr(67 kPa), Xe/Ne = 5/95 のガス組成の特性を示す.

<駆動>

次に PDP の駆動について簡単に説明する. PDP は電圧立ち上がり速度のきわめて

速い矩形波電圧で駆動される．その電圧波形はシーケンスと呼ばれる非常に複雑な波形の組み合わせで構成されており，その中に書き込みや，消去放電，維持放電など，画像の形成に必要な制御を行っている．電圧波形のシーケンスはおもに高耐圧のMOSFETのスイッチングによって生成される．PDPで用いられている典型的な電圧の波高値は170～200 V，また電圧の立ち上がり速度は数十 ns と非常に速い．

このような立ち上がり速度の速い矩形波で駆動させることで，画像表示に必要なメモリ機能をもたせることができ，またすべてのセルを均一に，同時に点灯させることが可能になっている．メモリ機能を利用した画像の表示では，発光セルを決めるためのセルへの書き込みと，画像表示に必要な発光を得るための維持放電を分離する点に特徴がある．書き込みでは，書き込みたいセルのみ W 電極と X 電極の間に放電を生じさせ，X 電極上に壁電荷を蓄積する．その後 X 電極と Y 電極の間に，全画面一斉に駆動電圧を印加すると，先に放電を起こして壁電荷を蓄積したセルのみが点灯する．

メモリ機能において重要な役割を果たすのは，「壁電荷」の存在である．バリア放電によって生成したイオンと電子は放電セル内の電解によってドリフトし，誘電体表面に蓄積する．これを壁電荷と呼び，壁電荷の蓄積によってセル内に生じる電圧を壁電圧と呼ぶ．この壁電圧によるメモリ機能を可能にしているのが，本節で説明する急峻な矩形波による，過電圧のバリア放電である．

図 3.72 を用いて，この PDP の書き込み放電，維持放電およびメモリ機能について説明する．まず，壁電荷の蓄積のないセルの放電開始電圧を V_s とする．ここに，V_s

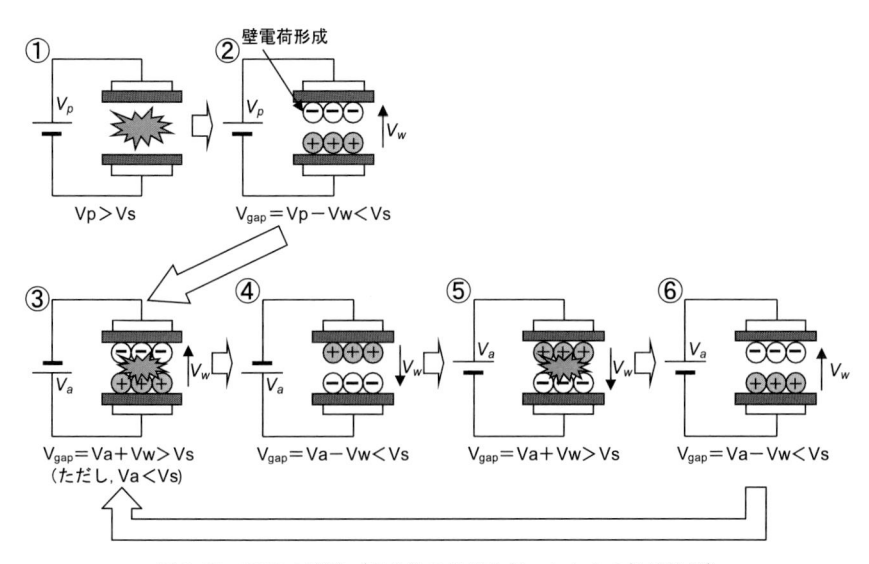

図 3.72　PDP の駆動（書き込み放電を行ったセルの維持放電）

よりも高い電圧 V_p をパルス的に印加して放電を生じさせる①．すると，壁電荷が蓄積して，壁電圧 V_w が形成される．その結果，ギャップ間の電圧 V_{gap} が $V_p - V_w$ と，V_s よりも低くなり，放電が終了する②．この V_w がセル内に生じている状態が，「書き込まれた」状態である．

次に，X 電極と Y 電極の間に全画面一斉に駆動電圧 V_a が印加される③．このとき，V_a は放電開始電圧 V_s よりも低く，書き込まれていないセルは V_a では放電しない．一方，書き込まれたセルは，電極間に壁電荷による電圧 V_w が印加されているため，外部から電圧 V_a が印加されると，ギャップ間の電圧 V_{gap} が $V_a + V_w$ となり，放電開始電圧 V_s を超えるため，放電が生じる．さらに，この放電が終了したときには，セル内には逆向きの壁電荷が形成されている④．半周期後に駆動電圧 V_a が逆向きに印加されるとセル内の電圧が再び $V_a + V_w$ となって放電が発生し⑤，交流電圧が印加されている期間，放電が持続される．

実際には図 3.71 のように，書き込みは対向型放電，維持は沿面放電であるが，原理的には上述のような壁電荷を用いたメモリ機能を巧みに利用することによって，セル内のプラズマ生成を，低電圧でかつ簡素な駆動回路によって実現している．ある電圧を境に電離が急激に生じて放電が発生する，という放電の非線形性を絶妙に利用した駆動方法といえる．

＜発光＞

PDP の放電と発光の原理について簡単に説明する．

PDP では Xe と Ne，あるいは Xe と He の混合ガスが用いられるが，このうち PDP の蛍光体を励起して発光に寄与するのは Xe からの紫外発光である．図 3.73 に Xe のエネルギー準位の概略図を示す[9]．PDP では Xe の電離度は十分に小さいので，

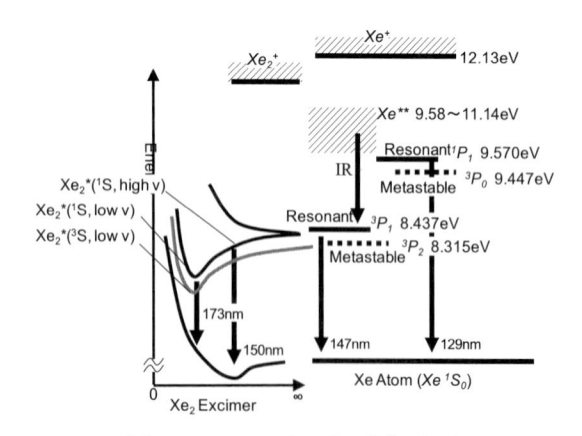

図 3.73 Xe のエネルギー準位の概略

Xeのイオンの準位は無視し，基底状態からXe$^+$までの準位を記載している．PDPの蛍光体を励起する紫外発光は，147 nmを中心とするスペクトル幅の狭い発光と，173 nmを中心とする非常にブロードなスペクトルの発光がおもに観測される．前者はXeの最低共鳴準位Xe*(^{3}P$_1$)からの発光であり，後者はXe$_2$エキシマ（excimer: excited dimer）からの発光である．

Xeの最低励起準位は，共鳴準位であるXe*(^{3}P$_1$)と，準安定準位Xe*(^{3}P$_2$)である．Xe*(^{3}P$_1$)が自然放出によって147 nmの紫外光を発光する．この準位は共鳴準位であるため，放出された光子は基底準位のXe粒子によって吸収され，発光と再吸収を繰り返しながら拡散的に伝播する．この現象を光の閉じ込め効果と呼び，PDPではガスの圧力が高いのでこの現象はとくに顕著である．準安定準位Xe*(^{3}P$_2$)はきわめて長い寿命をもち（典型的なPDPのガス条件で3〜4 μs），放電の後半やアフターグローなどの長い時間領域で重要な励起準位となる．

PDPのようなガス圧力の高い条件で重要になるのは，図3.73の左側に示したXe$_2$エキシマからの発光である．基底準位の原子2つが接近した場合，ファン・デル・ワールス力を除けば原子間には反発力しか働かないが，片方が励起準位であった場合は，あるところで引力が生じて分子のようなものを形成する．これがエキシマである．エキシマの生成は励起準位のXe*，基底準位のXe，および基底準位のXeあるいはバッファガスのNeが関与する3体衝突であり，したがってガス圧力が高いと急激にエキシマの密度が増加する．エキシマは上準位のエネルギー幅も広いが，発光した後のエネルギーも原子間距離に依存して広い幅をもつため，その発光のスペクトルは非常にブロードとなる．Xe$_2$エキシマからの発光は図に示したように150 nmを中心とするものと，173 nmを中心とするものの2つがあるが，実際には173 nmを中心とする発光が支配的である．

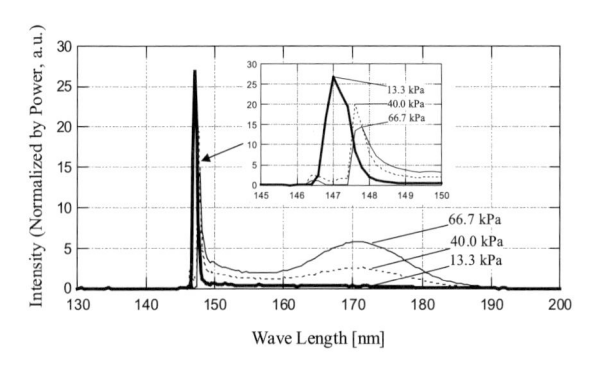

図3.74 Xeの真空紫外スペクトル
Xe：Ne＝5：95，全ガス圧力：13.3〜66.7 kPa．

図 3.74 に PDP のガス条件で測定された真空紫外の発光スペクトルを示す．Xe：Ne＝5：95 として，全ガス圧力を 13.3 kPa, 40 kPa, 66.7 kPa と変化させた．PDP の紫外発光のスペクトルは Xe のガス圧力によって大きく変化する．ガス圧力が低いときは 147 nm の狭い共鳴線の発光が支配的であるが，ガス圧力が高くなると 147 nm からの共鳴発光は光の閉じ込め効果により発光が弱く，かつスペクトルが広がっていく．一方，3体衝突が増えることによって 173 nm 付近のエキシマからの発光が増大する．共鳴線の発光は基底準位の原子に吸収されるということは，すなわち光子にとってガスが不透明に見えているということであり，ガスの圧力が高くなると光の取り出し効率が大きく低下する．一方でエキシマの発光は自己吸収することなく，取り出し効率まで含めた発光効率は非常に高くなる．したがって，PDP の放電ではガスの圧力を高くして 173 nm 付近のエキシマの発光を強くすることで，発光効率を向上させることができる．一方で Xe の圧力を高くすると放電に必要な電圧が高くなるため，PDP では回路的に駆動が可能な範囲でできるだけ高い圧力が用いられる．

Xe からの発光を用いるものとしては，PDP のほかに，平面型の照明用蛍光ランプや紫外光源などがあり，同様に 173 nm 付近の Xe_2 エキシマからの発光をおもに利用している．

3.4.2　放電実験装置と測定方法

実験に用いた PDP パネルは，現在もっとも広く用いられている面放電型の3電極式 PDP である．これは前面パネルに維持放電用の X 電極および Y 電極が互いに平行に配置され，背面パネルにそれらの電極に垂直に書き込み用電極（W 電極）が形成されている．ここでは X 電極および Y 電極に電圧を印加して放電させる実験について述べ，書き込み電極に関しては言及しない．

図 3.75 に前面パネルの X, Y 電極に垂直な断面図を示す．同時に X 電極と Y 電極間で放電が生じる場合の放電等価回路に関する説明を行う．電極は金属電極と透明電極より構成される．これらは前面ガラス基板上に構成され，誘電体でおおわれる．し

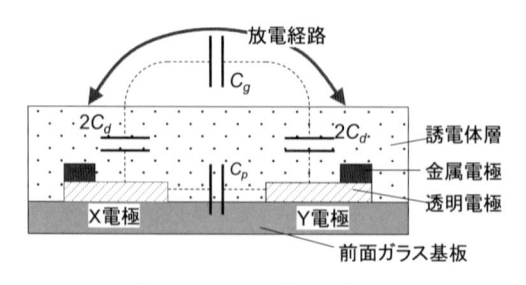

図 3.75　X, Y 電極の断面図

3.4 急峻矩形波バリア放電

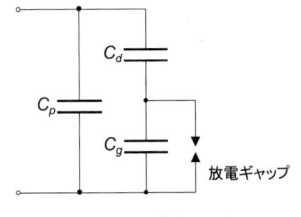

図 3.76 等価回路

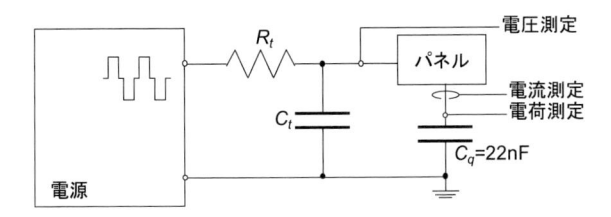

図 3.77 測定系

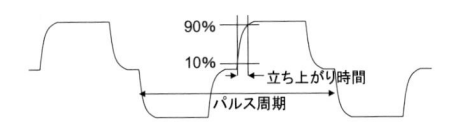

図 3.78 印加電圧の波形

たがって，放電は上図の C_g の経路で生じる．電極の構成上，誘電体によって生じる静電容量 C_d, C_p が存在する．したがって，X, Y 電極間の放電等価回路は図 3.76 のようになる．C_d が放電経路に存在する誘電体の静電容量，C_p は放電経路に並列に存在する静電容量である．

セルや電極の大きさは，パネルの大きさや精細度によって変化するが，今回の研究で用いたパネルでは電極幅（透明電極も含めて）が 150 μm，電極間が 80 μm である．測定は 270 セルを同時に測定し，電流もそれらの和を測定している．

放電空間には Xe ガスが Ne バッファで封入されている．実験に用いたパネルでは Xe 5%, Ne 95% で，全圧 500 Torr (67 kPa) である．

図 3.77 に測定系を示す．V-Q リサジューを測定するために，パネルに流入する電荷量を測定する必要がある．このためパネルに直列に容量の既知のコンデンサを接続し，その両端の電位差として電荷量を測定する．パネル両端には矩形波パルスが印加されるが，電源の出口に抵抗 R_t を，またパネルに並列にコンデンサ C_t を接続し，これらの値を変化させることで，電圧の立ち上がり時間を変化させている．

図 3.78 はパネルの両端に印加される電圧波形を示したものである．パルスの周波

数は 5.2 kHz である．電圧立ち上がり速度は，電圧がピーク値の 10% から 90% まで変化する時間 τ として定義した．

3.4.3 実験結果
a. 印加電圧の立ち上がり時間依存性

パルスの電圧立ち上がり時間 τ を変化させて，PDP の放電特性を測定した．まず，立ち上がり部分の電圧波形と電流波形を図 3.79 に示す．電圧の立ち上がり速度の速い場合，放電は電圧が完全に立ち上がり，一定値に達した後に生じている．つまり，電圧の立ち上がり時間が放電の遅れ時間よりも十分短い．これに対し，電圧立ち上がり速度がゆるやかな場合，電圧の立ち上がり時間が放電の遅れ時間と同程度が，もしくはそれより長くなるため，放電は電圧がピーク値に達する前，立ち上がりの途中で生じ始め，放電の途中でも外部印加電圧は上昇し，かつ放電が完全に終了してからもしばらくは電圧が上昇していることがわかる．

このことは V-Q リサジュー図からより明確に知ることができる．図 3.80(a), (b) に電圧立ち上がり速度が速い場合と遅い場合，それぞれの V-Q リサジュー図を示す．また図 3.80(c) には 13 kHz の正弦波を印加した場合の V-Q リサジュー図も示す．

立ち上がりの速い場合は放電部分が完全に垂直になっており，放電期間中の外部印加電圧の変動がほとんどない．これが典型的な PDP の V-Q リサジュー図であり，その形は低周波バリア放電，高周波バリア放電とは大きく異なる．これに対し，電圧の立ち上がり速度をゆるやかにすると，放電中に外部印加電圧が上昇し，かつ放電消滅後も電圧が上昇しているのが明確に観測された．そのため放電を開始したときの外部印加電圧は低くなる．また，それぞれの V-Q リサジュー図を比較するとわかるように，1 回の放電によって移動する電荷量も立ち上がりがゆるやかになると小さくなる．

V-Q リサジュー図を測定することによって，壁電荷の移動量や放電を開始したと

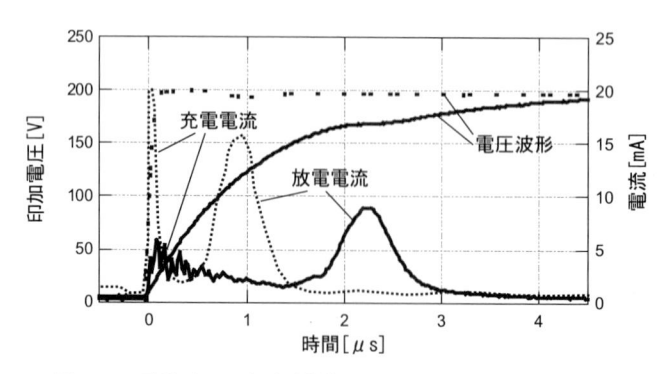

図 3.79 電流電圧の波形 (点線: $\tau = 0.1\,\mu s$, 実線: $\tau = 2.5\,\mu s$)

3.4 急峻矩形波バリア放電

(a) $\tau = 0.1 \mu s$
(b) $\tau = 2.5 \mu s$
(c) 正弦波 : 13 kHz

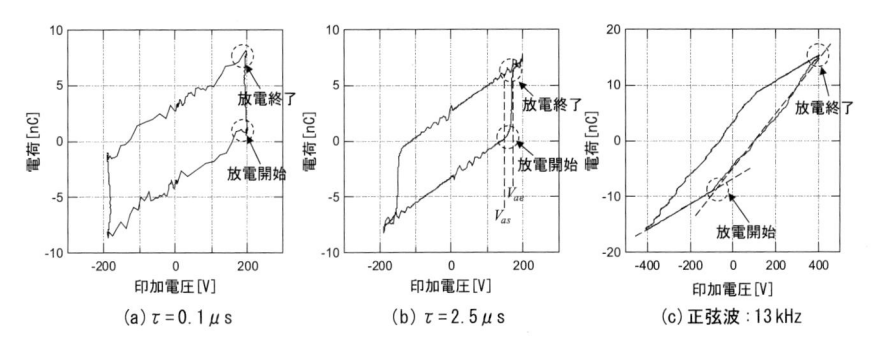

図 3.80 V-Q リサジュー図形

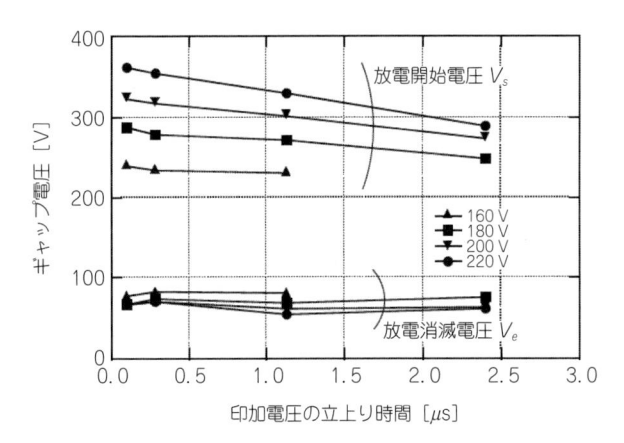

図 3.81 放電開始電圧 V_s および放電消滅電圧 V_e

きの外部印加電圧などを測定することができるので，ギャップ間の電圧変化を見積もることができる．図 3.80(b) の図中に示したように，放電が開始したときの印加電圧を V_{as}，放電が消滅したときの印加電圧を V_{ae}，1 回の放電でパネルに供給される電荷量を ΔQ とすると，放電開始電圧 V_s および放電消滅電圧 V_e は以下の式で与えられる．

$$V_s = \frac{C_d}{C_g + C_d} V_{as} + \frac{\Delta Q}{2C_d} \tag{3.62}$$

$$V_e = \frac{C_d}{C_g + C_d} V_{ae} - \frac{\Delta Q}{2C_d} \tag{3.63}$$

図 3.76 の等価回路に示した各静電容量は，図 3.80(c) の V-Q リサジュー図の傾きから求められる．これにより得られた放電開始電圧 V_s および放電消滅電圧 V_e が，電圧立ち上がり速度によってどのように変化するかを図 3.81 に示す．

電圧の立ち上がり速度が急峻になればなるほど，放電開始電圧は高くなることがわかる．この現象は over voltage 放電と呼ばれる．なお，このパネルの放電維持電圧 V^* は図 3.80(c) より 170 V と測定される．正弦波の場合は放電の開始も消滅もほぼ放電維持電圧に等しいと考えてよい．したがって，この結果から，電圧立ち上がり速度をゆるやかにすると，PDP の放電から低周波バリア放電に近づく．

b. 放電ギャップの電流—電圧特性

電荷量 Q および外部印加電圧 V_a の時間変化から，同様にギャップ間の電圧および電流は以下の式によって求めることができる．

$$V_{gap} = V_a(t) - \frac{Q(t) - \beta \times V_a(t)}{C_d} \tag{3.64}$$

$$I_{gap} = \frac{d}{dt}(Q(t) - \beta \times V_a(t)) \tag{3.65}$$

ここで β は（非放電時の）パネルの静電容量であり，図 3.76 の等価回路における端子間の C_d, C_g, C_p の合成静電容量である．これをもとに，放電空間の I_{gap}-V_{gap} リサジューを描くことができる．同様に立ち上がり速度 $\tau = 0.1$ μs, 2.5 μs の場合の結果，および正弦波の場合の結果を図 3.82 に示す．放電開始電圧は放電維持電圧よりもはるかに高く，放電消滅電圧ははるかに低くなり，PDP の動作している矩形パルスでは過電圧放電が生じていることがわかる．また電流密度は正弦波の場合と比較して何桁か大きい．電圧立ち上がり速度をゆるやかにすると，電流密度も小さくなり，同じく低周波バリア放電に近くなる．

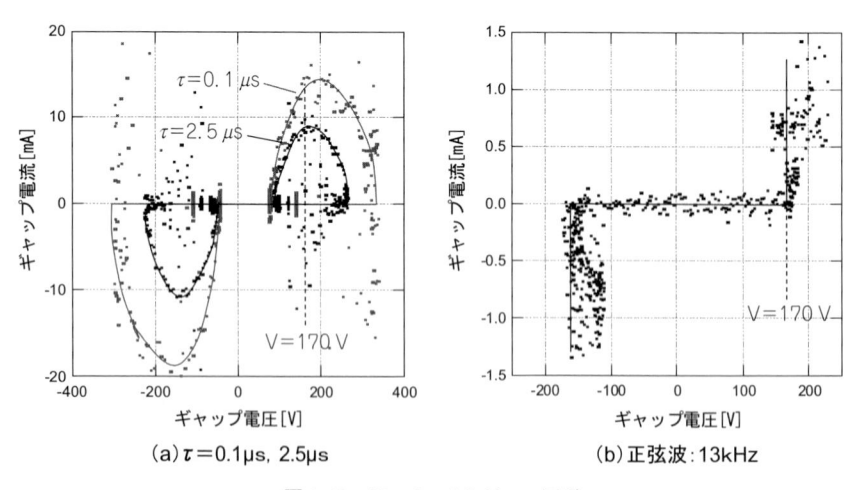

(a) $\tau = 0.1$μs, 2.5μs

(b) 正弦波：13kHz

図 3.82　V_{gap}-I_{gap} リサジュー図形

3.4.4 放電電力の式
a. 電圧の立ち上がり速度が速い場合

実験より得られたPDPの放電特性をもとに，PDPの理論的な電力の投入式を導出する．一般に投入電力は電流と電圧の積として表されるが，バリア放電の場合，正負の対称な交流波形が印加されるとすると，定常状態においては半周期ごとに等量の電荷が移動し，正負反対の現象が生じることを考慮して，電力の投入式はfを電源の周波数として，以下のように表現できる．

$$W = f\int_0^{1/f} V_{gap}(t) I_{gap}(t) \, dt = 2f\int_0^{1/2f} \frac{dQ_{gap}(t)}{dt} V_{gap}(t) \, dt = 2f\int_0^{1/2f} V_{gap} dQ_{gap} \quad (3.66)$$

ここでV_{gap}はギャップ間電圧，Q_{gap}はギャップ間を移動する電荷量である．まず，電圧立ち上がり速度が十分に速い，通常のPDPの駆動条件を考える．まず電荷の移動は電圧の立ち上がり部分で1回だけ生じ，それがすべてのセルについてほぼ一斉に生じる．その放電の開始電圧は外部印加電圧に壁電荷が重畳されたものであり，一般に放電維持電圧よりもはるかに大きく，放電消滅電圧は外部印加電圧から壁電圧を引いたものであり，放電維持電圧よりも低い．また，電圧立ち上がり速度が十分に速い場合，電荷の移動中，外部に印加されている電圧はまったく変化しない．以上を考慮して(3.66)式を変形する．まず，壁電荷がQ_{gap}だけ蓄積されているとき，これによって生じる壁電圧V_wは，

$$V_w = \frac{Q_{gap}}{C_g + C_d} = \frac{Q}{C_d} \quad (3.67)$$

で表される．ここで，誘電体表面に蓄積されている電荷量の1回の放電時の変化量ΔQ_{gap}と，放電時にパネルに流入する電荷量ΔQとの間に下記の関係があることを用いている．

$$\Delta Q_{gap} = \frac{C_g + C_d}{C_d} \Delta Q \quad (3.68)$$

1回の放電でΔQだけの電荷が流入するとき，放電開始電圧V_sおよび放電消滅電圧V_eは(3.62)，(3.63)式と同様，以下のように表すことができる．電圧立ち上がり速度が十分速い場合，放電開始時および消滅時の外部印加電圧はともにV_aである．

$$V_s = V_a' + V_w = V_a' + \frac{\Delta Q}{2C_d} \quad (3.69)$$

$$V_e = V_a' - V_w = V_a' + \frac{\Delta Q}{2C_d} \quad (3.70)$$

$$V_a' = \frac{C_d}{C_g + C_d} V_a \quad (3.71)$$

V_a'は印加電圧V_aのうちギャップ間に分圧されている成分である．放電がV_sで開始し，電荷Qだけ移動したときのギャップ間電圧は，

$$V_{gap} = V_s - \frac{Q}{C_d} = V_a' + \frac{\Delta Q}{2V_d} - \frac{Q}{C_d} \qquad (3.72)$$

である．これを (3.66) 式に代入して，(3.68) 式の関係を用いると，放電電力 W は

$$W = 2f \int_{Q=0}^{\Delta Q} \left(V_s - \frac{Q}{C_d} \right) \left(\frac{C_g + C_d}{C_d} \right) dQ$$

$$= 2f \cdot \Delta Q \left(\frac{C_g + C_d}{C_d} \right) \left(V_s - \frac{\Delta Q}{2C_d} \right) = 2f \cdot \Delta Q V_a \qquad (3.73)$$

となる．

(3.73) 式は投入電力を外部印加電圧と移動電荷量で表したものである．これをさらに変形して，(3.69)，(3.70) 式を用いて放電の開始電圧 V_s と，放電の消滅電圧 V_e で表すと，

$$W = 2f \cdot \Delta Q V_a = 2f C_d V_a (V_s - V_e) \qquad (3.74)$$

となる．これが電圧立ち上がり速度が十分に速い場合の PDP の放電電力の式である．V_a は低周波，高周波バリア放電の電力の式で V_{op} と書いていたものと同じである．放電の開始電圧 V_s と，放電の消滅電圧 V_e は実験より求めることができ，V_a および f は電源の条件により決定され，C_d はパネルの寸法および誘電体の物性値より幾何学的に求めることができるので，この式を用いればパネルの設計段階で投入電力を見積もることが可能である．

b. 電圧の立ち上がり速度がゆるやかな場合

電圧の立ち上がり速度がゆるやかな場合の放電電力式を求める．この場合，放電中に外部印加電圧が変化する．放電開始電圧 V_s と放電消滅電圧 V_e は，すでに述べたように (3.62)，(3.63) 式で表される．

ここで，放電開始から消滅までの外部印加電圧の変化を ΔV とする．

$$\Delta V = V_{ae} - V_{as} \qquad (3.75)$$

また，(3.71) 式と同様に以下の関係がある．V_{as}'，V_{ae}' はそれぞれ，外部印加電圧 V_{as}，V_{ae} のときの，ギャップ間に印加されている成分である．

$$V_{as}' = \frac{C_d}{C_g + C_d} V_{as} \qquad (3.76)$$

$$V_{ae}' = \frac{C_d}{C_g + C_d} V_{ae} \qquad (3.77)$$

放電が始まり，電荷が Q だけ移動したときの，ギャップ間の電圧は，電荷の移動に対して外部印加電圧の変化が直線的であると仮定して，

$$V_{gap} = V_{as}' + \frac{\Delta Q}{2C_d} + \frac{Q}{\Delta Q} \frac{C_d}{C_g + C_d} \Delta V - \frac{Q}{C_d} \qquad (3.78)$$

である．したがって，(3.66) 式に代入することによって，電圧立ち上がり速度の十分ゆるやかな場合の放電電力の投入の式として，以下が得られる．

$$W = 2f \int_{Q=0}^{\Delta Q} \left(V_{as}' + \frac{\Delta Q}{2C_d} + \frac{Q}{\Delta Q} \frac{C_d}{C_g + C_d} \Delta V - \frac{Q}{C_d} \right) \left(\frac{C_g + C_d}{C_d} \right) dQ$$

$$= 2f \cdot \Delta Q \left(V_{as} - \frac{\Delta V}{2} \right) = 2f \cdot \Delta Q \frac{V_{as} + V_{ae}}{2}$$

$$= 2f \cdot C_d \frac{V_s + V_e}{2} (V_s - V_e + \Delta V) \tag{3.79}$$

この式において $\Delta V = 0$ のとき，先の電圧立ち上がり速度が十分速い場合の電力投入式に一致する．立ち上がり速度のゆるやかな場合の模式的な V-Q リサジュー図は図 3.80(b) のようなものであるが，これを大雑把に平行四辺形と見立てたときの面積が，(3.79) 式で表されることは容易に確認できる．

c. 低周波バリア放電の場合（確認）

オゾナイザに代表される低周波バリア放電の場合の電力投入の式は従来からよく知られているが，これを同様の過程で導出する．低周波バリア放電の場合，放電期間中は，ギャップ間の電圧が一定値，放電維持電圧 V^* に維持される，という特徴がある．したがって，式 (3.66) より，全体の電荷の移動量を ΔQ とすると，

$$W = 2f \int_{Q=0}^{\Delta Q} V^* \left(\frac{C_g + C_d}{C_d} \right) dQ = 2f \cdot V^* \left(\frac{C_g + C_d}{C_d} \right) \Delta Q \tag{3.80}$$

となる．ΔQ，すなわち壁電圧 V_w と，放電維持電圧 V^* と，電圧のピーク値 V_a との間には，以下の関係がある．

$$V_a' = V^* + V_w = V^* + \frac{\Delta Q}{2C_d} \tag{3.81}$$

これを用いて (3.80) 式を変形すると，以下のようになる．

$$W = 2f \cdot V^* \left(\frac{C_g + C_d}{C_d} \right) \cdot 2C_d (V_a' - V^*)$$

$$= 4f \cdot V^* C_d \left\{ V_a - \left(1 + \frac{C_g}{C_d} \right) \right\} V^* \tag{3.82}$$

これは従来から知られている低周波バリア放電の放電電力の式に一致する．V_a は低周波，高周波バリア放電の放電電力の式で V_{op} と書いていたものと同じである．また，低周波バリア放電の V-Q リサジュー図は，一般に図 3.80(c) のような形であるが，(3.82) 式がこの面積とも一致することはいうまでもない．

以上，電圧立ち上がりの速い場合およびゆるやかな場合の PDP の放電，および低周波バリア放電の電力投入式を (3.66) 式より導出したが，この際放電中の電荷量の流れとギャップ電圧の関係に着目した．この観点に立って，PDP の放電現象と，低周波バリア放電を理論的に関係づけることが可能であると考える．

電圧立ち上がりのゆるやかな場合の電力投入式，(3.79) 式において，放電中の外部電圧の変化量 ΔV をゼロとしたとき，電圧立ち上がりの十分速い場合の (3.74) 式

126　　　　　　　　　　　　　3. バリア放電の現象

◆◆◆リサジュー図は放電の本質を示している◆◆◆

　ノイズの固まりのような電流が流れるオゾナイザの電力を直接測定するのは非常に難しい．このため電流をコンデンサで積分し，オシログラフに V-Q リサジュー図を表示して図上積分し，1 サイクルの電力消費を求めた．これがリサジュー図を利用した現実の理由だった．V-Q リサジュー図の横軸の幅が放電維持電圧を示すことは衆知のこととなっていた．

　バリア放電を CO_2 レーザへ適用する場合，より長ギャップ，低圧のガスに，高周波の電圧を印加した．電流にパルス成分はほとんどなく，電力は通常の測定手段で十分計れる．リサジュー図をとくに必要としないと思えた．V-Q リサジューの原点を切る V の幅が，周波数によってほぼ不変であり，放電ガスの固有量を示していることを見つけたのは著者の 1 人がしかけた決定的な実験（図 3.46）だった．

　また，印加電圧から誘電体バリアにかかる電圧を差し引いて放電空隙にかかる電圧 V_{gap} を演算し，電流 I との相関を図示する V_{gap}-I リサジュー図の出し方は工場の技術者が先鞭をつけ，後に高機能オシログラフ上で簡単に取得できるようになった．放電が逆直列のツェナーダイオードであるとか，抵抗であるとか，回路素子のアナロジーで表現することができ，回路の専門化との会話も可能になった．

　それ以来，V-Q, V_{gap}-I リサジューは放電の本質を示すものとして多用することとなった．

に一致する．同様に，(3.79) 式において，放電開始電圧 V_s および放電消滅電圧 V_e がともに V^* であると仮定し，放電中の外部電圧の変化量 $\Delta V = 2V_a - 2V^{*\prime}$ と仮定すると，これは低周波バリア放電の現象を意味し，式は (3.82) 式に一致する．つまり，立ち上がり速度の速い，典型的な PDP の放電と，低周波バリア放電とは，同じバリア放電現象の対極の現象であり，電力投入式によってそれら相互の関係が理解できる．

3.5　ま　と　め

　3 章では低周波，高周波および急峻矩形波のバリア放電の現象と放電特性について述べた．要約すると次のようである．これらを一覧表にまとめたものを表 3.2 に示す．
＜低周波バリア放電＞
　印加電圧の 1 周期に放電期間と非放電期間が 2 回ずつ現れ，放電の電子，イオンともに放電期間内で消滅する．等価回路は逆接続ツェナーダイオードで示される．バリ

3.5 ま と め

表3.2 3章のまとめ

名　称	低周波バリア放電	高周波バリア放電	急峻矩形波バリア放電
応用例	オゾナイザ	CO_2 レーザ	プラズマディスプレイ
電極構成			矩形波
放電ギャップ長	$0.05 \sim 1.5$ mm	$10 \sim$ 数十 mm	$50 \sim 100$ μm
ガス種	空気，または O_2	$CO_2 : N_2 : He$ $= 8 : 60 : 32$	$Xe : He = 5 : 95$
ガス圧力	大気圧〜3気圧 ($0.1 \sim 0.3$ MPa)	$0.05 \sim 0.2$ 気圧 (5 k~ 20 kPa)	$0.6 \sim 0.7$ 気圧 ($60 \sim 70$ kPa)
ガス流速	~ 0.1 m/s 程度	数十 m/s	0 m/s
電源周波数	1 k~ 20 kHz 程度	100 k$\sim$ 数 MHz	数百 kHz（立上り $\tau =$ 数十 ns）
V-Q リサジュー図（実験） $Q \rightarrow V$	$2V^*$	$2V_{op}^*$	$2V_s$
V_{gap}-I リサジュー図（実験） $I \rightarrow V_{gap}$		イオントラッピング放電	過電圧放電
放電電力の式	$W = 4fC_dV^*\{V_{op} - (1+C_g/C_d)V^*\}$	$W = \pi fC_dV_{op}^* \times \sqrt{(V_{op})^2 - (V_{op}^*)^2}$	$W = 2fC_dV_a(V_s - V_e)$
特　徴	1/2サイクルごとに放電開始と消滅がある．電子とイオンも発生と消滅を繰り返す．等価回路は逆直列ツェナーダイオード．	電子は発生と消滅を繰り返す．イオンは空間にトラッピングされる．等価回路は抵抗．	1/2サイクルごとに過電圧 V_s で放電が開始し，消滅を繰り返す．V_s は電圧の立ち上がり時間に依存する．

ア放電ではもっとも多い放電形態であり，たとえばオゾナイザの放電で発現する．

＜高周波バリア放電＞

印加電圧の周波数が高く，また放電ギャップ長が長い場合に，放電で発生した電子は消滅するがイオンは消滅せず(イオントラッピング)，放電空間は導電性を維持する．等価回路は抵抗で表され，この抵抗の電圧は印加電圧にかかわらず一定である．たとえば高密度放電が必要なレーザ励起用放電で発現する．

＜急峻矩形波バリア放電＞

急峻な立ち上りの印加電圧の場合は，通常の放電開始電圧より高い電圧で放電が開始する（過電圧放電）．電子とイオンはともに印加電圧の1/2周期ごとに消滅する．たとえばプラズマディスプレイの放電で発現する．

参考文献

1) M. M. Kekez, M. R. Barrault and J. D. Craggs : "Spark cannel formation", *J. Phys. D : Appl. Phys.*, Vol. 3, p. 1886 (1970)
2) S. I. Andreev and G. M. Novikave : "Nanosecond volume discharge in air at atmospheric pressure", *Sov. Phys., Tech. Phys.*, Vol. 20, p. 1078 (1976)
3) K. R. Allen and K. Phillips : "A study of the light emitted from the initial stage of a spark discharge", *Proc. Roy. Soc. A*, Vol. 278, p. 168 (1964)
4) I. D. Chalmers : "The transient glow discharge in nitrogen and dry air", *J. Phys. D : Appl. Phys.*, Vol. 4, p. 1147 (1971)
5) 葛本昌樹・八木重典：「高周波無声放電の時間，空間分解測定」，電気学会論文誌，Vol. 110-A, No. 5, pp. 302-306 (1990)
6) I. Gallimberti, J. K. Hepworth and R. C. Klewe : "Spectroscopic investigation of impulse corona discharge", *J. Phys. D*, Vol. 7, p. 880 (1974)
7) V. E. Golant : "Fundamental of Plasma Physics", p. 146, John Willey & Sons (1980)
8) たとえば，御子柴茂生：「プラズマディスプレイ最新技術」，ED リサーチ社（1996）
9) P. K. Leichner, K. F. Palmer, J. D. Cook and M. Thieneman : "Two- and three-body collision coefficients for Xe ($^3P_1$) and Xe ($^3P_2$) atoms and radiative lifetime of the Xe_2 (1_u) molecule", *Phys. Rev A.*, Vol. 13, No. 5, pp. 1787-1792 (1976)

4

バリア放電の物理モデル

3章にて,バリア放電の電気的な特性について,アプリケーションごとに大きな違いが観測されることを紹介した.オゾナイザ,CO_2 レーザ,および PDP に代表される放電現象が,同じような電極形態であるにもかかわらず,なぜこのように異なる電気的な特性を示すのか.この点について物理的な説明を行うことが本章の目的である.

4.1 マクロ放電モデル

4.1.1 モデルの概要

これまで見てきたオゾナイザ,CO_2 レーザ,および PDP の放電は,図 4.1 のように,

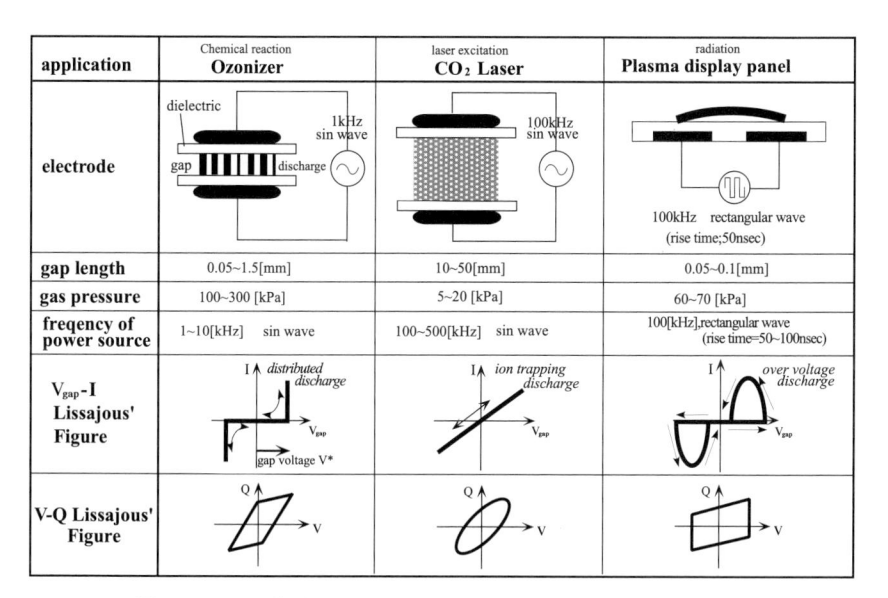

application	Chemical reaction **Ozonizer**	laser excitation **CO_2 Laser**	radiation **Plasma display panel**
electrode	dielectric / gap / discharge / 1kHz sin wave	100kHz sin wave	100kHz rectangular wave (rise time;50nsec)
gap length	0.05~1.5[mm]	10~50[mm]	0.05~0.1[mm]
gas pressure	100~300 [kPa]	5~20 [kPa]	60~70 [kPa]
freqency of power source	1~10[kHz] sin wave	100~500[kHz] sin wave	100[kHz],rectangular wave (rise time=50~100nsec)
V_{gap}-I Lissajous' Figure	distributed discharge / gap voltage V*	ion trapping discharge	over voltage discharge
V-Q Lissajous' Figure			

図 4.1 バリア放電の三つのアプリケーションとその放電現象の特徴

ギャップ長,ガス圧,ガスの種類や流速が異なっている.しかしとくに放電の電気的な特性に着目した場合,放電のV_{gap}-Iリサジュー図やV-Qリサジュー図といった放電負荷の電気的な挙動に特徴的な差異が見られる.これはなぜなのだろうか.誘電体を介した比較的高ガス圧の交流放電で,同じ放電現象を,ここまで明確に変化させている物理的な背景は何なのか.

この物理を明確にすることができれば,バリア放電の電気的な特性を,統一的に理解するためのモデルを構築することができる.結論を述べると,上記3つのアプリケーションでは,ギャップの条件やガスの種類に加えて,駆動電源周波数と電圧波形が大きく異なっていることに着目する.

まず,オゾナイザとCO_2レーザでは特性上最適な駆動周波数が異なる.3.2節で述べたように,オゾナイザの1~10 kHzからCO_2レーザの100~500 kHzへ周波数を高くしていくと,それにしたがって放電の様相が変化していくことが知られていた.周波数を高くしていくと,等価回路で表現した放電空間は,逆直列のツェナーダイオードから抵抗に近い特性となり,V_{gap}-Iリサジュー図は直線に,V-Qリサジュー図は楕円に近くなっていく.これは,周波数を高くしたために交流波形の全位相で"放電状態"が継続し,その抵抗値もほとんど変化しなくなる「イオントラップ領域」となるためであると解釈される.

一方,3.4節で述べたように,PDPでは,オゾナイザともCO_2レーザともまた異なる現象が観測される.PDPの放電がオゾナイザやCO_2レーザと異なる点の1つは,駆動波形が正弦波ではなく矩形波であることである.

周波数や波形の変化に着目するとはどういうことか.たとえば周波数を高くしてイオントラップ領域に入るということは,電界の変化の速度に放電を構成する粒子密度の増減が追随できなくなる,ということを意味している.電源回路から見た負荷つまり放電の物理モデルとして,「時間的な変化」「過渡的な現象」を表現できるようなモデルを考えることで,こういった現象を説明することができるのではないか.これが本章のねらいである.

4.1.2 マクロ放電モデルの基本形式

オゾナイザで実験的に明らかになったように,放電構造は空間的に分布して変化するが,回路レスポンスは一様で,内部の空間構造は反映されない.バリア放電を一つの非線形な負荷として,すなわちマクロ的にモデル化し,現象を統一的に理解することを目指す.

時間的な変化をモデル化するために,次のような形の微分方程式を考える.

$$\frac{dg(t)}{dt} = F_+(V_{gap}, g(t)) - F_-(V_{gap}, g(t)) \tag{4.1}$$

ここで $g(t)$ はギャップ間の導電率（抵抗の逆数），V_{gap} はギャップ間の電圧である（物理的に正確にいえば電界強度であるが，本章ではこのあと回路との連成解析をするので，電圧という言葉で論を進める）．

この式の意味するところは，ギャップ間の導電率は時間的に変化し，その変化の度合が，導電率と印加電圧で決まるある関数で表される，ということである．さらに，導電率の時間変化率の大小を決める右辺は，導電率を増やそうとする項 F_+ と，減らそうとする項 F_- に分けられる．

放電現象の場合，導電率 $g(t)$ はいわば，ギャップ間の荷電粒子密度に対応している．荷電粒子とは電子とイオンであるが，放電現象によって電子とイオンの果たす役割は大きく異なる．オゾナイザのような低周波のバリア放電では，電子とイオンがそれぞれ生成・消滅を繰り返すため，より高速の電子が主体的な役割を果たす．一方，CO_2 レーザでは高速に電界が変化し，イオンが消滅せずに電極間にトラップされるイオントラップ領域となるため，イオンも主体的な役割を果たす．このようなことを念頭におきつつ，以下の議論ではマクロ的に荷電粒子がどのように変化するかに着目する．

荷電粒子密度の変化は，放電空間の原子・分子過程に起因する．$g(t)$ の，増加の要素と減少の要素を分離して考えるのがポイントである．なぜならば，それぞれの現象の背景にある物理が，別のものであると考えるからである．

電子密度の増加は，電離などがおもなプロセスと考えてよい．電離といってもいろいろなプロセスが考えられるが，たとえば電子衝突によるものが支配的であると考えると，電離反応の頻度つまり電子密度の増加は，電子密度に比例し，電圧に強く依存する．

一方，電子密度の減少は，放電の状態にもよるが，拡散・電子付着・再結合が支配的であると考えてよい．すると，電子密度の減少は，電子密度に比例し，電圧にはあまり依存しない関数である，と推定される．

以上の仮定から，(4.1) 式は以下のようになる．

$$\frac{dg(t)}{dt} = k \cdot F(V_{gap}) \cdot g(t) - \beta \cdot g(t) \tag{4.2}$$

左辺は放電空間の導電率つまり荷電粒子（電子・イオン密度）の時間微分を表す．k は電子増倍の係数（電離の時間レート），β は減衰の係数である．右辺第 1 項は電子密度の増倍の時間変化率，つまり電子増倍を示している．右辺第 2 項は荷電粒子密度の減少の時間変化率を意味している．この式は，放電の物理諸量が，荷電粒子密度の「時間微分」にどのように影響を与えるかを表しており，過渡現象や周波数依存性を表現することを可能にしている．つまり，「速度」という概念を正面から扱うという姿勢を示したことになる．

(4.2) 式は V_{gap} が小さいとき右辺が負になり，このため電圧が低い状態が長時間続

くと (4.2) 式の $g(t)$ はゼロに限りなく近くなり, その後電圧が高くなっても (4.2) 式の右辺がほとんどゼロのままで $g(t)$ が変化しなくなる. これを避けるために, 実際には以下のような式を用いている.

$$\frac{dg(t)}{dt} = k \cdot F(V_{gap}) \cdot g(t) - \beta(g(t) - g_0) \tag{4.3}$$

ここで g_0 は導電率の初期値である. このようなパラメータの導入は一見, 計算上の手法のように感じられるが, 実際には, g_0 は放電の種火粒子という, 明確な物理的意味をもっている. つまり, 紫外線や宇宙線による電離など, ごくごくわずかに存在する偶存電子あるいは偶存粒子である. 実際の放電でもこういったわずかな放電の種火粒子が存在しないと放電は発生しない. あるいはこういった種火粒子がわずかでも存在すれば, 短い遅れ時間で, 安定に放電が発生する. (4.3) 式はこういった現象とモデルとして取り扱っていることを意味している.

4.1.3 バリア放電負荷と回路の連成シミュレーション

(4.3) 式で表したモデルがどのような動きをするのか, 電源回路と組み合わせた回路シミュレーションを行うことによって表してみる. 図 4.2 はバリア放電負荷の等価回路を, 交流電源で駆動している様子を表している. 電源に直列に配置されている抵抗とインダクタは電源の内部インピーダンスあるいは回路のインピーダンスを意味している.

バリア放電負荷の等価回路は, 図のように, 誘電体の静電容量 C_d と, ギャップ空間の静電容量 C_g を直列にしたものである. バリア放電では片側の電極が誘電体でおおわれている場合と, 両側の電極が誘電体でおおわれている場合があるが, 誘電体が両方の電極にある場合でも, 静電容量が直列になったと考えて, ひとつの静電容量 C_d で表すことが可能である. また, この回路では負荷に並列な静電容量 C_s も仮定されている. C_s は誘電体バリアが放電と平行する PDP や超短ギャップ平板オゾナイザでは非常に大きいが, 誘電体バリアが放電空間に対向する円筒型オゾナイザや CO_2 レーザでは, C_d に比べ無視できる程度に小さい.

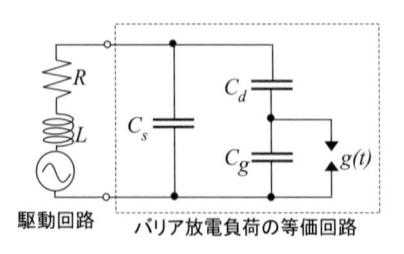

図 4.2 バリア放電負荷の等価回路と駆動回路

4.1 マクロ放電モデル

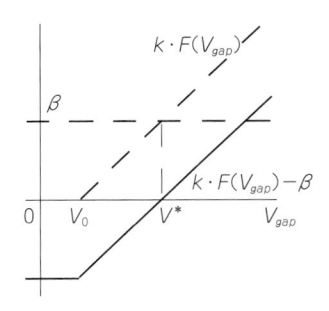

図 4.3 $k \cdot F(V_{gap})$ および β の電圧依存性

放電が発生するとギャップの静電容量の両端を短絡するように電流が流れる．この動きを表したものが C_g に並列になっている放電空間の導電率 $g(t)$ で，(4.3) 式にしたがって変化すると考える．ここで (4.3) 式の電圧 V_{gap} は，$g(t)$ 両端の電圧，つまりギャップに印加されている正味の電圧である．

図 4.3 は，$k \cdot F(V_{gap})$ および β が，電圧によってどのように変化するかを示したものである．$F(V_{gap})$ は前述のように，電子が増加する係数，つまり電離係数に対応し，あるしきい値をもってそこから電圧に対して急激に増加するような関数と考える．また β は電子付着・拡散・再結合に対応し，電圧に対して変化しない一定値であるとする．

後に詳述するが，$k \cdot F(V_{gap}) = \beta$ となる電圧が，このモデルの動作においてきわめて重要な値となる．ギャップに印加されている電圧がこの電圧よりも高い場合には放電は成長し，低い場合には放電は減衰する．これは後の説明で放電維持電圧 V^* に相当していることが明らかになる．

図 4.3 のその他のパラメータ，$k \cdot F(V_{gap})$ や β の具体的な値を物理的な諸量から直接求めることはここではしていない．代表的な 3 つの放電の様相を計算機シミュレーションで再現できることを目指すと同時に，放電物理的な根拠を確認するに留めることにしたい．$F(V_{gap})$ の関数の表式は以下の計算では一次式で増加すると仮定している．

こういった仮定を行った非線形な抵抗負荷と，図 4.2 の回路を，同時に回路シミュレーションを行うことによって，電流電圧波形や負荷の動きを計算することができる．

4.1.4 初期過程から定常解へ

この方程式と，回路シミュレーションの結果が，どのようにバリア放電の特性を再現するのか，まずは直流電圧の立ち上がり速度を変化させた場合について考える．以下では計算モデルとして，図 4.2 の等価回路の定数および図 4.3 の定数を，以下のように仮定して計算している．

電源のインピーダンス：$R = 10$ mΩ, $L = 0.1$ μH
バリア放電負荷の等価回路：$C_d = 100$ nF, $C_g = 1$ nF, $C_s = 30$ nF
放電の特性：$k = 1 \times 10^5$ s^{-1}V^{-1}, $\beta = 5 \times 10^6$ s^{-1}, $V_0 = 50$ V, $V^* = 100$ V, $g_0 = 1 \times 10^{-10}$ Ω^{-1}

図 4.4 は，電圧をゼロから徐々に上昇させた場合の計算結果である．(a) は 0 V から 500 V まで，30 μs かけて電圧を直線的にゆるやかに上昇させた場合，(b) は立ち

(a) 立ち上がり 30 μs

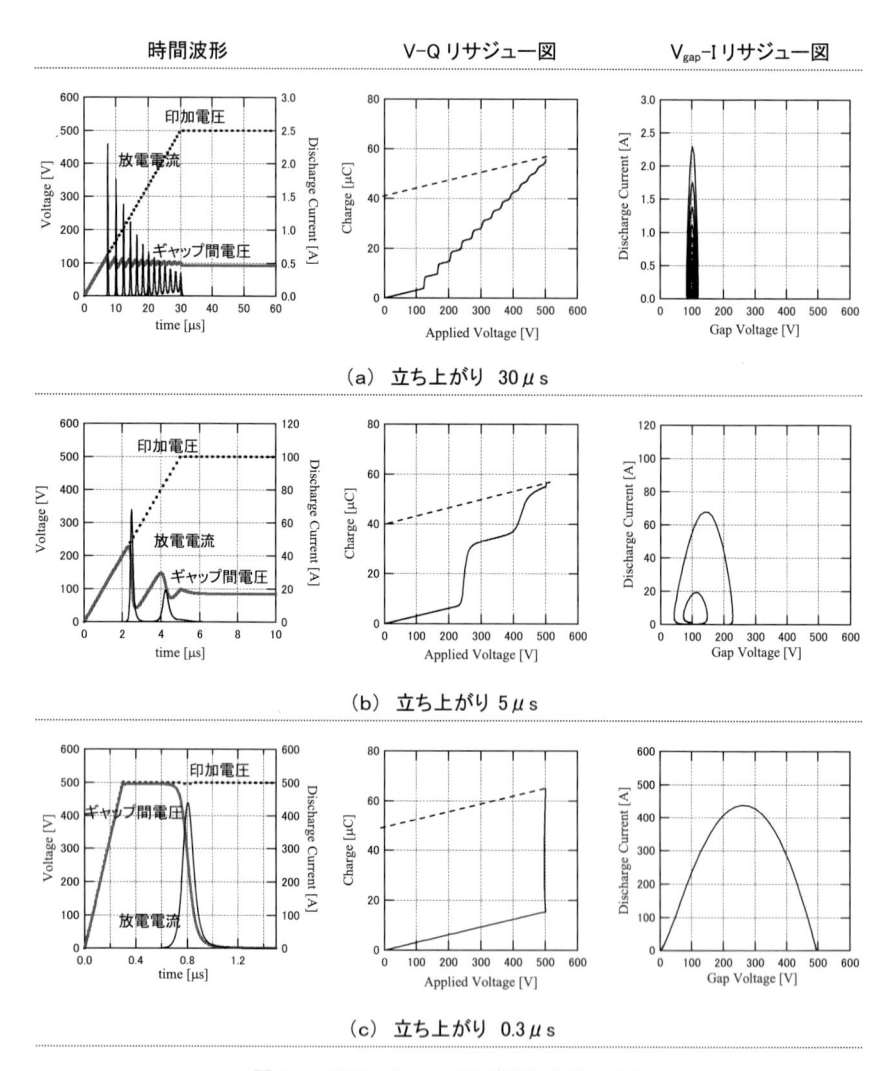

(b) 立ち上がり 5 μs

(c) 立ち上がり 0.3 μs

図 4.4 電圧の立ち上がり速度と放電の変化

上がりを $5\,\mu$s とした場合，(c) はさらに急峻な $0.3\,\mu$s の立ち上がりで計算したものである．すべて計算開始時にはギャップ間の電圧はゼロとしている．左列は横軸を時間として印加電圧，電流，ギャップ間電圧の変化を，中列は負荷の V-Q リサジュー図を，右列はギャップ間の V_{gap}-I リサジュー図を示す．

(a) は比較的長い時間をかけて電圧が上昇する場合であり，オゾナイザの放電はこれに相当している．電圧が放電維持電圧 $V^* = 170\,\mathrm{V}$ を超えると微小な放電が発生し，ギャップ間にパルス的な電流が流れて，その電流により誘電体電極上に蓄積された電荷がギャップ間に逆電界を形成し，ギャップ間の電界が低下して放電が停止する．これがいわゆるバリア放電のパルス的な放電と，放電の自立的安定性を表している．つまり，(4.3) 式のような仮定と，図 4.3 のような回路の連成解析を行うことで，オゾナイザの典型的な放電の維持構造を再現できたことになる．

図では，電圧の立ち上がり速度がきわめて遅いため，パルス放電が発生して消滅するまで電圧はあまり変化しない．電圧が放電維持電圧 V^* をわずかに超えたところで放電が発生し，放電中にギャップ間電圧は V^* をわずかに下回り，放電が停止する．ではこの電圧の立ち上がり速度を徐々に速くしていった場合には，どのような現象が生じるだろうか．

(b) は電圧の立ち上がり時間を $5\,\mu$s とした場合である．同様に，ギャップ間の電圧が V^* を超えたところで放電が開始しようとするが，放電電流が増加している間にも電圧がどんどん上昇してしまい，$V^* = 100\,\mathrm{V}$ をはるかに超える値まで達している．その後放電電流によって逆電界がかかり，ギャップ間の電圧が V^* をかなり下回る電圧まで低下する．つまり，放電パルスが形成され，消滅するまでの時間が，放電の立ち上がり速度と同程度であり，放電が変化している間に外部の電界も変化してしまう．図 4.4 の中段では，立ち上がりの時間内に放電パルスが 2 回しか発生せず，V-Q リサジュー図は階段状となる．

さらに電圧の立ち上がり速度が速くなるとどうなるか，図 4.4(c) では，電圧が $0.3\,\mu$s で立ち上がる場合を示している．この場合，電圧が立ち上がりきって，一定値に達してしまっても，放電が開始しない．つまり放電の生成に必要な時間よりも，電圧の立ち上がり時間が短い，ということを示している．放電は電圧が一定値に達してから開始し，一発だけの電流値の大きなパルスが流れ，その後この放電電流による逆電圧によってギャップ間の電圧はゼロ近くまで低下している．こういった現象は，まさに PDP で典型的に見られるものである．

このように，図 4.4 は，オゾナイザの放電と，PDP の放電の違いを，連続的な応答の両端として表現することができることを意味している．このシミュレーションにおいては，放電負荷の条件，回路定数は同じであり，外部に印加する電圧の立ち上がり速度だけを変化させている．つまり，オゾナイザと PDP の放電形態の違いは，電

圧やガス圧や，放電空間の構造などさまざまな違いはあるにしても，同じバリア放電負荷として，電圧の立ち上がり速度だけで説明が可能である，ということを意味している．

図4.4は直流電圧を印加した場合であるが，実際には交流波形が印加される．図4.5は放電が発生しておらず，壁電荷（誘電体上の電荷）も蓄積されていない状態から，さまざまな波形を印加した場合のバリア放電の変化を示す．回路や負荷モデルは図4.2，図4.3に示したものである．

図4.5には壁電圧の時間変化も示している．壁電圧とは誘電体の表面に荷電粒子が蓄積することによって誘電体部分にかかる電圧であり，壁電圧の変化はすなわち，誘電体表面に蓄積される荷電粒子の増減を示している．外部の印加電圧と壁電圧の差がギャップ間にかかる電圧になる．

図4.5(a) は1kHzの正弦波を印加した場合であり，低周波のバリア放電，つまりオゾナイザ放電に相当している．図4.4(a) に示したのと同様，電圧の立ち上がりで細かいパルス放電が繰り返し発生する．放電は電圧が最大値に達するまで持続する．電圧の変化が十分に遅いため，最初の立ち上がりで放電が自立的に安定し，定常波形となる．V-Qリサジュー図はいわゆるオゾナイザ放電のものになっている．

図4.5(b) は300kHzの正弦波を印加したもので，オゾナイザ放電とCO_2レーザの高周波バリア放電との中間を示している．この場合，電圧の立ち上がりが早いため，最初の立ち上がりでは定常状態まで至らず，2周期かけて壁電荷を蓄積して，2周期目で定常値に達している．

図4.5(c) では，計算モデル負荷に対して3MHzの正弦波を印加したもので，CO_2レーザのような高周波のバリア放電に相当している．この場合は，定常値に達するまでに何周期も必要であり，壁電荷が徐々に蓄積し，ギャップ内の荷電粒子密度が徐々に増大している様子がわかる．ギャップの荷電粒子密度（導電率）が増大するにつれて電流が増大している．

このように，時間的な変化，つまり過渡現象を表すことができるのは，放電のインピーダンスの変化を時間に関する微分方程式で表しているためである．

さらに，図4.5(d) は，100kHzの矩形波を印加した場合であり，PDPの放電に相当している．壁電圧がゼロの状態から放電によって壁電荷が蓄積され，ギャップ間の電圧が大きくなって放電が徐々に大きくなって定常状態に近づいていく様子がモデルによって表されている．

マクロ放電モデルの (4.2) 式の右辺の各項は各物理現象の時定数を表しており，過渡応答を調べることによってそれぞれの物理現象が時間的にどのように寄与するかを見ることができ，放電負荷の設計や駆動回路の設計解析に役立てることができる．

4.1 マクロ放電モデル

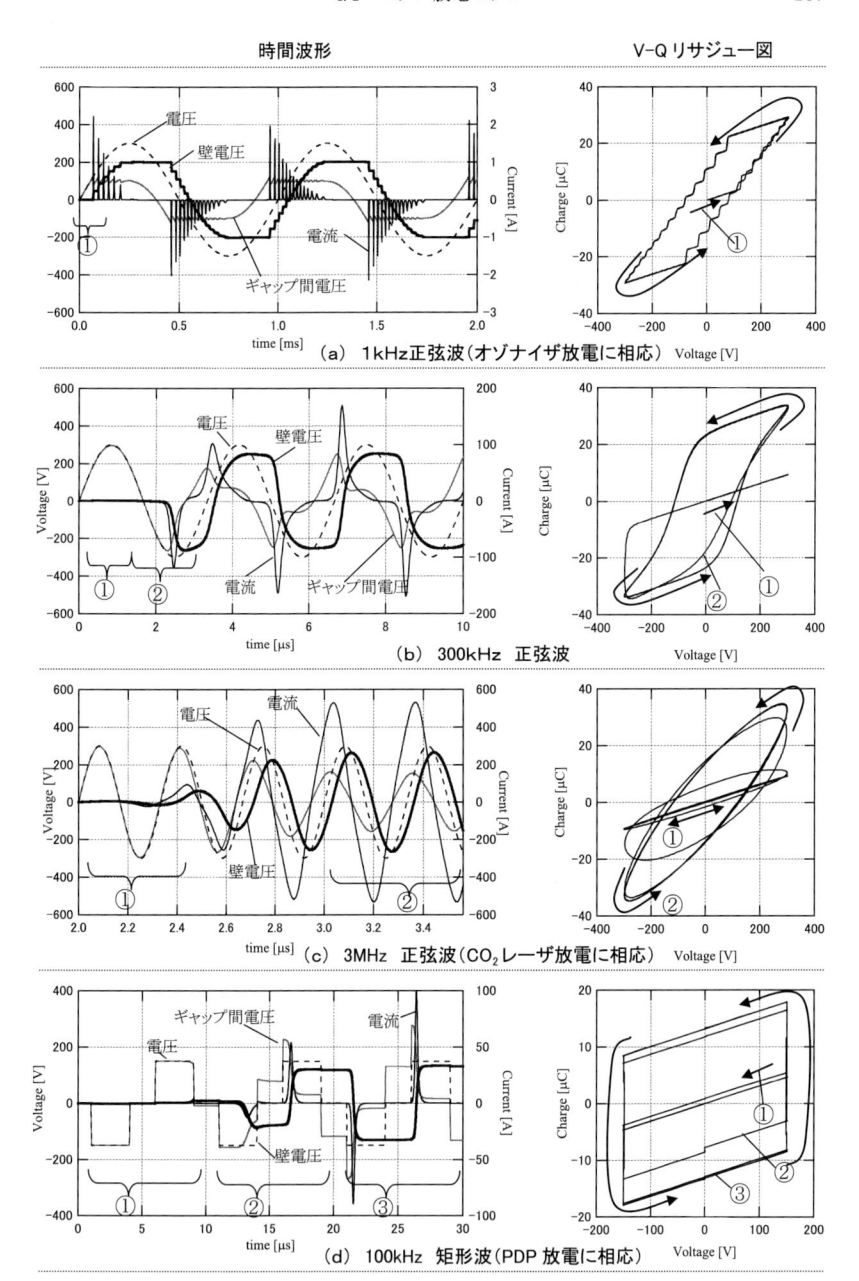

図4.5 放電初期過程の過渡現象の計算結果
実線：電流，破線：電圧，太線：壁電圧，細実線：ギャップ間電圧.

(a) 1kHz正弦波（オゾナイザ放電に相応）
(b) 300kHz 正弦波
(c) 3MHz 正弦波（CO_2レーザ放電に相応）
(d) 100kHz 矩形波（PDP放電に相応）

4.1.5 バリア放電の3つの領域の定常解

図4.5に示した計算を，交流放電を繰り返して行うことで，各放電の定常解を得ることができる．定常解に達した時点の波形を図4.6に示す．(a) はオゾナイザ放電の，(c) は CO_2 レーザ放電の，そして (d) は PDP 放電の典型的な電流電圧特性である．

オゾナイザと CO_2 の放電の違いはおもにその放電の周波数の違いで説明できることが，実験的にも確かめられてきた．図4.6の結果から，マクロ放電モデルを用いることによって，この事実をモデルの動きとして再現できることが示された．これら3つの放電現象，オゾナイザに代表される低周波のバリア放電，CO_2 レーザに代表される高周波のバリア放電，PDP に代表される矩形波によるバリア放電の，電気特性の違いと放電維持機構を図4.7にまとめる．

図4.7には図4.6に示した3つの領域それぞれの V-Q リサジュー図および V_{gap}-I リサジュー図を示している．

まずオゾナイザの放電の特徴は周波数が低い，つまり電圧の変化の速度が放電の変化速度に比較して十分に遅いということである．このためギャップ間が放電維持電圧を少し超えたところで放電が発生し，すぐに消滅するような細かい放電が連続するような現象となり，放電中のギャップ間はほぼ放電維持電圧に維持される．V_{gap}-I リサジューは図に示すように一定の電圧になると電流が流れるような特性であり，このため放電ギャップは直列に対向させたツェナーダイオード（ツェナー電圧が放電維持電圧 V^* に対応）で表される．

一方，CO_2 レーザの放電の特徴は，放電空間のイオンが消滅できないうちに逆極性の放電が開始されるなど，周波数が高いことである．このため電圧が変動している間に放電は生成，消滅のような大きな変化をすることができない．ギャップ間の導電率はマクロにほぼ一定に保たれたまま，外部から印加された電圧にほぼ比例した電流が流れる．V-Q リサジュー図は楕円型となり，V_{gap}-I リサジュー図は原点を通る直線，つまり，ギャップ間の電気特性はほぼ一定値の抵抗で表される．

このようなマクロな電気的特性は，第3章の光学的観測事実と合わせると，以下のように解釈される．つまり，CO_2 レーザの放電では，イオンの雲の中で電子のみが電界に応じて空間内を移動し，そのほぼ全期間でレーザ励起に寄与している．

これらに対して PDP の放電の特徴は，電圧立ち上がりの速い矩形波で駆動されていることである．図4.4でも見たように，電圧の立ち上がり時間が放電を形成する時間，あるいは放電遅れ時間よりも短いため，矩形波の電圧を印加した場合，放電は電圧が上がりきって一定値になった後で発生する．放電が生じている間の電圧はほぼ一定値であり，V-Q リサジュー図は放電部分が垂直になる．このため電圧が一定の期間に放電が発生し，逆電界によって消滅し，一発の電流値の大きな放電パルスが発生することになる．このような放電が PDP 特有のメモリ機能や制御性を可能にしてい

4.1 マクロ放電モデル

時間波形	V-Q リサジュー図	V_{gap}-I リサジュー図

(a) 1kHz正弦波（オゾナイザ放電に相応）

(b) 300kHz 正弦波

(c) 3MHz 正弦波（CO_2レーザ放電に相応）

(d) 100kHz 矩形波（PDP放電に相応）

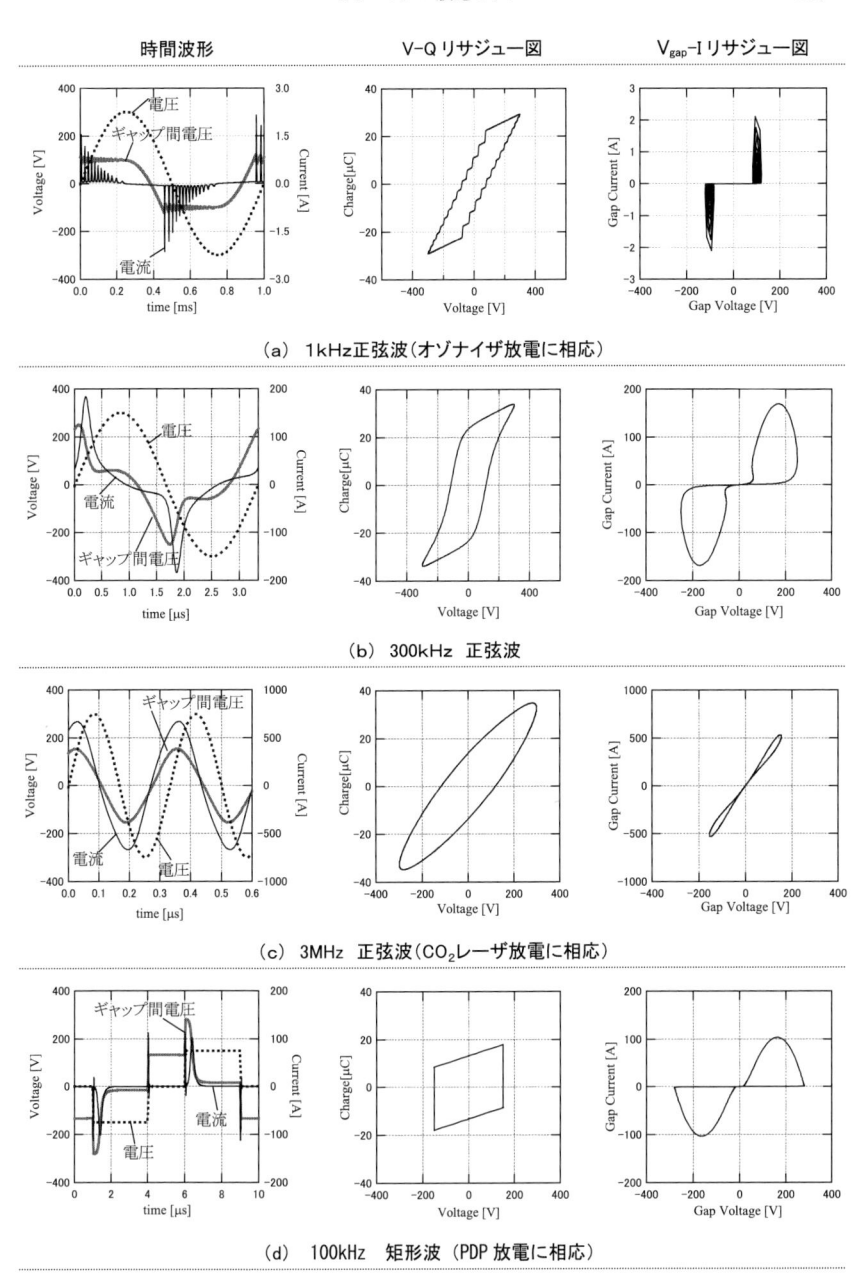

図 4.6 バリア放電の三つの領域の定常解
実線：電流，破線：電圧，太線：ギャップ間電圧．

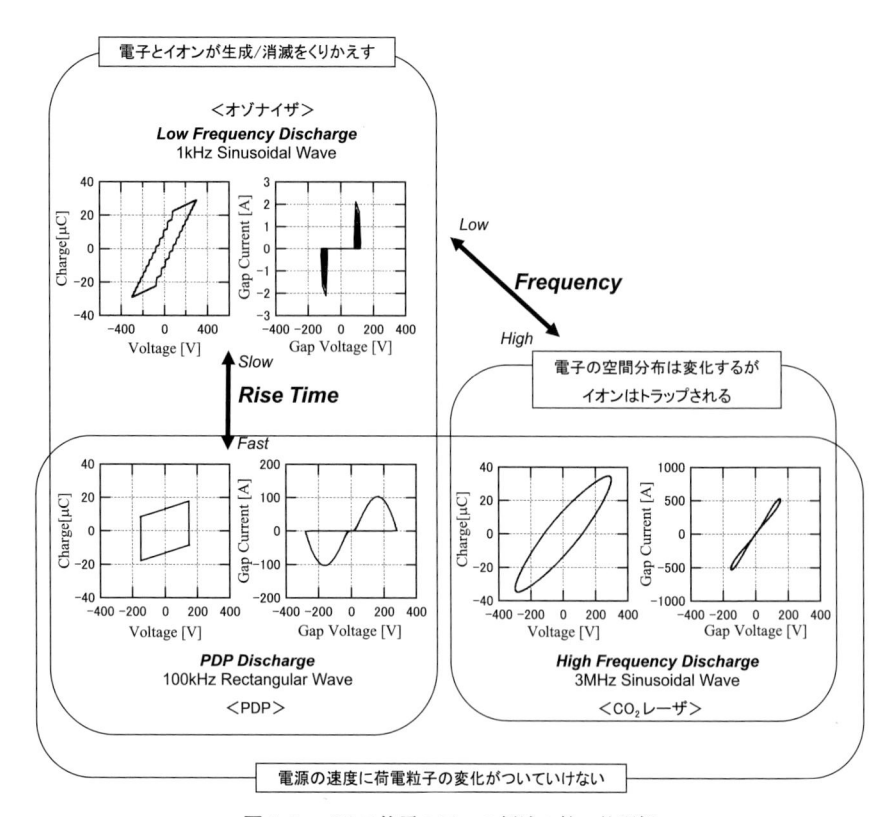

図4.7 バリア放電の三つの領域の統一的理解

る．

　以上をまとめると，オゾナイザ放電と CO_2 レーザ放電の違いは周波数にある．オゾナイザ放電と PDP 放電の違いは電圧の立ち上がり速度にある．CO_2 レーザの放電と PDP 放電の違いは，急峻な電圧変化による放電の発生消滅が，連続するか，半周期ごとに間欠するかの違い，と表現することができる．

　図4.7のように考えることで，まったく異なると思われていたバリア放電の3つの現象が，印加電圧の変化速度と荷電粒子密度の追従というきわめて明確な観点で統一的に理解できる．実際のアプリケーションにおいては電極構造やガス圧，用いられる電圧値が異なるため，単純な比較は難しい．しかしシミュレーション上であるからこそ，こういった制約を排除した純粋な比較が可能であった．マクロ放電モデルとバリア放電の等価回路との連成回路シミュレーションによって，バリア放電の電気的特性の変化が統一的に説明可能になったのである．

　マクロモデルはバリア放電負荷だけでなく，一般の放電負荷に適用可能な考え方で

ある．しかしながら，一般の放電負荷では空間的な分布が放電の維持形成に非常に重要になるが，以上で述べたような形のマクロモデルでは，内部の空間分布を反映することができない．このことが逆に，マクロモデルがバリア放電負荷と電源の連成解析に適している1つの理由である．

4.1.6 放電維持電圧 V^* の物理的意味

このモデルにおいて放電維持電圧 V^* はとくに重要な意味をもっている．モデルにおける放電維持電圧 V^* の役割を理解することは，V^* の物理的意味を理解することにつながる．

マクロ放電モデルにおいて，放電維持電圧 V^* のとき，放電の生成速度は放電の消滅速度に等しくなる．仮に，外部の電圧が V^* よりも十分に大きく，放電の生成速度が消滅速度よりもはるかに大きい場合，プラズマは電離を続け，電離度が1にまで到達してしまう．逆に，電圧が V^* よりも小さく，生成速度が消滅速度よりもはるかに小さい場合，放電は発生しない．したがって，放電が維持されている場合は必ず，生成速度≒消滅速度，であり，放電現象は両者のわずかな，あるいは一時的な不均衡で発生する．つまり，放電が維持されているとき，その電圧は V^* の近傍である．この意味で，放電維持電圧 V^* とはその名の示すとおり，放電を維持しているときの電圧である．いいかえれば，放電維持電圧 V^* とは，放電という「動的平衡」を維持するための平衡点である．

このことを低周波の代表例であるオゾナイザの放電と，高周波の代表例である CO_2 レーザについて見てみる．オゾナイザでは，放電空間の電圧は放電期間は V^* にくぎづけされる．このことを (4.2) 式から考えてみる．

オゾナイザの放電では放電空間の導電率 $g(t)$ は外部の電圧波形よりも十分に速い速度で変化する．左辺は放電空間の導電率の時間変化なので，これは速い周波数で変化するが，放電が定常状態にあるということは，放電の変化速度よりも十分に遅い周波数で見ると，この左辺は変化せず，増減がつりあってゼロになると考えられる．このときの電圧が V^* である．つまり，

$$0 = k \cdot F(V^*) \cdot g(t) - \beta \cdot g(t)$$
$$k \cdot F(V^*) = \beta \tag{4.4}$$

これが，図4.3にも示したように，関数 $k \cdot F(V_{gap})$ が $V_{gap} = V^*$ で β に一致する，ということに対応している．

つまり，オゾナイザの放電では，放電ギャップ間の電圧は放電期間中は V^* のごく近傍で微小に変動しながら維持されている．電圧が V^* をわずかに超えると式 (4.2) の左辺が正となり，放電が発生する．それによる電流がギャップ間に流れ，誘電体表面で壁電荷となり，逆電界を形成する．そのためギャップ間の電圧が V^* をわずかに

下回り,放電は消衰する.その後外部電界が増加してギャップ間の電圧がまた V^* をわずかに超えると,再度微小な放電が発生する.このような微小放電の発生消滅が繰り返されることによって,ギャップ間電圧の動的平衡が保たれる.

電圧波形を正弦波としたまま,周波数を高くしていくと,V-Q リサジュー図, V_{gap}-I リサジュー図,およびそれらにおける放電維持電圧 V^* の位置づけはどのように変化するであろうか.同一のマクロ放電モデルを用いて,外部電圧の周波数を 1 kHz から 3 MHz まで変化させた場合の,電流電圧波形,V-Q リサジュー図, V_{gap}-I リサジュー図の変化は,すでに図 4.6 に示した.このような周波数に対する変化は実験的にも確かめられている.

この図から,低周波の場合に放電維持電圧 V^* として観測されていた値が,高周波の場合にはどのように変化するかを,概念的に理解することができる.十分に低周波の場合はギャップ間の電圧はほぼ一定の V^* に維持されるが,周波数が高くなると 1 回の放電の生成,消滅の期間に外部の電圧が上昇するため,ギャップ間の電圧の最大値は V^* よりも高くなる.さらに周波数が高くなると,半周期の間に放電パルスが 1 回だけ流れるようになる(図 4.6 の 300 kHz).このとき,リサジュー図は PDP の放電に近くなり,放電前後のギャップ間電圧の変動,およびギャップ間電圧の最大値がもっとも高くなる.

さらに周波数が高くなると,1 周期に 2 回生じていた放電がつながり始め,十分高周波になった場合,つまり CO_2 レーザの放電では放電がつねに持続した状態になり,その導電率が一定値に近づいていく.このとき,ギャップ間電圧の最大値は徐々に低くなり,高周波の極限ではそのピーク値は V^* よりも少し高い値に収束する.

高周波の代表例である CO_2 レーザの場合,電圧が変動する間に,その間にギャップの導電率 $g(t)$ はほとんど変化しないと考えてよい.一方で電圧は高速に変動する.(4.2) 式の左辺がゼロということはつまり,放電が「平均的に感じる電界強度」での電子の増倍と,電子の損失がつりあう,という形になる.この放電が感じている平均的な電圧が,高周波放電における V^* である,と表現することができる.

平均的に感じている電圧が V^* ということから,ギャップ間電圧の最大値 V_{op} は,つねに $V_{op} > V^*$ である.さらに,$F(V_{gap})$ が V_{gap} の増加に対して,急激に増加するような非線形性の強い関数の場合,V_{gap} が V^* をわずかに超えると $F(V_{gap})$ が急激に増大する.この場合,(4.2) 式の右辺 = 0 が成立するためには,V_{gap} が V^* を超えている期間が非常に短く,V_{op} は V^* に近くわずかに大きな値,となる.これは図 4.6 に示されているとおりであり,図 3.52 の測定結果とも一致している.

このように,低周波の代表例であるオゾナイザと,高周波の代表例である CO_2 レーザでは,V^* の意味するところは異なるものの,ともに放電空間を特徴づける電圧値として重要な意味をもつ.

4.2 バリア放電負荷の電源技術

オゾナイザや CO_2 レーザといったバリア放電技術が広く産業応用されている背景には，電源技術，パワーエレクトロニクス技術の発展がある．

パワーエレクトロニクス技術は，とくに半導体スイッチングデバイスの出現によって近年急速に発展してきた．初期の大容量デバイスの代表は 1957 年に発売開始されたサイリスタであり，この後，MOSFET, IGBT といったデバイスが普及して，半導体電力装置の大容量化，高性能化が進んできた．

とくに産業用放電負荷については，高電圧，高周波など，他のアプリケーションには見られない電源性能が必要となることが多い．このため，放電用の電源技術には，その負荷に応じた独特の回路構成や制御技術が開発されてきた．

バリア放電の駆動に必要なのは，交流電圧(電流)を印加する装置，すなわちインバータである．一般的なインバータ装置は，基本的にモータ，つまり誘導性負荷を駆動するために用いられることが多い．しかしながらバリア放電は基本的に容量性負荷であり，この点においても通常のモータ駆動用のインバータ電源とは一線を画した，独自の技術が必要になる．

そのほか，放電負荷の駆動に必要な高電圧，高周波の技術や，放電を点火して，安定に維持するための技術，放電の非線形性をうまく制御し，あるいはこれを利用して独自の機能を実現する技術など，放電負荷の電源開発のためには，放電負荷の特性を理解し，駆動回路を最適に設計する必要がある．つまり，放電とパワーエレクトロニクスの両方の知識と技術を駆使した，独自の技術開発が必要である．

4.1 節で述べた「マクロ放電モデル」の考え方は，まさにこの電源開発，電源による放電制御技術の開発のために用いている考え方である．マクロ放電モデルでは，負荷は非線形な抵抗とみなされ，その過渡的な変化が記述される．放電部分をこのような抵抗として扱うことにより，電源開発の上で放電をどのように扱えばよいのか，あるいは回路シミュレーション上で放電負荷と電源回路を同時に連成解析することが可能になる．

本節では，バリア放電の各アプリケーションについて，どのような電源技術が用いられているかを簡単に紹介する．

4.2.1 オゾナイザの電源技術

a. 共振回路

オゾナイザの駆動のためには，その放電の特性から，kHz 程度の交流で，10 kV 程度という高電圧を発生器両端に印加する必要がある．さらに産業用，とくに水処理用

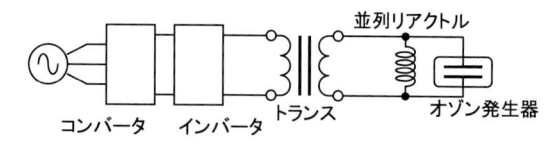

図 4.8 並列共振型の駆動回路

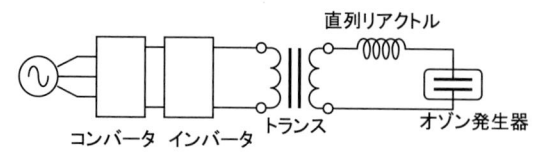

図 4.9 直列共振型の駆動回路

のオゾナイザではその容量が非常に大きく,高電圧とともに,大電流の電源技術が必要となる.

次に,オゾナイザは容量性負荷であり,負荷に効率よく電力を投入するためには,負荷の容量成分に起因する無効電力を低減,あるいは補償する必要がある.このような高電圧,大電流を実現し,無効成分を補償する技術として,共振回路が通常用いられている.

オゾナイザは高電圧が必要なので,通常はインバータの出力を昇圧トランスを用いて昇圧している.さらに,図 4.8 ではオゾナイザ負荷に並列にリアクトルを挿入している.一方,図 4.9 では負荷に直列にリアクトルが挿入されている.図 4.8 のように並列にリアクトルを挿入する場合は並列共振,図 4.9 のように直列に挿入する場合を直列共振と呼ぶ.

並列共振では,トランスの出力と負荷にかかる電圧は同じであるが,電流は並列リアクトルにも流れることができる.つまり,並列共振では,容量成分への無効電流を補償することができる.

一方,直列共振では,発生器に流れる電流はトランスに流れる電流と同じであるが,電圧をリアクトルによって高くすることができる.つまり,直列の負荷の容量成分への無効電圧を補償して,高電圧を発生させることができる.

並列共振と直列共振のどちらが適しているかは,発生器の容量などの必要条件,インバータの構成やスイッチング素子の特性,トランスやリアクトルの効率や価格を考慮して設計される.

なお,現在のインバータ装置の主流は,IGBT や MOSFET を用いた電圧型インバータ,すなわちインバータ電圧の波高値が一定となるようなインバータである.IGBT が出現する以前のインバータはサイリスタインバータが主流であったが,この場合は

電流型インバータになる．インバータが電流型であるか，電圧型であるかによって，共振回路の設計は大きく変わる．かつて，オゾナイザには電流型インバータのほうが適しているともいわれていたが，その後，制御技術も含めてIGBTの性能が大幅に向上し，現在では電圧型インバータが支配的であり，電圧型インバータを前提とした回路設計が行われている．

b. オゾナイザの安定制御技術

放電負荷を駆動するための電源に要求される性能として，放電を安定に維持，制御する技術があげられる．放電は非線形負荷であり，わずかな電圧変動によって放電の状態が変化し，インピーダンスが急激に変動する．これを安定に維持するための工夫が求められる．

1つの例として，オゾナイザ用電源の周波数制御について説明する．まず，図4.10でオゾナイザの実効的な静電容量について説明する．図4.10はオゾナイザのV-Qリサジュー図が，電力を変化させた場合にどのように変化するかを示している．V-Qリサジュー図での傾きは静電容量に相当しているが，オゾナイザ放電ではV-Qリサジュー図は，放電が発生していない期間と，発生している期間が明確に分かれているために平行四辺形であり，この傾きは投入電力や駆動周波数によって変化しない．3章で述べたように，非放電時の静電容量 C_α は $(C_d \cdot C_g)/(C_{d+} + C_g)$ であり，放電時の静電容量 C_β は C_d に等しい．

つまり，オゾナイザの放電では1周期の間に負荷の静電容量が変化する．このため，図4.8や図4.9に示したような共振回路を用いる場合，負荷の回路的な静電容量として，オゾン発生器の「実効的な」静電容量を用いる．この実効的な静電容量の傾きは，図4.10の平行四辺形の頂点から頂点までの傾きと考える．平行四辺形の横幅は $2V^*$ に相当し（V軸の切片が V^*），また印加電圧のピーク値を V_{0p} とすると，幾何学的考察から，実効的な静電容量 C_γ は，以下で表される．

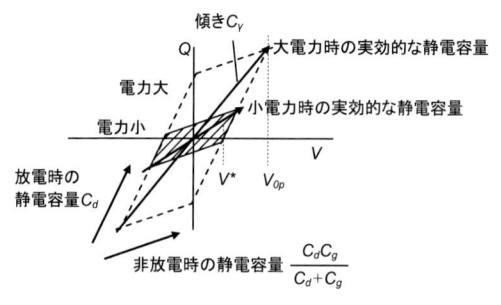

図4.10 電力を変化させた場合のオゾナイザ放電の V-Qリサジュー図

$$C_\gamma = C_d \left(1 - \frac{V^*}{V_{0p}}\right) \tag{4.5}$$

ここで注意すべきは，上式は電圧波形のピーク値に依存している，つまり投入電力に依存している，という点である．つまり，放電時の実効的な静電容量は，投入電力に依存して変化する．投入電力が高いということは，時間的に放電している期間が長いということであり，したがって，静電容量は見かけ上大きく見える．逆に投入電力が小さい場合は，静電容量は見かけ上小さくなる．

このことが，オゾナイザを共振回路によって駆動する場合の，非常に重要な課題となる．電力が変動した場合に電源と負荷回路とのマッチングが変化し，制御通りの電力が投入できなかったり，放電が不安定になったりする．これを避けるために電力に応じて電源の周波数を調節してつねに安定に駆動できるように制御する技術について説明する．

インバータ電圧に対して，電流が進み位相である場合，なんらかの原因で放電が一部消えたとき，そのことがオゾナイザ両端の電圧を低下させる方向に働くため，放電が連鎖的に消えて，負荷の状態がきわめて不安定になる．逆に，インバータ電圧に対して電流を遅れ位相にした場合，放電が一部消えても，これによる負荷回路のマッチングがオゾナイザ両端の電圧を上昇させる方向に働くため，放電は再び点灯し，安定な点灯状態が保たれる．つまりオゾナイザを駆動する場合の負荷回路は遅れ位相で制御することが，安定な放電維持のための条件である．共振回路の動作と，図 4.10 に示した電力に対するオゾナイザの容量変化の関係から，このような安定制御条件が現れる．

図 4.11 は，インバータの周波数および制御率（duty）に対して，オゾナイザの電力の関係を示す．制御率とはインバータ最大出力に対して，どれだけ出力しているかを示す．図 4.11 に示すようにインバータのパルス幅を変えて出力を変化させる（パルス幅変調）のが一般的である．図 4.11 に示すように，オゾナイザでは負荷回路の電流と電圧の位相によって，放電の安定性は大きく異なる．負荷回路の共振周波数に

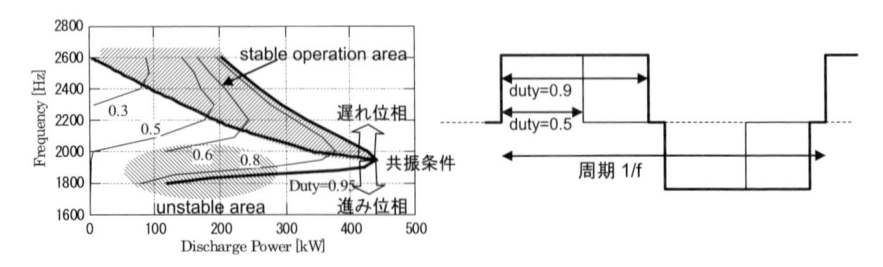

図 4.11 インバータの周波数および制御率（duty）に対するオゾナイザの電力の関係

対して，周波数の高い側，つまり遅れ位相側が安定制御領域であり，周波数が低い側，つまり進み位相側では，放電が不安定になる．

4.2.2　CO_2 レーザの電源技術

バリア放電負荷の能力を最大限に引き出すために，あるいは効率よく最適に駆動するために，いかに電源回路技術および制御技術が重要かについての1つの例として，CO_2 レーザの電源技術および PDM 制御技術について説明する．

a.　パワー素子

CO_2 レーザの電源技術は，オゾナイザと同じく，インバータによる高周波駆動と，トランスやリアクトルによる共振昇圧技術が必要であるが，なによりもオゾナイザと大きく異なるのは，その周波数が非常に高いことであり，200 kHz から MHz のスイッチング電源技術の限界に近い高周波を断続モジュレーションしてレーザをパルス化する駆動が行われている．このため，CO_2 レーザの電源に用いられているのは，IGBT ではなく，よりスイッチング速度の速い MOSFET である．MOSFET は耐圧も電流容量も，IGBT ほど大きくないので，CO_2 レーザの電源では MOSFET の多並列，多直列の技術が用いられている．

b.　CO_2 レーザの PDM による電力制御

通常，CO_2 レーザは高周波のインバータ電源によって駆動される．負荷への電力を調節する方法としては，インバータのパルス幅を変化させる PWM（pulse width modulation）制御，インバータの電圧を変化させる PAM（pulse amplitude modulation）制御，あるいはインバータの周波数を制御して共振回路のマッチングを

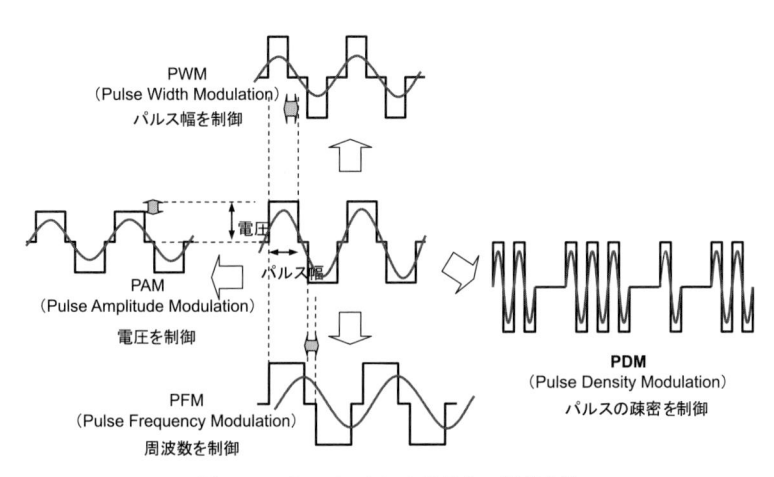

図 4.12　インバータによる電力の調整方法

変化させることにより電流値を変化させる PFM (pulse frequency modulation) 制御が一般的である (図 4.12). しかし CO_2 レーザが非線形な特性をもつ放電負荷であるがゆえに, このような制御を行った場合, いくつかの問題が発生する.

 CO_2 レーザの駆動ではリアクトルを用いて共振させることで, 負荷の両端に高電圧を印加するが, このため負荷両端の電流電圧波形はほぼ正弦波になる. 電力を調整するとき, PWM 制御でパルス幅を変化させても, PAM 制御で波高値を変化させても, 負荷両端では正弦波になるため, 結果的にはどちらの方法でも, 負荷両端の電圧値が変化し, これによって負荷への投入電力を変化させることができる. PFM 制御の場合は共振回路のマッチングを変化させることで, 負荷両端の電圧が変化する. 放電空間がギャップ長や電極状態も完全に均一につくられていれば, 放電は一定の電圧で発生するはずであるが, 実際にはギャップの不均一や電極表面状態, 誘電体厚といったばらつき要因が必ず存在し, その結果低い印加電圧では放電がばらつき, 放電空間の電離状態が不均一になる. これによって放電の局所的, 一時的な立ち消えが生じる可能性が高くなる. この結果, 放電の部分点灯, 放電荒れと称するストリーマ様の放電が発生し, CO_2 レーザのビーム品質悪化や制御性の低下を招く.

 これを解決するための 1 つの方法として, CO_2 レーザの PDM (pulse density modulation) 制御が発明された. PDM 制御とは図 4.12 のように, パルスの幅や波高値は一定のままで, 投入電力に比例してパルスの数を調節することで, 投入電力を変化させる方法である. つまり, パルスをバースト制御する. このような制御を行うと, 負荷につねに十分な高電圧を印加することができるため, 放電の立ち消えが発生せず, 放電空間の電離状態を均一に維持することができる. この結果, 放電空間全域で安定, 均一に放電を点灯させることができ, ビーム品質および制御性を向上させることがで

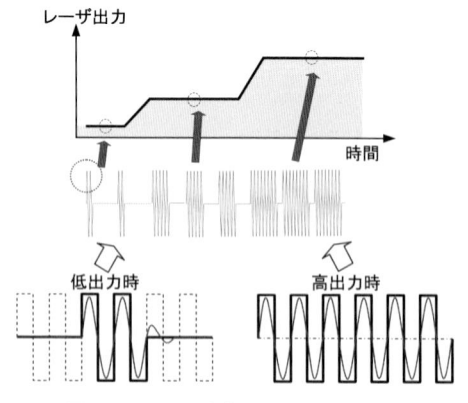

図 4.13 PDM 制御による電力の調整

きる．また，ギャップや誘電体厚のばらつきをある程度許容できるようになるので生産設計，コストの面でも有利である．図4.13にPDM制御による電力の調整の様子を示す．

さて，PDM制御を行うと，電力調整量以外に，「群パルスの周波数」という新たなパラメータが現れる．つまり，ONパルスの数とOFFパルスの割合は，電力調整量に相当するが，パルスのON/OFFをどのような周期で行うか，という自由度が増えることになる．この群パルスの周波数の選び方も，放電やレーザ出力の安定性に大きく影響する．群パルスの周期が長いと，投入電力に時間的な変動つまり「むら」が現れるため，特性や出力の時間的な変動を引き起こす可能性がある．

CO_2レーザの出力の安定性に着目して，この「群パルスの周波数」をどこに選べばよいかが設計の要件である．CO_2レーザの誘導放出係数は以下で議論する時間レンジよりも十分に速いので，CO_2レーザの出力はレーザガスの上準位密度に比例すると考えてよい．この上準位密度の時間変化をもっとも直接的に支配しているのは上準位密度の緩和速度である．典型的なレーザガスの条件で，上準位の緩和速度が$\lambda = 700$[Hz]（=1.4 ms）である．つまり，上準位の密度は700 Hz程度の時定数で変化する．上準位密度をn，投入電力をW，電力に対する励起効率をηとすると，上準位密度の時間変化は以下のような式で表される．

$$\frac{\partial n}{\partial t} = \eta \cdot W - \lambda \cdot n \tag{4.6}$$

この式に従って，$t=0$のときに$n=0$と仮定し，$\lambda=700$[Hz]として，パルス密度を50%，つまり放電電力を50%として上準位密度nの時間変化を計算したものを図4.14に示す．まず図の点線はPDM制御ではなく，インバータのキャリア周波数200 kHzで定常的に50%の電力を投入した場合である．$\lambda=700$[Hz]の時定数に従って増加してある一定値に落ち着く．ここが出力50%時のレーザ出力に相当する．

次に，PDM制御を行った場合に出力つまり上準位密度nがどのように変化するかを計算する．まず左図は，群パルスの繰り返し周波数を2 kHzとした場合である．

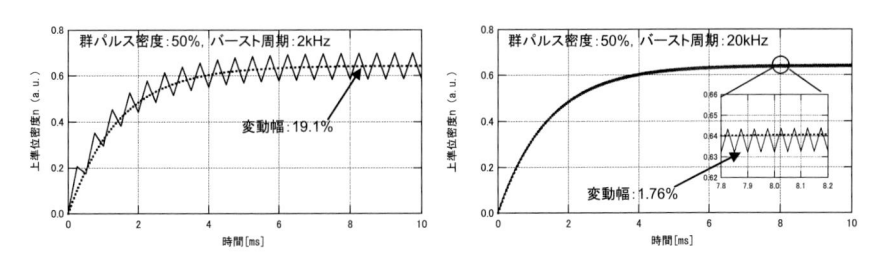

図4.14 キャリア周波数：200 kHz，上準位緩和速度：700 Hz
破線：電圧を50%にして連続発振した場合，実線：バーストDuty 50%でPDM制御した場合．

パルスの ON 時に上準位密度が増加し，OFF 時には減少するので，上準位密度はパルスの ON/OFF に従って変動しながら定常値に達する．定常値における変動の幅は 19.1% と計算される．これはつまり，定常動作時にレーザ出力が 20% 近く変動することを意味しており，レーザ出力だけの観点から見ても，変動が大きすぎ，加工品質や安定性が損なわれる．

これに対して右図は群パルスの周波数を 20 kHz にした場合である．この場合の変動幅は 1.76% であり，良好な安定性が期待できるレベルといえる．これに対してインバータの周波数は 200 kHz 程度であり，群パルスの周波数に対して十分大きく，PDM 制御による電力調節が可能であることを示している．つまり，PDM の群パルスの周波数として，インバータの発振周波数よりも低く，かつ上準位密度の緩和速度 λ よりも十分に高い周波数を選ぶ必要がある，という結論が得られる．

さらに空間的な密度分布を考えた場合，もう一つ重要なパラメータを念頭におく必要がある．三軸直交型の CO_2 レーザ（6.2 節参照）ではレーザビームの取り出し方向，および放電の方向と垂直な方向にガス流が流れており，ガスは放電空間に入って，放電により励起されて，その後，レーザが発振しているビーム空間に到達してビームエネルギーになる．ビーム空間でも放電は発生しているが，エネルギーの供給元としてはガス流に乗って運ばれる励起分子が支配的である．つまり放電をある周期で ON/OFF した場合，放電空間内で，レーザガスが電極の幅を横切る時間で上準位密度の粗密が発生する．電極の幅方向に，励起密度の粗密が変動した波がガス流の速度で移動するイメージである．

電極の幅は典型的には 40～50 mm である．またガスの速度は 70 m/s 程度である．これらから，ガスが電極を通過する速度は 0.6 ms 程度，と見積もることができる．これが上準位密度の空間的分布を支配する時定数である．この値は上準位密度の時間的変動を支配する時定数 λ = 700 Hz = 1.4 ms との半分程度である．したがって，レーザ出力の安定性を十分に得るためには，群パルスの周波数を，以下のような範囲で選ぶ必要がある．

電源のキャリア周波数		群パルスの周波数		ガスが電極を横切る速度		上準位緩和速度 λ
(200 kHz)	>	(20 kHz)	≫	(0.6 ms^{-1} = 1.7 kHz)	～	(1.4 ms^{-1} = 0.7 kHz)

以上をまとめると，CO_2 レーザを PDM 制御することによって，

1) 電源回路上の効果：共振回路のマッチングを最適に維持することによる，電源の高効率化

2) 放電技術上の効果：小出力から最大出力の全体を通して印加電圧波高値を一定に保つことによる放電の安定性の実現

3) レーザ物理上の効果：レーザ出力の脈動を生じさせない群パルス周波数の最適

選択
を同時に達成している．

Appendix A：マクロ放電モデルのパラメータの物理的裏づけ

このマクロ放電モデルの考え方は，放電のみならず，一般の非線形で，非定常な現象を考える場合に広く適用できる手法である．マクロモデルの式の形は現実の物理現象を，きわめて大胆に簡略化したものである．したがってマクロモデルを考える場合には必ずその背景になんらかの物理的な意味合いがあり，マクロモデルの妥当性を確かめるためには，マクロモデルで用いられる式の形や係数の値が，物理的な考察に基づいた場合と比較して，定性的，定量的に妥当かどうかが検証されねばならない．

バリア放電以外の例であるが，放電がほぼ一様でモデル化しやすい場合において，マクロ放電モデルの係数と，理論的に計算された値とがよく一致した例について示す[1]．

図 4.15 の横軸は蛍光灯の管の半径として，マクロ放電モデルを蛍光灯のアーク放電に適用した結果と，理論的に計算された拡散係数の値を比較したものである．まずいくつかの種類の蛍光灯について，電流電圧波形を測定し，これに合うようにマクロ放電モデルつまり（4.2）式のパラメータを求めた．同時に，管の内径から理論的に計算される拡散係数を，減衰係数 β に相当する値として換算し，マクロ放電モデルから求めた β の値と同時にプロットした．図に示すように，両者は十分に一致しており，この放電において電子の損失は拡散が支配的であり，理論計算から得られた値とモデルとが定量的にも一致していることが確認できる．

Appendix B：PDP の回路技術

PDP はバリア放電の代表的なアプリケーションの一つであり，その電気的な特性

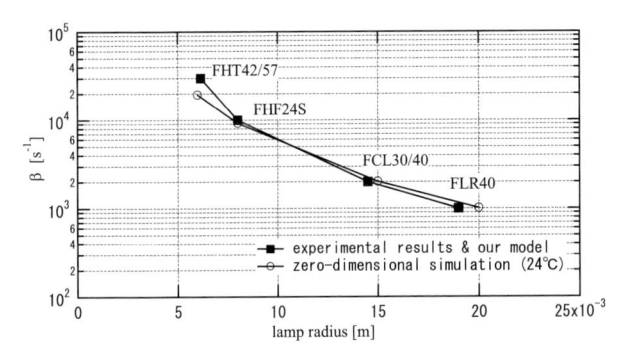

図 4.15 マクロ放電モデルのパラメータと理論値の比較（蛍光灯の場合）

が，オゾナイザの放電とも，CO_2 レーザの放電とも異なる，第3の領域と位置づけられることはすでに述べたとおりである．PDP の放電の特徴は立ち上がりの速い矩形波電圧で駆動されることであり，これに伴ってその駆動回路技術についても，特筆すべき点が多く見られる[2]．

　PDP は多数の放電セルが並列に配置されたものである．放電セル一つ一つが一つの画素の RGB のセルに対応する．すなわち一般には画素数の3倍のセル，つまり何百万という放電空間が並列に接続され，それらの点灯状態を正確に制御しながら動作している，ということになる．多数の放電セルを並列に接続して，すべてを均一に放電させることができるという点では，多管式のオゾナイザと同様に，大面積，多並列でも安定な駆動が可能なバリア放電の応用技術の延長であるが，一方で大画面を均一に制御し，その多数のセルの点灯を正確にコントロールするために，他に例を見ないきわめて高度な放電制御技術が盛り込まれている．

　3.4節では壁電荷によるメモリ機能について述べたが，これを実現するためには矩形波での駆動が必須である．バリア放電は容量性の負荷であるので，矩形波で駆動すると電圧の立ち上がり立ち下がり時に充放電による高ピークの電流パルスが流れるため，単に電圧源から電圧をかけたのでは非常に大きな損失が発生してしまう．このために用いられるのが電力回収回路である．ここではこの電力回収回路について説明する[3]．

　図4.16に電力回収回路の回路構成を示す．ここでは回収回路の説明のため，放電の発生は考慮せずに容量性負荷だけを示す．PDP のパネル C_{PDP} には S1，S2，S3，S4 のフルブリッジのインバータ回路によって $+V_a$，$-V_a$ の矩形波が印加される．このインバータ回路だけでは矩形波の立ち上がり時にパルス電流が流れるため，電源の損失が大きくなる．パルス電流はパネルの静電容量 C_{PDP} を充放電するために発生する．電力回収回路では図4.16のように，外部に回収用のリアクトル L_c と，パネル容量と比べて十分に容量の大きなコンデンサ C_c，および S5 から S8 のスイッチが設けられている．この回路によって，パネルの静電容量に蓄積された電荷をスイッチングごと

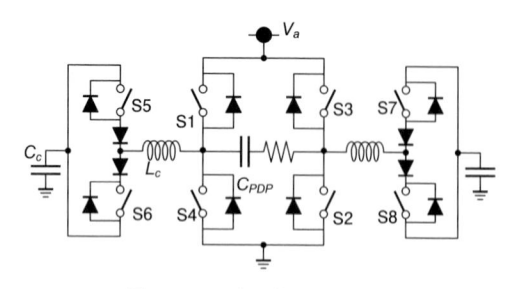

図 4.16　電力回収回路の構成

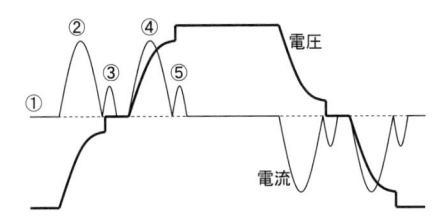

4.2 バリア放電負荷の電源技術   153

図 4.17 電力回収回路を用いた場合の電流電圧波形

に電源 V_a から供給するのではなく，共振を用いて一度，回収回路のコンデンサ C_c に蓄積する．

図 4.17 に電力回収回路を用いた場合の電流電圧波形を示す．①の状態では S1 と S2 が ON になり，パネルに一定電圧 $-V_a$ が印加されている．矩形波の立ち下がりの②ではまず，S1 を OFF にし，同時に S6 を ON にする．すると C_{PDP} の電荷が回収回路のコンデンサ C_c に流れ込む．そのときの電流波形は，リアクトル L_c と C_{PDP} との共振によって決まる．パネルの電荷が十分に C_c に移動したところで S6 を OFF にし，S4 を ON にする③．

パルスの立ち上がり時は，逆に C_c からの電荷が C_{PDP} に移動する．まず④では，S4 を ON にしたまま，S2 を OFF にし，S7 を ON にする．すると，1 周期前の充放電によって C_c に蓄積されていた電荷が，パネルに流れ込み，パネルの電圧を十分に速い速度で立ち上げる．電荷が十分に移動したところで S7 を OFF にして，S3 を ON にし，パネルに電源からの電圧 $+V_a$ を供給する．回収回路のリアクトル L_c を適切に設計することで，効率よく，かつ十分に速い立ち上がり速度の矩形波をパネルに印加するこ

◆◆◆飲み屋の割り箸袋◆◆◆

実験がうまくいくと「今日はよいことがあったから仕事するのはもったいない」が合い言葉．当日は皆仕事を早く切り上げて行きつけの飲み屋で祝杯．

小さな成功はチームの誰に限らず起こすことができる．研究開発の大きな目標はまだ達成できていなくても，開発の道程にある一つ一つの成功は皆で共有するのが楽しい．うまくゆけば，手柄をあげた当人はもちろん，脇役だった人はなおさら，おのずからなる向上心がわく．アルコールを入れながらの談笑はやがて仕事の話題に戻り，割り箸の袋はいつしか開かれてアイデアのメモ帳になる．

チーム全体で楽しくてたまらない開発ができた頃の話しである．

とができ，電源の効率を大幅に改善することができる．

　PDPでは上述の電力回収回路をはじめとして，放電制御技術の結晶ともいうべき高度な回路技術，制御技術が用いられている．人間の目はちょっとした画像のムラなどにもきわめて敏感であり，また動画をきれいに表示するためにはセルの点灯消灯のコントロールや，階調のつくり方に特殊な技術が必要になる．PDPはいまや家電量販店に並ぶ身近な電気製品となったが，その微小なセル一つ一つで放電が高速に点いたり消えたりしており，そのコントロールにこのような高度な回路技術が使われており，その技術の研究開発のために多数の技術者が長年の努力を重ねていることを考えると，不思議な感慨を覚える．

参 考 文 献

1) Taichiro Tamida, Shinsule Funayama and Akihiko Iwata, "Novel electrical modeling of arc discharges of fluorescent lamps", *Journal of Light & Visual Environment*, Vol. 29, No. 1, pp. 1-10 (2005)
2) 御子柴茂生：「プラズマディスプレイ最新技術」, EDリサーチ社 (1996)
3) L. F. Wefer and Mark B. Wood："Energy Recovery Sustain Circuit for AC Plasma Display", SID 87 Digest, pp. 92-95 (1987)

5

オゾン生成への応用

本章ではバリア放電がもっとも一般的に用いられているオゾン生成への応用について述べる.オゾンはフッ素につぐ強力な酸化力をもちながら,反応後は自然分解して酸素に戻り残留毒性をもたない.このため,環境問題の根本的な解決に役立つ物質として大きな注目を集めている.バリア放電(オゾナイザ放電)は効率的に大量のオゾンをオンサイトで製造することが可能なため,工業的にもっとも広く利用されているオゾン製造方法である.

5.1 オゾン発生の基礎

5.1.1 基本的反応過程

オゾン生成機構の詳細は,後に述べるが,ここでは基本的な特性についてまとめる.オゾン生成の過程として,詳しくは表5.1の電子衝突励起過程と,表5.2の粒子間衝突反応過程が考えられているが,基本的反応過程は次の4段階の反応で説明できる.

$$e + O_2 \xrightarrow{k_1} e + O + O \tag{5.1}$$

表5.1 電子衝突励起過程

$$e + O_2(X^3\Sigma_g^-) \xrightarrow{ke_1} e + O_2(B^3\Sigma_u^-)$$
$$\longrightarrow e + O(^3P) + O(^1D)$$
$$e + O_2(X^3\Sigma_g^-) \xrightarrow{ke_2} e + O_2(A^3\Sigma_u^+)$$
$$\longrightarrow e + O(^3P) + O(^3P)$$
$$e + O_2(X^3\Sigma_g^-) \xrightarrow{ke_3} O(^3P) + O^-$$
$$e + O_2(X^3\Sigma_g^-) \xrightarrow{ke_4} e + O_2(b^1\Sigma_u^+)$$
$$e + O_2(X^3\Sigma_g^-) \xrightarrow{ke_5} e + O_2(a^1\Delta_g)$$
$$e + O_2(X^3\Sigma_g^-) \xrightarrow{ke_6} e + e + O_2^+$$
$$e + O_3 \xrightarrow{ke_7} e + O(^1D) + O_2(a^1\Delta_g)$$

表5.2 粒子間衝突反応過程

粒子間反応過程	反応速度定数（2体反応 cm^3/s, 3体反応 cm^6/s, T：ガス温度（K））
$O + O_2 + O_2 \xrightarrow{kn_1(O_2)} O_3 + O_2$	$6.40 \times 10^{-35} \exp(663/T)$
$O + O_2 + O \xrightarrow{kn_1(O)} O_3 + O$	$2.15 \times 10^{-34} \exp(345/T)$
$O + O_2 + O_3 \xrightarrow{kn_1(O_3)} O_3 + O_3$	$1.40 \times 10^{-33} (T/300)^{-2}$
$O + O + O_2 \xrightarrow{kn_2(O_2)} O_2 + O_2$	$1.30 \times 10^{-33} (T/300)^{-1} \exp(-170/T)$
$O + O + O \xrightarrow{kn_2(O)} O_2 + O$	$6.20 \times 10^{-32} \exp(-750/T)$
$O_3 + O_2 \xrightarrow{kn_3(O_2)} O + O_2 + O_2$	$2.9 \times 10^{-10} \exp(-11400/T)$
$O_3 + O \xrightarrow{kn_3(O)} O + O_2 + O$	$7.26 \times 10^{-10} \exp(-11400/T)$
$O_3 + O_3 \xrightarrow{kn_3(O_3)} O + O_2 + O_3$	$2.8 \times 10^{-9} \exp(-11400/T)$
$O(^1D) + O_3 \xrightarrow{kn_4} O_2 + O_2$	1.2×10^{-10}
$O(^1D) + O_3 \xrightarrow{kn_5} O_2 + O + O$	1.2×10^{-10}
$O + O_3 \xrightarrow{kn_6} O_2 + O_2(b^1\Sigma_g^+)$	$1.00 \times 10^{-11} \exp(-2300/T)$
$\xrightarrow{kn_7} O_2 + O_2(a^1\Delta_g)$	$2.8 \times 10^{-15} \exp(-2300/T)$
$\xrightarrow{kn_8} O_2 + O_2(X^3\Sigma_g^-)$	$1.80 \times 10^{-11} \exp(-2300/T)$
$O_2(b^1\Sigma_g^+) + O_3 \xrightarrow{kn_9} O + O_2 + O_2$	1.5×10^{-11}
$O_2(a^1\Delta_g) + O_3 \xrightarrow{kn_{10}} O + O_2 + O_2$	$5.20 \times 10^{-11} \exp(-2840/T)$
$O_3 + O_3 \xrightarrow{kn_{11}} O_2 + O_2 + O_2$	$7.4 \times 10^{-12} \exp(-9440/T)$
$O(^1D) + O_2 \xrightarrow{kn_{23}} O_2(b^1\Sigma_g^+) + O$	$2.56 \times 10^{-11} \exp(67/T)$
$O(^1D) + O_2 \xrightarrow{kn_{24}} O_2(a^1\Delta_g) + O$	1.0×10^{-12}
$O + O_3^* \xrightarrow{kn_{25}} O_2 + O_2$	1.5×10^{-11}
$O_3^* + O \xrightarrow{kn_{26}(O)} O_3 + O$	1.0×10^{-11}
$O_3^* + O_2 \xrightarrow{kn_{26}(O_2)} O_3 + O_2$	1.0×10^{-14}
$O_3^* + O_3 \xrightarrow{kn_{26}(O_3)} O_3 + O_3$	0.0
$O_2(b^1\Sigma_g^+) + O_3 \xrightarrow{kn_{27}} O_3^* + O_2(a^1\Delta_g)$	7.3×10^{-12}
$O_2(b^1\Sigma_g^+) + O \xrightarrow{kn_{28}(O)} O_2 + O$	4.0×10^{-17}
$O_2(b^1\Sigma_g^+) + O_2 \xrightarrow{kn_{28}(O_2)} O_2 + O_2$	8.0×10^{-14}
$O_2(b^1\Sigma_g^+) + O_3 \xrightarrow{kn_{28}(O_3)} O_2 + O_3$	2.2×10^{-11}
$O_2(a^1\Delta_g) + O_3^* \xrightarrow{kn_{29}} O + O_2 + O_2$	1.0×10^{-11}
$O_2(a^1\Delta_g) + O \xrightarrow{kn_{30}(O)} O_2 + O$	$2.20 \times 10^{-18} (T/300)^{0.8}$
$O_2(a^1\Delta_g) + O_2 \xrightarrow{kn_{30}(O_2)} O_2 + O_2$	1.0×10^{-16}
$O_2(a^1\Delta_g) + O_3 \xrightarrow{kn_{30}(O_3)} O_2 + O_3$	3.0×10^{-15}
$O_2(a^1\Delta_g) + O_2(a^1\Delta_g) \xrightarrow{kn_{31}} O_2(b^1\Sigma_g^+) + O_2$	$1.80 \times 10^{-18} (T/300)^{0.8} \exp(700/T)$
$O(^1D) \xrightarrow{kn_{32}} O + h\nu$	6.8×10^{-3}
$O_2(b^1\Sigma_g^+) \xrightarrow{kn_{33}} O_2 + h\nu$	8.3×10^{-2}
$O_2(a^1\Delta_g) \xrightarrow{kn_{34}} O_2 + h\nu$	2.6×10^{-2}

$$O + O_2 + M \xrightarrow{k_2} O_3 + M \tag{5.2}$$

$$O + O_3 \xrightarrow{k_3} O_2 + O_2 \tag{5.3}$$

$$e + O_3 \xrightarrow{k_4} e + O + O_2 \tag{5.4}$$

ここで,e は電子,k_i はそれぞれの反応速度定数,M は衝突のための第三体(窒素や酸素など)を示す.

上記の反応機構から,O,O_3 についての速度方程式を求めると,

$$\frac{d[O]}{dt} = 2k_1[e][O_2] - k_2[O][O_2][M] - k_3[O][O_3] + k_4[e][O_3] \tag{5.5}$$

$$\frac{d[O_3]}{dt} = k_2[O][O_2][M] - k_3[O][O_3] - k_4[e][O_3] \tag{5.6}$$

となる.ここで [ ] は粒子数密度,t は放電空間におけるガスの滞在時間の経過を表す.[O] の時間変化は今対象にしている $[O_2]$,[M],$[O_3]$ の濃度領域では,対象としている時間ステップに比べ十分早く,準定常状態を仮定することができ,次式を得る.

$$[O] = \frac{2k_1[e][O_2] + k_4[e][O_3]}{k_2[O_2][M] + k_3[O_3]} \tag{5.7}$$

(5.7) 式と (5.6) 式により O_3 の速度方程式は

$$\frac{d[O_3]}{dt} = [e][O_2] \frac{2k_1k_2[M] - 2k_1k_3\frac{[O_3]}{[O_2]} - 2k_3k_4\frac{[O_3]^2}{[O_2]^2}}{k_2[M] + k_3\frac{[O_3]}{[O_2]}} \tag{5.8}$$

となる.

放電の"初期"(低入力時)には生成オゾン濃度は低く,$[O_3]/[O_2]$ も小さく無視できる.したがって,"初期"オゾン生成速度は (5.8) 式から

$$\left.\frac{d[O_3]}{dt}\right|_0 = 2k_1[e][O_2] \tag{5.9}$$

となる.これは放電による O 原子の解離反応式 (5.1) の速度に等しい.

電子衝突による O_2 の解離係数 $\chi(O_2)$,あるいはガス分子密度 N によって規格化した解離係数 $\chi(O_2)/N$ によって (5.1) 式を表現すると,v_{de} を電子のドリフト速度として

$$\left.\frac{d[O]}{dt}\right|_0 = 2k_1[e][O_2] = 2\frac{\chi(O_2)}{N}v_{de}[e][O_2] \tag{5.10}$$

$$\left.\frac{d[O_3]}{dt}\right|_0 = 2\frac{\chi(O_2)}{N}v_{de}[e][O_2] \tag{5.11}$$

となる.すなわち $k_1 = (\chi(O_2)/N)v_{de}$ の関係があり,解離係数 $\chi(O_2)/N$ は 1 衝突あた

りの解離確率に相当する.

一方,電子が電界 E によって衝突を繰り返しながら運動することにより消費する単位時間あたりのエネルギーは,$q_e v_{de}[e]ESd$ である.ここで,q_e:電子の電荷,E:電界強度,S:放電面積,d:放電ギャップ長,Sd:放電空間容積である.バリア放電における全エネルギーのうち,電子が消費するエネルギーの割合を κ,放電電力を W とすると,$q_e v_{de}[e]ESd = \kappa W$ なので,$[e]$ はバリア放電の電気特性と次のように関連づけられる.

$$[e] = \kappa \frac{1}{q_e v_{de}} \frac{W}{E/N \cdot SdN} \qquad (5.12)$$

ただし,E/N は換算電界強度である.

(5.11),(5.12) 式より "初期" のオゾン生成速度は

$$\left.\frac{d[O_3]}{dt}\right|_0 = 2\kappa \frac{1}{q_e} \frac{\chi(O_2)}{N} \frac{W/(Sd)}{E/N} \frac{[O_2]}{N} \qquad (5.13)$$

となり,O_2 解離係数 $\chi(O_2)/N$,換算電界強度 E/N,放電電力の空間密度 $W/(Sd)$,O_2 分圧 $[O_2]/N$ で決定されることがわかる.

一方,オゾン発生効率 η を,生成されたオゾン分子数と放電空間滞在時間 t_r 内にガスが受ける全放電エネルギーの比によって定義すると,

$$\eta = \frac{Sd[O_3](t=t_r)}{W \cdot t_r} = \frac{C}{W/Q_N} \qquad (5.14)$$

となる.ここで,C,Q_N は標準状態(0℃,1 気圧)で換算した放電部出口のオゾン濃度,ガス流量である.W/Q_N はガス 1 分子が放電空間内滞在中に受ける全放電エネルギーであり,オゾン生成に関する基本量に対応し,本書では,電力流量比もしくは specific energy(density)と呼ぶ.

前述のように,放電の "初期" はオゾンの分解が無視できて,解離発生した O 原子はすべて O_3 となる.したがって "初期" におけるオゾン発生効率 η はその最大値を取る.(5.13)(5.14) 式により η_{max} は

$$\eta_{max} = 2\kappa \frac{1}{q_e} \frac{\chi(O_2)}{N} \frac{1}{E/N} \frac{[O_2]}{N} \qquad (5.15)$$

と表現できる.

すなわち,オゾン発生効率 η は W/Q_N が非常に小さい領域("初期")では最大値 η_{max} を維持し,生成オゾン濃度 C は電力流量比 W/Q_N に比例する.一般に $\chi(O_2)/N$ は E/N の関数として取り扱われるので,η_{max} は E/N,すなわち放電特性に依存する量となる."初期" 以降の反応課程では W/Q_N の増大とともに O_3 濃度も増大し,O_3 との分解過程((5.3),(5.4)式)が無視できなくなり,オゾン発生効率 η は η_{max} から徐々に小さくなる.

5.1 オゾン発生の基礎

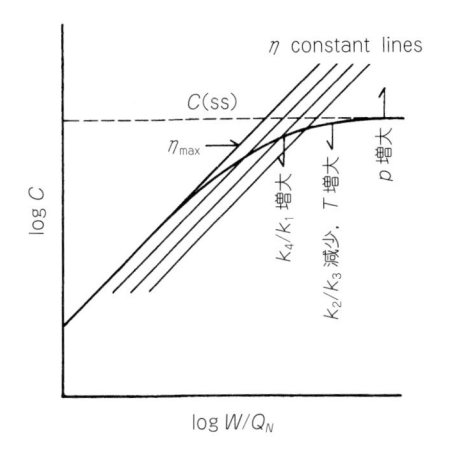

図 5.1 オゾン生成特性

反応機構 (5.1)〜(5.4) では放電空間内滞在時間 t_r, または W/Q_N が非常に大きくなると, 生成オゾン濃度は定常値に達することになる. (5.8) 式から O_3 の飽和密度 $[O_3]_{ss}$, または飽和濃度 C_{ss} は次のようになる.

$$[O_3]_{ss} = [O_2] \frac{k_1}{2k_4} \left(\sqrt{1 + 4 \frac{k_4}{k_1} \frac{k_2[M]}{k_3}} - 1 \right) \tag{5.16}$$

$$C_{ss} = \frac{[O_3]_{ss}}{[M]} = \frac{[O_2]}{[M]} \frac{k_1}{2k_4} \left(\sqrt{1 + 4 \frac{k_4}{k_1} \frac{k_2[M]}{k_3}} - 1 \right) \tag{5.17}$$

すなわち飽和オゾン濃度 C_{ss} は酸素分圧 $[O_2]/[M]$ に比例し, 電子衝突による解離反応速度定数の比 k_4/k_1, あるいは解離係数の比 $\chi(O_3)/\chi(O_2)$ の減少, k_2/k_3 の増大 (温度依存性により, ガス温度の低下に対応), [M] (すなわちガス圧力) の増大とともに, それぞれ増大することになる.

電力流量比 W/Q_N と生成オゾン濃度 C の関係を模式的に示すと, 図 5.1 のようになる. この関係の具体的な例は次節以下で示す. 以上の基本 4 反応による解析は酸素原料オゾン発生を考察する上で W/Q_N の全領域において有用である. 空気原料オゾン発生の場合は W/Q_N の大きな領域で副産物である NO_x の影響を考える必要が生じる. 詳細は 5.1.6(b) 項で述べる.

5.1.2 換算電界強度 E/N

オゾン発生特性を理解する上で, 放電の基礎パラメータである換算電界強度 E/N を把握することはきわめて重要である. ここでは, ガス圧力やギャップ長など各条件下における E/N は, 第 3 章で述べたリサジュー図を用いた実験的手法で評価する.

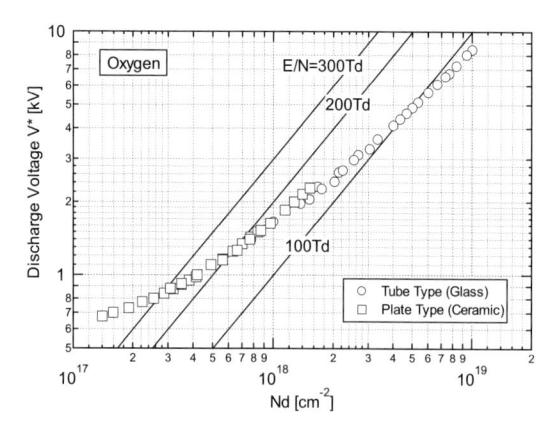

図 5.2 放電維持電圧と Nd 値の関係（酸素原料）
$\mathrm{Td} = 1 \times 10^{-17}\,\mathrm{V \cdot cm^2}$

a. 酸素原料における換算電界強度

オゾン発生器の放電ギャップ長と動作ガス圧力を変化させて，V（電圧）-Q（電荷）リサジュー図から放電電圧 V^* を評価した結果を図 5.2 に示す．図では，ガス圧力 P [MPa] を粒子密度 N [part./cm^3] に換算し，放電ギャップ長 d [cm] との積 Nd 値との関係としてまとめている．なお，0.3 mm 以下の放電ギャップ長では平板型発生器（誘電体：アルミナセラミクス），0.4 mm 以上では円筒型発生器（誘電体：硼珪酸ガラス）を使用した場合の結果である．図 5.2 より，放電維持電圧 V^* は，誘電体材料によらず Nd 値の関数として一義的にまとめられる．第 3 章で述べたように，放電維持電圧 V^* は放電期間中における放電ギャップ間の平均電圧であるので，時間・空間的に平均化された換算電界強度 E/N は，放電電圧 V^* を Nd 積で除した値で評価することができる．換算電界強度 E/N = 100，200，300 Td の動作点を同図中の実線で示す．ここで，$\mathrm{Td} = 1 \times 10^{-17}\,\mathrm{V \cdot cm^2}$ である．Nd が大きな領域では E/N は一定値に漸近するが，3×10^{18} cm^{-2} 以下の領域では，Nd の減少とともに E/N は増大していくことがわかる．

b. 空気原料における換算電界強度

原料ガスに空気を使用した場合も同様にして，V（電圧）-Q（電荷）リサジュー図から放電電圧 V^* を評価し，粒子密度 N [part./cm^3] と放電ギャップ長 d [cm] との積 Nd 値との関係としてまとめた結果を図 5.3 に示す．放電維持電圧 V^* は，Nd 値の関数として一義的にまとめられ，酸素での結果と同様の傾向を示す．また，同一の Nd 値に対する V^* の値は，酸素原料と空気原料の場合であまり大きな差はない．このため，同じ放電ギャップ長，動作ガス圧力のもとでは，酸素と空気でほぼ同等の電界強

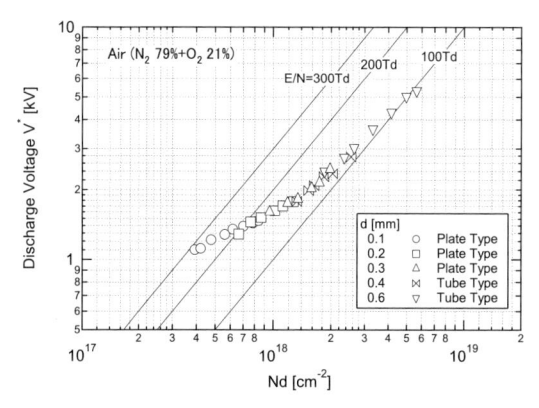

図 5.3 放電維持電圧と Nd 値の関係（空気原料）
$Td = 1 \times 10^{-17}\ V \cdot cm^2$

度を有する放電場となっていると考えられる．

電子衝突による各種粒子の励起などに関わる反応速度は，放電場の換算電界強度 E/N により決定されるため，オゾン発生器の動作条件の変化に対して換算電界強度を定量的に評価しておくことは，放電励起によるオゾン生成過程を把握する上できわめて重要である．オゾン発生器の Nd の条件が決まると，図5.2および図5.3に示した結果から E/N が推定でき，この E/N の値を用いて放電場における電子衝突による励起粒子の生成速度を推定することが可能となる．

5.1.3 酸素原子生成効率

5.1.1項では概略のオゾン生成過程について概説したが，ここではもう少し詳しく，素反応に立ち返って酸素原子の生成過程を調べてみる．オゾン生成の前駆反応である酸素原子の生成には電子衝突が関与し，その反応速度は放電場の電子エネルギー，換言すれば放電場の換算電界強度 E/N が密接に関係する．ここでは，酸素および空気原料における酸素原子の生成過程に関するエネルギー的検討から，バリア放電による酸素原子の生成効率と電界強度の関係を明らかにする．

a. 酸素原料における酸素原子生成効率

バリア放電式オゾン発生器においては，放電場中の電子と酸素分子の衝突によって得られた酸素分子の励起種から酸素原子が生成される．より詳しくは表5.1の反応が考えられるが，おもな酸素原子の生成過程として考えられているものを以下に示す．

$$e + O_2 \xrightarrow{ke_1} e + O_2(B^3\Sigma_u^-)$$
$$\longrightarrow e + O(^3P) + O(^1D) \qquad (5.18)$$

$$e + O_2 \xrightarrow{ke_2} e + O_2(A^3\Sigma_u^+)$$
$$\longrightarrow e + O(^3P) + O(^3P) \tag{5.19}$$

$$e + O_2 \xrightarrow{ke_3} e + O_2(A^3\Sigma_u^+)$$
$$\longrightarrow O(^3P) + O^- \tag{5.19-2}$$

ここで，e は電子を表し，ke_1 および ke_2, ke_3 はそれぞれの反応の速度定数を表す．ここで酸素分子のエネルギーレベルは図2.6に示したものである．このように，バリア放電励起によるオゾン生成の前駆反応となる酸素原子の生成には，電子が関与する反応が重要な役割を占めており，オゾン生成反応の全容の体系的な理解を深める上で，これらの反応速度を決定する電子のエネルギー分布を把握することが必要である．

ここで，放電場の粒子密度を N [part./m³]，電界強度を E [V/m] とすると，電子が電界方向に単位距離進む間に電界より得るエネルギー ΔE_e は，次式で表される．

$$\Delta E_e = eE \quad [\text{eV}] \tag{5.20}$$

この間に酸素分子と衝突して生成された酸素原子の個数 n_o は，

$$n_0 = (2ke_1 + 2ke_2 + 2ke_3)\frac{N}{v_{de}} \tag{5.21}$$

で与えられる．ここで，v_{de} は電子のドリフト速度 [m/s] であり，第3章で述べたように電界強度 E/N に依存する．(5.21)式を (5.20) 式で割ると，

$$\frac{n_0}{\Delta E_e} = \kappa \frac{(2ke_1 + 2ke_2 + ke_3)}{ev_{de}(E/N)} \quad [\text{part./eV}] \tag{5.22}$$

となり，単位エネルギーあたりの酸素原子生成個数が求められる[1]．ここで，e は素電荷 [1.602×10^{-19} C]，E/N は換算電界強度 [V・m²]，N は粒子密度 [part./m³] である．この値は，放電エネルギーのすべてが電子によって消費される場合の酸素原子の最大発生量を示すが，実際には放電場には電子以外の荷電粒子が存在している．すべての荷電粒子に与えられる放電エネルギーを ΔE_t とし，5.1.1項で述べたように電子のエネルギー消費率を κ とおけば，$\Delta E_e = \kappa \cdot \Delta E_t$ より (5.22) 式は次式に書き直される．

$$\frac{n_0}{\Delta E_e} = \kappa \frac{(2ke_1 + 2ke_2 + ke_3)}{ev_{de}(E/N)} \quad [\text{part./eV}] \tag{5.23}$$

(5.23) 式の右辺については，第2章のボルツマン方程式解析によって，反応速度定数 ke_1, ke_2, ke_3 と電子のドリフト速度が電界強度 E/N の関数として算出されているため，電子のエネルギー消費率 κ を除いてすべて既知となる．したがって，電界強度 E/N が決定されれば，放電による酸素原子の生成効率を算出することができる．酸素原料において，$\kappa = 1$ を仮定したときの (5.23) 式の計算結果[2]を図5.4に示す．

もっとも効率の高い $E/N = 80$ Td の条件で最大効率 412 g/kWh (1.44×10^{18} part./

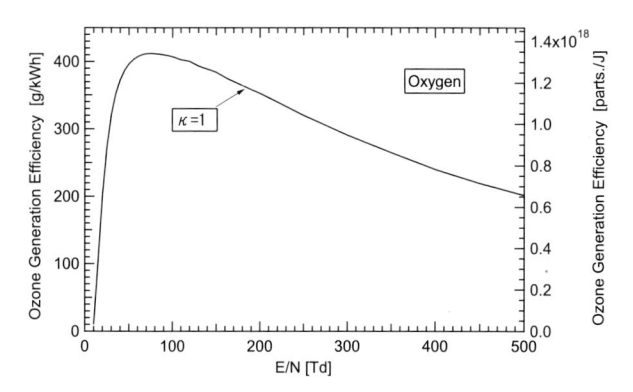

図 5.4 酸素原子生成の最大効率と換算電界強度の関係（酸素，$\kappa=1$）
$\mathrm{Td} = 1\times10^{-17}\,\mathrm{V\cdot cm^2}$

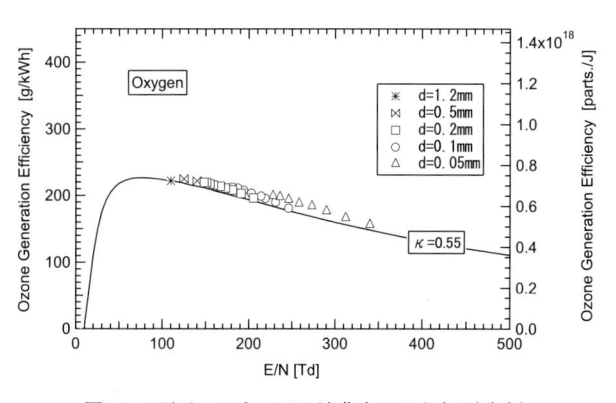

図 5.5 電子のエネルギー消費率 κ の評価（酸素）
$\mathrm{Td} = 1\times10^{-17}\,\mathrm{V\cdot cm^2}$

J）が得られる．これは放電エネルギーのすべてが電子に注入されるとした場合であるから，放電による酸素原子生成効率の理論上限値である．オゾン生成反応の熱化学方程式は

$$3\mathrm{O}_2 \rightarrow 2\mathrm{O}_3 - 285\,\mathrm{kJ} \tag{5.24}$$

であり，熱力学的なオゾン生成効率は 1200 g/kWh となる．したがって，放電励起方式による酸素原子の発生効率は，エネルギー的な観点から見れば約 30％ 程度ということになる．

ところで，(5.23) 式の右辺の κ については，これまで詳細な評価結果の報告はなされておらず，たとえば著者らは電子と正電荷イオンに等しく放電エネルギーが分配

されるとして，$\kappa=0.5$ を提案した．また，D. Braun らによれば，急峻な立ち上がりのステップ電圧を印加した場合には，electron rich な放電が実現されて，κ の値が 0.9 程度に及ぶことが報告されている[3]．ここでは，実験結果から κ の値を推定することにする．図 5.5 に，種々のギャップ長およびガス圧力のもとで，$W/Q_N<1$ W・min/NL の低エネルギー域におけるオゾン発生特性を測定することにより得られた最大オゾン（酸素原子）発生効率の評価結果を示す．同図中の実線は (5.23) 式で $\kappa=0.55$ とした場合に得られる酸素原子発生効率（オゾン発生効率）の計算値である．実験結果から，放電ギャップ長によらず，最大オゾン発生効率は E/N の関数として一義的にまとめられることがわかる．また，$\kappa=0.55$ とした計算結果とよい一致が見られている．

b. 空気原料における酸素原子生成効率

空気原料における酸素原子の生成反応には，(5.18)～(5.19) 式に示した電子衝突による酸素分子の直接解離反応に加えて，(5.25)～(5.30) 式に示した窒素原子および励起窒素分子の生成過程を経て，これらの粒子と酸素分子との衝突によって生成される以下の過程が存在する[4]．なお，窒素ガスのポテンシャル曲線は図 2.5 に示したとおりである．

$$N + O_2 \xrightarrow{kn_{17}} O + NO \tag{5.25}$$

$$N_2(B^3\Pi_g) + O_2 \xrightarrow{kn_{18}} N_2 + O(^1D) + O \to N_2 + O + O \tag{5.26}$$

$$N_2(B^3\Pi_g) + N_2 \xrightarrow{kn_{19}} N_2 + N_2(A^3\Sigma_u^+) \tag{5.27}$$

$$N_2(A^3\Sigma_u^+) + O_2 \xrightarrow{kn_{20}} N_2O + O \tag{5.28}$$

$$N_2(A^3\Sigma_u^+) + O_2 \xrightarrow{kn_{21}} N_2 + O_2 \tag{5.29}$$

$$N_2(A^3\Sigma_u^+) + N_2 \xrightarrow{kn_{22}} N_2 + N_2 \tag{5.30}$$

空気を原料ガスとした場合のオゾン発生効率は，酸素中で同じ放電エネルギーを投入した場合に得られる効率の約 1/2 になり，酸素分圧に比例しないことが知られている．(5.25)～(5.30) 式は，この現象を説明するための，空気放電場におけるオゾン生成過程として提唱されている反応である[5]．

以上の反応過程をもとに，酸素の場合と同様，空気放電場における酸素原子生成に対するエネルギー効率を定式化する．粒子密度 N の空気放電場（$[O_2]=0.21N$, $[N_2]=0.79N$）において，電子が電界から得るエネルギー ΔE_e は，

$$\Delta E_e = eE \quad [\text{eV}] \tag{5.31}$$

である．この間に酸素分子との衝突により生成される酸素原子の数を n_{O1} とすると，

$$n_{O1} = (2ke_1 + 2ke_2 + 2ke_3)\frac{0.21N}{v_{de}} \tag{5.32}$$

となる.一方,窒素原子や励起窒素分子と酸素分子との反応により生成される酸素原子の数を n_{O2} とすると,

$$n_{O2} = [2ke_8 \times 0.79N + (ke_9 + ke_{10} + ke_{11}) \times 0.79N \times 2 \times (kn_{17} \times 0.21N)/$$
$$(kn_{17} \times 0.21N + kn_{18} \times 0.79N) + \{ke_{12} \times 0.79N + (ke_9 + ke_{10} + ke_{11})$$
$$\times 0.79N \times (kn_{18} \times 0.79N)/(kn_{17} \times 0.21N + kn_{18} \times 0.79N)\} \times (kn_{19} \times 0.21N)/$$
$$(kn_{19} \times 0.21N + kn_{20} \times 0.21N + kn_{21} \times 0.79N)]/v_{de} \tag{5.33}$$

で与えられる.ここで反応係数の添字は表5.1～5.4の反応群に対応している.(5.32)式と(5.33)式の辺々を加え,(5.31)式で割ると,空気放電場での単位エネルギーあたりの酸素原子生成数を求めることができる.

$$(n_{O1} + n_{O2})/\Delta E_e = [0.21 \cdot (2ke_1 + 2ke_2 + ke_3) + 0.79 \cdot 2ke_8$$
$$+ 0.79 \cdot (ke_9 + ke_{10} + ke_{11}) \cdot (2 \cdot 21kn_{17})/(21kn_{17} + 79kn_{18})$$
$$+ 0.79 \cdot \{ke_{12} + (ke_9 + ke_{10} + ke_{11}) \cdot (79kn_{18})/(21kn_{17} + 79kn_{18})\}$$
$$\times (21kn_{19})/(21kn_{19} + 21kn_{20} + 79kn_{21})]/(e \cdot v_{de} \cdot E/N) \quad [\text{part.}/\text{J}]$$
$$\tag{5.34}$$

ここで,電子のエネルギー消費率を κ とすれば,$\Delta E_e = \kappa \cdot \Delta E_t$ より(5.34)式は次式となる.

$$(n_{O1} + n_{O2})/\Delta E_t = \kappa \cdot [0.21 \cdot (2ke_1 + 2ke_2 + ke_3) + 0.79 \cdot 2ke_8$$
$$+ 0.79 \cdot (ke_9 + ke_{10} + ke_{11}) \cdot (2 \cdot 21kn_{17})/(21kn_{17} + 79kn_{18})$$
$$+ 0.79 \cdot \{ke_{12} + (ke_9 + ke_{10} + ke_{11}) \cdot (79kn_{18})/(21kn_{17} + 79kn_{18})\}$$
$$\times (21kn_{19})/(21kn_{19} + 21kn_{20} + 79kn_{21})]/(e \cdot v_{de} \cdot E/N) \quad [\text{part.}/\text{J}]$$
$$\tag{5.35}$$

(5.35)式中の反応速度定数に,2章でのボルツマン方程式解析により求めた励起速度定数と中性粒子間の反応速度定数の文献値を代入し,生成された酸素原子がすべてオゾンに変換され,$\kappa = 1$ と仮定した場合の最大オゾン発生効率を求めた結果を図5.6に示す.空気放電場では,酸素よりも大きな電界強度 $E/N = 180$ Td(Td $= 1 \times 10^{-17}$ V・cm^2)近傍で,最大効率 183 g/kWh(6.41×10^{17} part./J)が得られる.窒素は電子エネルギー 2 eV 付近に振動励起の大きな断面積を有するので,窒素/酸素の混合ガスでは,第2章で示したように同一電界強度における電子エネルギー分布が純酸素と比較して低エネルギー側に移り,解離につながる電子励起に対し,より大きな電界強度が必要になるためである.

生成されたオゾンの濃度が十分に低く,したがって副次的に生成される窒素酸化物濃度が低い場合には,生成された酸素原子がすべてオゾンへ変換されるとみなせるため,電子のエネルギー消費率の推定に関しては,酸素放電場の場合と同様の手法により,(5.35)式とオゾン発生効率の実測結果から評価する.

オゾン発生器の放電ギャップ長およびガス圧力を変化させることにより放電場の電

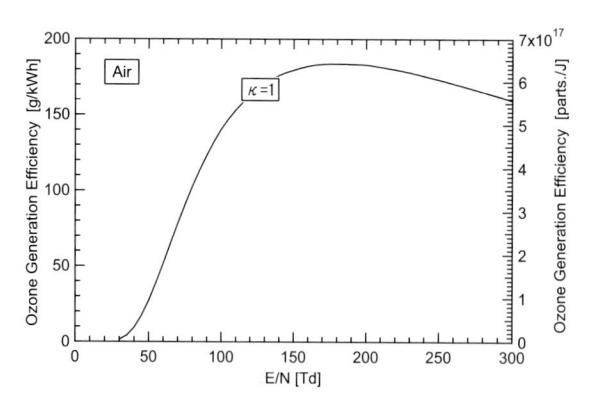

図 5.6 酸素原子の生成の最大効率と電界強度の関係（空気原料における計算結果）
$\mathrm{Td} = 1 \times 10^{-17} \mathrm{V} \cdot \mathrm{cm}^2$

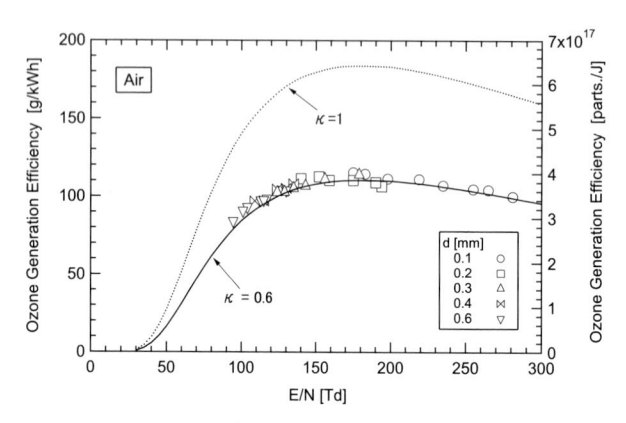

図 5.7 酸素原子の生成効率と電界強度の関係（空気原料における実験結果と計算とのフィッティング）
$\mathrm{Td} = 1 \times 10^{-17} \mathrm{V} \cdot \mathrm{cm}^2$

界強度を変えて，$W/Q_N<1\,\mathrm{W}\cdot\mathrm{min/NL}$ の投入エネルギー領域におけるオゾン発生特性を測定し，実験的に得られたオゾン発生効率を単位電力，単位時間あたりの発生量［g/kWh］もしくは［part./J］の形で算出した結果を図 5.7 に示す．同図中の実線は，(5.35) 式の電子エネルギー消費率 $\kappa=0.6$ とした場合に得られるオゾン発生効率を示す．この結果から，広い電界強度範囲にわたって実験結果とのよい一致が見られ，空気放電場における電子のエネルギー消費率として $\kappa=0.6$ と評価した．酸素原料の場合，図 5.5 に示すように $\kappa=0.55$ と評価したが，この評価値の差異について，

現段階では詳細は不明であり，ここではκの値をおよそ0.5～0.6と評価しておく．

5.1.4 電子衝突によるオゾンの分解

電子衝突により，生成したオゾンを分解する反応もある．

$$e + O_3 \xrightarrow{ke_7} e + O + O_2 \tag{5.36}$$

この反応速度定数については，オゾンの解離衝突断面積に確定された値が報告されておらず，現時点では不明確な要素として残されている．理論計算に基づいたオゾンの解離衝突断面積の報告値[6]を，酸素の解離断面積と併せて図5.8に示す．

オゾンの電子衝突解離に関する断面積の実測による報告はほとんどない．このため，(5.36)式の反応速度定数の電子エネルギー依存性は明らかになっていない．これまでに実験結果との整合から，電子エネルギーに依存しない定数αと酸素の解離速度定数を用いて，$ke_7 = \alpha \cdot (ke_1 + ke_2)$の形で表した報告例が見られるが，その値としては，Samoilovichら[7]は$\alpha = 5$，Elliassonら[1]は$\alpha = 8$，Devinsら[8]は$\alpha = 12$，筆者ら[9]は$\alpha = 20$程度と，実験条件の差もあり，報告者によって異なっている．

ここではαを電子エネルギー（電界強度）によらない定数とはせず，図5.8に示したオゾンの解離衝突断面積を用いたボルツマン方程式解析からオゾンの解離速度を算出してみよう．計算に際しては，オゾン濃度は低く，微量のオゾン混入により電子エネルギー分布の変化はないと仮定する．酸素放電場におけるオゾンと酸素の解離速度を求め，それぞれの速度定数の比を算出した結果を図5.9に破線で示す．αは電界強度の関数として表され，電界強度の上昇とともに減少する傾向にあることがわかる．

オゾンと酸素の解離エネルギーの差に着目し，オゾンの解離速度を電子エネルギーの関数として次式で表した報告[10]がある．

$$\alpha = ke_7/(ke_1 + ke_2) = \exp(\Delta E_{dis}/kT_e) = \exp(4/kT_e) \tag{5.37}$$

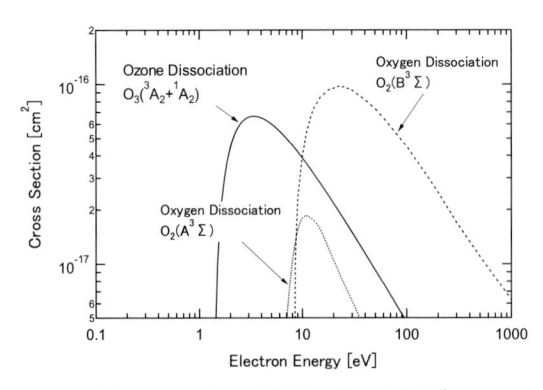

図5.8 オゾンの解離断面積の推定値[12]

ここで，ΔE_{dis} は酸素とオゾンの解離エネルギーの差，kT_e は電子エネルギーである．

(5.37) 式から得られる α の値を図5.9に一点鎖線で示す．算出される α の値は小さく，かつ電界強度に対する依存性が見られなくなる．オゾンと酸素の衝突断面積の絶対値が等しいとき，電子エネルギーがマクスウェル分布に従うというかなり大胆な仮定に起因していると考えられ，この結果を単純に支持することはできない．

図5.8に示したオゾンの解離衝突断面積は理論に基づいた推定値であって，その断面積の絶対値に関する保証はなく，さらに $O_3(^1B_2)$ (threshold：4.07 eV) や $O_3(^3B_2)$ (threshold：2.92 eV) など，これ以外の解離準位の存在も示唆されているため，図5.8に示す衝突断面積のみで実質的な解離速度を評価することは難しい．ただし，その他の解離準位の速度定数についても同様の電界強度依存性を有すると思われるので，解

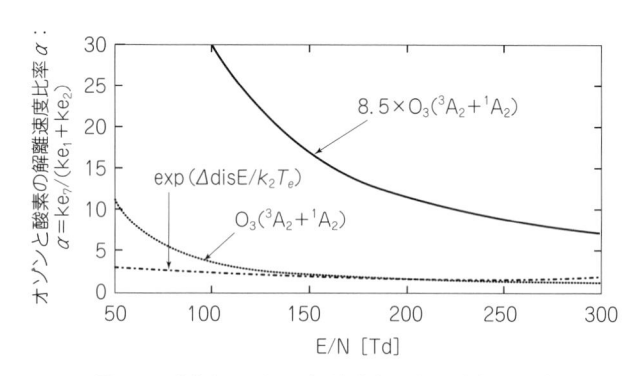

図 5.9 酸素とオゾンの解離速度比率 α（酸素原料）
Td＝1×10^{-17} V・cm^2

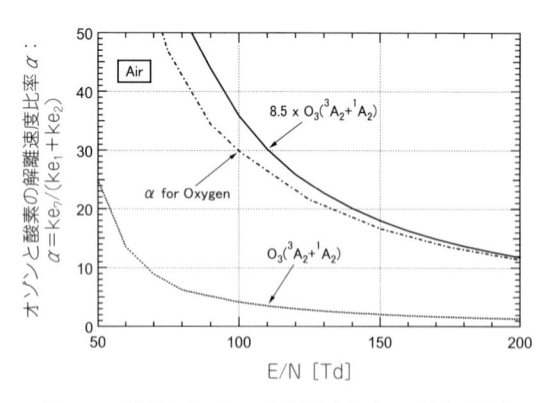

図 5.10 酸素とオゾンの解離速度比率 α（空気原料）
Td＝1×10^{-17} V・cm^2

離断面積の絶対値に関する不確定要素をある定数に含めて評価した．すなわち，実際の解離速度は図 5.9 の破線と同様の電界強度依存性を示し，その絶対値は $O_3(^3A_2 + {}^1A_2)$ の解離速度の定数倍で表されると仮定し，過去の文献による報告と同様に実験結果との整合が取れるように 8.5 と決定した．図 5.9 の実線は，$O_3(^3A_2 + {}^1A_2)$ の解離速度 k_{e7} を 8.5 倍した場合の解離速度比 α の電界強度の依存性を示したものである．以降で述べるオゾン発生特性の解析では，電子衝突によるオゾンの実質的な解離速度に，この値 ($8.5 \times k_{e7}$) を用いることとする．

図 5.10 は，空気放電場におけるオゾンの電子衝突解離速度の計算結果を図 5.9 と同じ形式でまとめたものである．なお，今後のシミュレーションの解離速度としては，酸素と同様に同図中の実線で示した $O_3(^3A_2 + {}^1A_2)$ の解離速度を 8.5 倍した値を実質的なオゾンの解離速度として使用する．酸素での解離速度を一点鎖線で示しているが，空気の場合と比較して解離速度の比に差があり，電界強度の減少にともなってその差が広がっている．これは，低エネルギー域に大きな断面積を有する窒素の振動励起準位の存在により，空気放電場での電子エネルギー分布が酸素に比べて低エネルギー領域へ移行し，オゾンの解離に寄与する低エネルギー電子の数が増大することによるものである．

5.1.5 放電空間のガス温度

粒子間の反応速度定数の多くはガス温度の関数であるので，放電場でのガス温度もオゾン発生特性を決定する重要なパラメータのひとつである．バリア放電は半径 0.1 mm 程度の無数の放電柱により形成されている．これにより，従来のオゾン発生特性の解析では，放電中内部のガス温度は放電場での均一発熱を仮定したガス温度よりも高いとして計算されているものもある．しかし，励起準位に蓄えられたエネルギーがガスの温度に変換されるのに熱緩和の時間が必要であり，1本の放電柱の持続時間が数 ns であることを考慮すれば，オゾン発生特性を支配するガス温度は放電場の時間平均温度であると仮定しても問題はないと考えられる．さらにガス温度は，放電ギャップの厚さ方向に分布を有するが，本解析モデルでは時間・空間的に一様かつ定常な放電を仮定していることから空間的にも平均化された温度として取り扱うこととする．

放電ギャップを図 5.11 に示す一次元モデルとし，熱の移動は x 方向のみであると仮定すると，ギャップ内で一様な発熱がある場合の定常時のガス温度分布 $\theta(x)$ は以下の熱伝導方程式に従う．

$$k_{gas}\frac{d^2\theta(x)}{dx^2} + w = 0 \quad (0 \leq x \leq d)$$

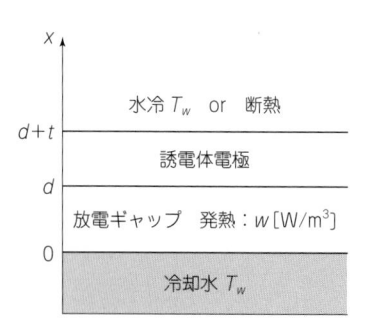

図 5.11 熱伝導モデル

$$k_d \frac{d^2\theta(x)}{dx^2} = 0 \quad (d \leq x \leq d+t) \tag{5.38}$$

ここで，d は放電ギャップ長，t は誘電体電極の厚みを示し，k_{gas}, k_d はそれぞれガスと誘電体の熱伝導率 [W/(m·K)]，w は単位体積あたりの発熱量 [W/m³] を表す．

いま，一方の電極のみが T_w なる温度で冷却され，対向電極が断熱されている場合，$\theta(x)$ は次式で与えられる．

$$\theta(x) = T_w + \frac{d \cdot w}{k_{gas}} x - \frac{w}{2k_{gas}} x^2 \tag{5.39}$$

したがって，放電ギャップの平均ガス温度 T_{gas} は，

$$T_{gas} = \frac{1}{d} \int_0^d \theta(x)\,dx = \frac{W/S}{3k_{gas}} d + T_w \tag{5.40}$$

で与えられる．ここで，W/S は単位面積あたりの放電電力 [W/cm²] である．

対向する双方の電極が T_w で冷却されている場合には，

$$\theta(x) = T_w + \frac{d \cdot w}{2k_{gas}} \left(\frac{2k_{gas}t + k_d d}{k_d d + k_{gas} t} x - \frac{1}{d} x^2 \right) \tag{5.41}$$

となり，平均ガス温度は次式で与えられる．

$$T_{gas} = \frac{W/S}{12 k_{gas}} d \left(\frac{4k_{gas}t + k_d d}{k_d d + k_{gas}t} \right) + T_w \approx \frac{W/S}{12 k_{gas}} d + T_w \tag{5.42}$$

ここで，ガラスの熱伝導率 k_d はガスの熱伝導率 k_{gas} よりも十分大きいため，(5.42) 式のように近似できる．ギャップに投入された放電エネルギーの一部はオゾンの生成に使われ，すべてがガス温度の上昇に寄与するわけではないが，オゾン生成に関するエネルギー効率は通常 10% 程度であるため，(5.40) 式または (5.42) 式でガス温度を定義する．また，ガスの熱伝導率も温度によらず一定として，300 K での値（酸素：2.674×10^{-2} W/(m·K)，空気：2.61×10^{-2} W/(m·K)）を使用する．

5.1.6 オゾン発生特性の数値解析のために

考慮する粒子間の反応過程を，おもに放電場の電界強度（電子エネルギー）に依存する電子衝突反応とガス温度に依存する粒子間衝突反応に分けて以下に示す．なお，考慮すべき全反応過程は，表5.1～5.4に一覧表としてまとめてある．

酸素原料の放電場での解析で考慮した粒子種は，O_2, $O_2(a^1\Delta_g)$, $O_2(b^1\Sigma_g^+)$, $O(^1D)$, $O(^3P)$, オゾンはO_3, O_3^*の計7種の粒子を考慮する．O_3^*は振動励起状態のオゾン分子を表し，

$$O + O_2 + M \rightarrow O_3 + M$$

の反応により生成されたオゾンはほとんどがこの状態にあるとされる[11]．

空気放電場での解析では，上述した酸素およびオゾン系粒子に加えて窒素系粒子としてN_2, $N_2(A^3\Pi_u^+)$, $N_2(B^3\Pi_g)$, $N(^4S)$, 窒素酸化物としてNO, NO_2, NO_3, N_2O_5およ

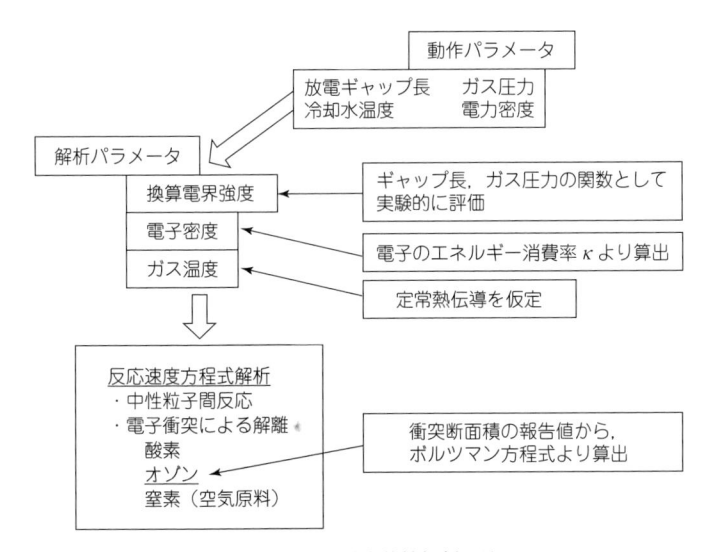

図 5.12 オゾン発生特性解析の流れ

表 5.3 電子衝突励起過程

$$e + N_2 \xrightarrow{ke_8} e + N + N$$
$$e + N_2 \xrightarrow{ke_9} e + N_2(C^3\Pi_u)$$
$$e + N_2 \xrightarrow{ke_{10}} e + N_2(a^1\Pi_g)$$
$$e + N_2 \xrightarrow{ke_{11}} e + N_2(B^3\Pi_g)$$
$$e + N_2 \xrightarrow{ke_{12}} e + N_2(A^3\Pi_u^+)$$
$$e + N_2 \xrightarrow{ke_{13}} e + e + N_2^+$$

表 5.4 粒子間衝突反応過程

粒子間反応過程	反応速度定数（2体反応 cm^3/s, 3体反応 cm^6/s, T：ガス温度（K））
$O + O_2 + N_2 \xrightarrow{kn_1(N_2)} O_3 + N_2$	$5.70 \times 10^{-34}(T/300)^{-2.8}$
$O + O + N_2 \xrightarrow{kn_2(N_2)} O_2 + N_2$	$3.00 \times 10^{-33}(T/300)^{-2.9}$
$O_3 + N_2 \xrightarrow{kn_3(N_2)} O + O_2 + N_2$	$6.40 \times 10^{-10} \exp(-11400/T)$
$N + O_3 \xrightarrow{kn_{12}} NO + O_2$	1.0×10^{-16}
$N_2 + O_3 \xrightarrow{kn_{13}} N_2O + O_2$	5.0×10^{-28}
$NO + O_3 \xrightarrow{kn_{14}} NO_2 + O_2$	$1.80 \times 10^{-12} \exp(-1370/T)$
$NO_2 + O_3 \xrightarrow{kn_{15}} NO_3 + O_2$	$1.20 \times 10^{-13} \exp(-2450/T)$
$O + NO_2 \xrightarrow{kn_{16}} NO + O_2$	$6.50 \times 10^{-12} \exp(120/T)$
$O + O_2 \xrightarrow{kn_{17}} O + NO$	$7.00 \times 10^{-12}(T/300)^{0.5}$
$N_2(B^3\Pi_g) + O_2 \xrightarrow{kn_{18}} N_2 + O(^1D) + O \to N_2 + O + O$	1.10×10^{-10}
$N_2(B^3\Pi_g) + N_2 \xrightarrow{kn_{19}} N_2 + N_2(A^3\Sigma_u^+)$	2.70×10^{-11}
$N_2(A^3\Sigma_u^+) + O_2 \xrightarrow{kn_{20}} N_2O + O$	1.50×10^{-13}
$N_2(A^3\Sigma_u^+) + O_2 \xrightarrow{kn_{21}} N_2 + O_2$	3.80×10^{-12}
$N_2(A^3\Sigma_u^+) + N_2 \xrightarrow{kn_{22}} N_2 + N_2$	2.60×10^{-18}
$N_2(A^3\Sigma_u^+) + O_2 \xrightarrow{kn_{35}} N_2 + O + O$	2.0×10^{-12}
$O + N_2O_5 \xrightarrow{kn_{36}} NO_2 + NO_2 + O_2$	3.0×10^{-16}
$NO + NO_3 \xrightarrow{kn_{37}} NO_2 + NO_2$	$1.60 \times 10^{-11} \exp(150/T)$
$NO_2 + NO_3 + NO_2 \xrightarrow{kn_{38}} N_2O_5 + N_2$	$2.70 \times 10^{-30}(T/300)^{-3.4}$
$N_2O_5 + N_2 \xrightarrow{kn_{39}} NO_2 + NO_3 + N_2$	$2.20 \times 10^{-3}(T/300)^{-4.4} \exp(-11080/T)$
$N + NO \xrightarrow{kn_{40}} N_2 + O$	3.10×10^{-10}
$N + NO_2 \xrightarrow{kn_{41}} N_2 + O + O$	2.00×10^{-12}
$N + O_2(a^1\Delta_g) \xrightarrow{kn_{42}} NO + O$	$2.00 \times 10^{-14} \exp(-600/T)$
$O(^1D) + N_2O \xrightarrow{kn_{43}} N_2 + O_2$	4.4×10^{-11}
$O(^1D) + N_2O \xrightarrow{kn_{44}} NO + NO$	7.2×10^{-11}
$N + N_2O \xrightarrow{kn_{45}} N_2O + O$	3.0×10^{-12}

び N_2O をあげ，これに電子を加えた合計17種の粒子を取り上げた．そして，これらの粒子間で起こる反応を考慮したレート方程式を解くことで，オゾン発生特性を解析する．ここに示すオゾン発生特性の解析モデルの概要は，以下のとおりである．

①時間・空間的に一様かつ定常な放電を仮定し，電子エネルギーを決定する放電場

の電界強度として，時間平均された値を用いる．

②電子のエネルギー消費率は実験による評価から酸素の場合で $\kappa=0.55$，空気の場合で $\kappa=0.6$ とし，放電場での電子密度を算出する．

③オゾンの電子衝突解離速度の電界強度依存性を考慮し，実効的な解離速度を O_3 ($^3A_2+^1A_2$) の解離速度の 8.5 倍で与える．すなわち，オゾンと酸素の解離速度比率 α は E/N に対して図 5.9，図 5.10 で求める．

④粒子間の反応速度を決めるガス温度として，時間・空間平均された値を用いる．

上記したモデルによるオゾン発生特性の解析の流れを図 5.12 に示す．解析の結果は 5.3，5.4 節に示すが，解析手順は以下のとおりである．

・ギャップ長，ガス圧力，ガス流量，放電電力をはじめとするオゾン発生器の動作条件から，解析パラメータとなる換算電界強度，電子密度およびガス温度を算出する．

・衝突断面積のデータをもとにした解析パラメータから電子衝突と中性粒子間の反応速度定数を算出する．

・考慮した粒子種に対する粒子密度の時間変化に関する反応速度方程式（連立 1 階常微分方程式）解析により粒子密度の時間変化を算出する．

(i) 酸素放電場での反応過程

酸素中でのオゾン発生特性解析に考慮した反応過程を，電子衝突励起過程と粒子間反応過程に分けて表 5.1 および表 5.2 に示す．主要反応の説明は 2.5 節で述べる．

(ii) 空気放電場での反応過程

空気中でのオゾン発生特性解析に考慮した反応過程を，電子衝突励起過程と粒子間反応過程に分けて以下に示す．なお，酸素およびオゾン系粒子の反応過程は酸素の場合と同様，表 5.1 および表 5.2 であるが，空気原料では窒素および窒素酸化物系粒子の反応過程として表 5.3 および表 5.4 がさらに加わる．

5.2 オゾン発生器の構造

5.2.1 円筒多管オゾナイザ[12]

一般的なオゾン発生器の一例を図 5.13 に示す．これはシーメンス型と呼ばれる同心円筒形の接地金属電極と高圧誘電体放電管とで構成される円筒型オゾン発生器である．(d) の電極構造からわかるように，水冷された円筒状の接地金属電極に，接地電極の内径よりもわずかに小さな外径を有するガラス管などの誘電体放電管を挿入し，両電極の内外径差によって形成された空間を放電空間として利用する．誘電体管の外周部にステンレス製のスペーサを取り付け，空間全域にわたり一様な放電ギャップ長を維持するよう構成されている．また，誘電体管の内周部には溶射法によってアルミニウムの導電被膜が形成されており，高電圧給電子を介して交流高電圧を印加し，

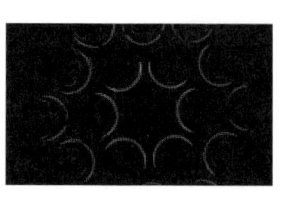

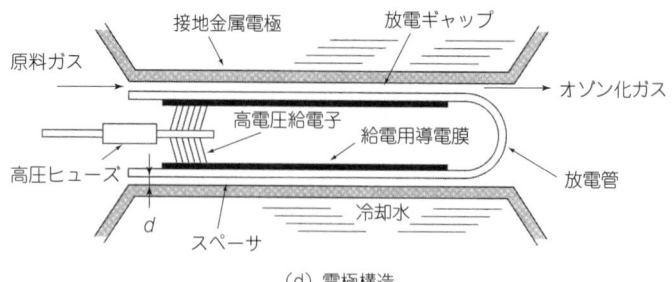

(a) 発生器の外観　　　(b) 発生器の内部　　　(c) 放電

(d) 電極構造

図 5.13　円筒型オゾン発生器の構成例

接地電極と誘電体放電管で形成されたドーナッツ状の放電空間にバリア放電を発生する．(c) が放電写真である．放電管と接地金属電極の間の空隙が薄紫色に光っている．

発生器の片側から空気あるいは酸素ガスを流すと，放電空間でオゾンが発生し，発生器の反対側からオゾン化ガスとして排出される．運転中のガス圧力はおおむね 0.1 MPa から 0.2 MPa である．(b) に示すように，多数の電極をガス流に対して並列に用いればオゾン発生量の大容量化は容易（円筒多管式と呼ぶ）で，一般的に広く利用されている方式である．

5.2.2　平板積層オゾナイザ[13]

後述するように，放電ギャップ長を短くすることにより，小型のオゾン発生器で高効率に高濃度のオゾンが発生できることが近年わかってきた．この特長を最大限に発揮できる構造が図 5.14 に示す平板型オゾン発生器である．接地電極，高圧電極の双方を円板状に形成し，電極間に放射状のスペーサを挟み込んで，スペーサの厚さによって放電ギャップ長を調整する．100 μm 程度のきわめて短い放電ギャップを高精度に構成するには，理想的な構造である．

高圧電極は，アルミナセラミクスの片面に導電層を形成し，これを誘電体電極として機能させる．接地電極はステンレス製であり，円筒型オゾン発生器と同様にチラー

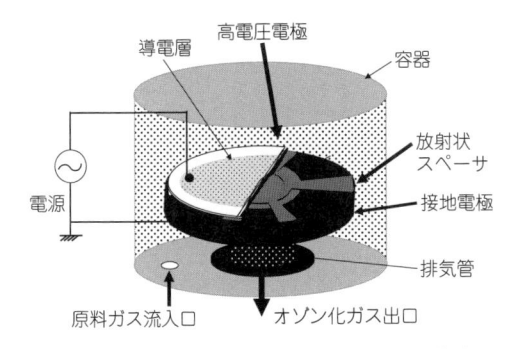

図 5.14 平板型超短ギャップオゾン発生器の構成例

によって温度制御された冷却水を循環させており,放電空間で発生した熱を除去する.大容量化は接地電極と高電圧電極の積層段数を増やすことで容易に実現できる.オゾン発生器缶体外にオゾン化ガスを排出する排気管と,接地電極の中央部の孔を接続し,ガス導入口からオゾン発生器内部に供給された原料ガスは,円板状に構成された放電電極の外周部から放電空間へ流れ込み,放電空間において一部がオゾン化され,電極の中心部から容器外へと排気される.

5.3 酸素原料オゾン発生器の特性

5.3.1 オゾン発生特性に与える放電ギャップ長の影響

オゾン発生器の動作パラメータの中で,酸素原料の場合,オゾン発生特性にもっとも影響するのは放電ギャップ長であることを明らかにする.本節では,放電ギャップ長を 0.05 mm から 1.2 mm まで変化させた場合のオゾン発生特性を,放電電力密度に対する依存性を中心に示し,前節で述べた解析結果と比較する.ここでオゾンの発生特性は (5.14) 式に示したように,電力流量比(specific energy density)W/Q_N とオゾン濃度 $C(O_3)$ の関係で基本的に理解できる.ここで投入電力密度 W/Q_N は [W・min/NL] の単位で示すが,[1 W・min/NL] = [6×10^4 J/Nm^3] で換算できる.また,オゾン濃度 $C(O_3)$ は [g/Nm^3] で示すが,[1 g/Nm^3] = [0.0467 vol%] = [0.07 wt%] の関係がある.ただし,wt% は質量比のため,vol%,g/Nm^3,vol ppm などの体積を含む単位との間に厳密には比例関係は成立しないため,換算には注意が必要である.

a. 放電ギャップ長 1.2 mm のオゾン発生特性[15]

放電ギャップ長 1.2 mm,ガス圧力 0.1 MPa,両面冷却式オゾン発生器におけるオゾン発生特性を図 5.15 に示す.この実験条件から推定される換算電界強度は E/N = 110 Td (Td = 1×10^{-21} V・m^2) であり,オゾンの解離速度比は図 5.9 より $\alpha = 28$ とした.

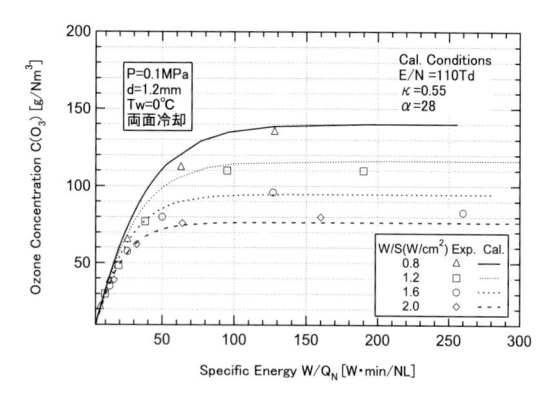

図 5.15 放電電力密度に対する依存性 ($d=1.2$ mm)
両面冷却, $1\,\text{W}\cdot\text{min/NL} = 6\times10^4\,\text{J/Nm}^3$

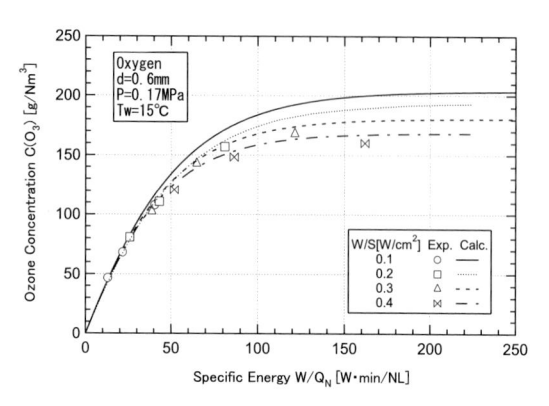

図 5.16 放電電力密度に対する依存性 ($d=0.6$ mm)
片面冷却, $1\,\text{W}\cdot\text{min/NL} = 6\times10^4\,\text{J/Nm}^3$

なお,ガス温度は両面冷却方式の場合には,(5.42)式で与えられる.W/Q_N が $50\sim100\,\text{W}\cdot\text{min/NL}$ ($50\sim100\times6\times10^4\,\text{J/Nm}^3$) でオゾン濃度は飽和する.また,電力密度の増大により,飽和オゾン濃度の大幅な減少が見られる.解析結果もこの現象を定性かつ定量的に再現できている.放電ギャップ長 1.2 mm は従来のオゾン発生器で一般的な動作条件であったが,得られるオゾン濃度は $100\,\text{g/Nm}^3$ 程度であり,高濃度オゾンが必要とされるプロセスにおいては,あまり使用されなくなっている.

b. 放電ギャップ長 0.6 mm のオゾン発生特性[16]

放電ギャップ長 0.6 mm, ガス圧力 0.17 MPa におけるオゾン発生特性を調べた実験および解析結果を図 5.16 に示す.解析条件に使用したパラメータは,$E/N=115\,\text{Td}$ ($\text{Td}=1\times10^{-21}\,\text{V}\cdot\text{m}^2$), $\alpha=24.5$ である (図 5.9 参照).実験は接地金属電極

のみを水冷した片面冷却方式を用いた.このためガス温度は(5.40)式で定義する.片面冷却では,投入された放電電力密度に対するガス温度上昇が両面冷却方式の4倍になる.したがって,片面冷却で電力密度を$0.1\,\mathrm{W/cm^2}$だけ増加させると,両面冷却方式で$0.4\,\mathrm{W/cm^2}$増大したのと同じガス温度の上昇を招く.すなわち図5.16の結果は,図5.15の放電ギャップ長1.2 mm,両面冷却方式での結果と同じガス温度上昇に対するオゾン発生特性の変化を示していることになるが,電力密度に対する最高オゾン濃度の依存性はギャップ長0.6 mmでは小さくなっていることがわかる.これは,放電ギャップ長が短くなったことにより,同一圧力における換算電界強度が110 Tdから115 Td($\mathrm{Td} = 1\times10^{-17}\,\mathrm{V\cdot cm^2}$)へと上昇し,これによって酸素の解離速度に対するオゾンの解離速度比αが減少して,オゾンの分解が抑制されたことによるものと考えられる.

c. 放電ギャップ長 0.3 mm のオゾン発生特性

図5.17に放電ギャップ長0.3 mm,ガス圧力0.17 MPaにおけるオゾン発生特性を示す.解析に使用した条件は$E/N = 153\,\mathrm{Td}$,$\alpha = 16$である.本条件においても,上記した結果と同様に実験結果と解析結果の一致は良好であり,電力密度によるオゾン発生特性の変化を定量的に反映した結果が得られている.電力密度に対するオゾン発生特性の依存性は,放電ギャップ長0.4 mmに比較してさらに抑制され,最高オゾン濃度も$200\,\mathrm{g/Nm^3}$を上回っており,高濃度域において大幅な効率改善が実現されている.

このように放電ギャップを狭く形成することによって,電力密度を増大してもオゾン発生効率がさほど悪化しないという特性が得られるため,電極1本あたりに投入できる電力を増大することが可能となり,オゾン発生量を増加させることができる.こ

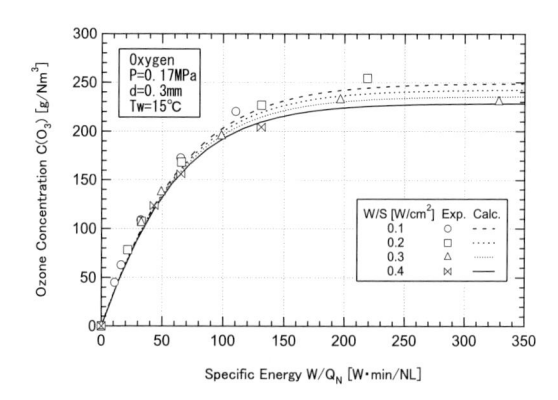

図 5.17 放電電力密度に対する依存性 ($d = 0.3\,\mathrm{mm}$)
片面冷却,$1\,\mathrm{W\cdot min/NL} = 6\times10^4\,\mathrm{J/Nm^3}$

のため工業的にはオゾン発生器の小型化につながるという利点を有する．

d. 放電ギャップ長 0.1 mm のオゾン発生特性

放電ギャップ長 0.1 mm，ガス圧力 0.17 MPa におけるオゾン発生特性を図 5.18 に示す．解析に使用した条件は $E/N=240$ Td（Td$=1\times10^{-21}$ V・m^2），$\alpha=9$ である．電力密度は放電ギャップ長 0.2 mm の場合と同様に，2.0 W/cm^2 まで評価した．(5.40)式から得られる放電空間の平均ガス温度は，$W/S=0.5$ W/cm^2 では 294 K，$W/S=$ 1.0 W/cm^2 では 300 K，1.5 W/cm^2 では 306 K，2.0 W/cm^2 では 313 K となる．電力流量比が 50 W・min/NL 以下の領域においては，オゾン発生特性の電力密度に対する依存性は顕著に見られていないが，比電力の増加に伴って，電力密度に対する依存性が明確になり始め，電力密度の増加に伴って，オゾン発生効率および最高オゾン濃度が低下する．

低濃度域において実験結果と解析結果に若干の差があるが，放電電力密度に対する飽和濃度の変化に対してよい一致が見られる．

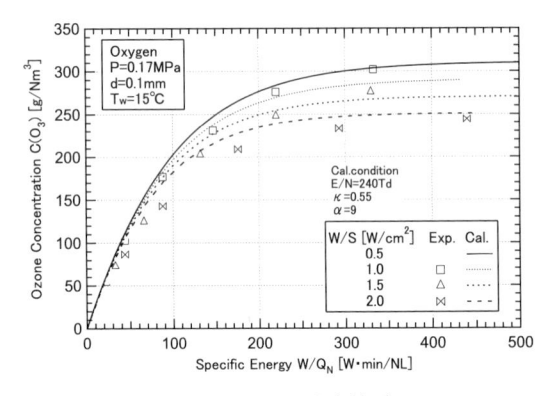

図 5.18 放電電力密度に対する依存性（$d=0.1$ mm, $P=0.17$ MPa）
片面冷却，1 W・min/NL $=6\times10^4$ J/Nm^3

図 5.19 オゾンブルー（口絵 2 参照）

5.3 酸素原料オゾン発生器の特性

このように，強電界放電とガス温度低減を同時に実現できる狭ギャップ放電の特徴をいかし，放電ギャップ長 0.1 mm において最高濃度 300 g/Nm^3（14 vol%）を超える高濃度オゾンの生成を実現できた[13]．オゾン濃度が高くなると，図5.19に示すように，低濃度では透明であったオゾンガスが青色に見えるようになる．これは図5.20に示すように，オゾンの光吸収特性に起因する現象である．すなわち，オゾンガスは400 nm（青色）以外の広い領域に，大きな光吸収断面積（チャピウス吸収帯）をもち，オゾン濃度が高くなると，青色を除く可視光を吸収するため，透過した光が青く見えるわけである．

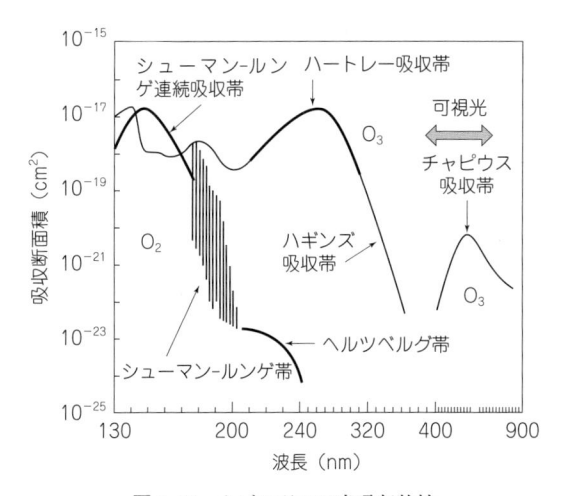

図5.20 オゾンガスの光吸収特性

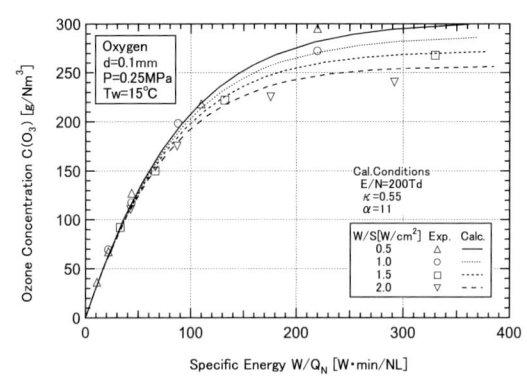

図5.21 放電電力密度に対する依存性（$d=0.1$ mm, $P=0.25$ MPa）
片面冷却，1 W・min/NL = 6×10^4 J/Nm^3

図 5.21 は放電ギャップ長 0.1 mm で，ガス圧力を 0.25 MPa としたときのオゾン発生特性を示したものである．換算電界強度は，ガス圧力の増加により 0.17 MPa の 240 Td から 200 Td まで低下する．これにより，ガス圧力以外の動作条件が同じ場合でも，オゾン発生特性に変化が見られることがわかる．

e. 放電ギャップ長 0.05 mm のオゾン発生特性

放電ギャップ長 0.05 mm，ガス圧力 0.3 MPa におけるオゾン発生特性の放電電力密度に対する依存性を調べた結果を，解析結果とともに図 5.22 に示す．解析に使用した条件は $E/N=250$ Td, $\alpha=8.5$ である．電力密度に対する依存性はさらに小さくなっており，解析でもこの現象を反映した結果が得られている．放電電力密度 1.5 W/cm^2 においても，300 g/Nm^3 を超える高濃度オゾンの生成が実現されている．1 mm

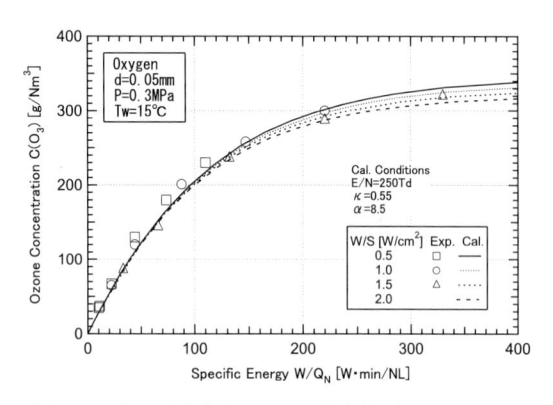

図 5.22 放電電力密度に対する依存性 ($d=0.05$ mm)
片面冷却，$1\ W \cdot min/NL = 6 \times 10^4\ J/Nm^3$

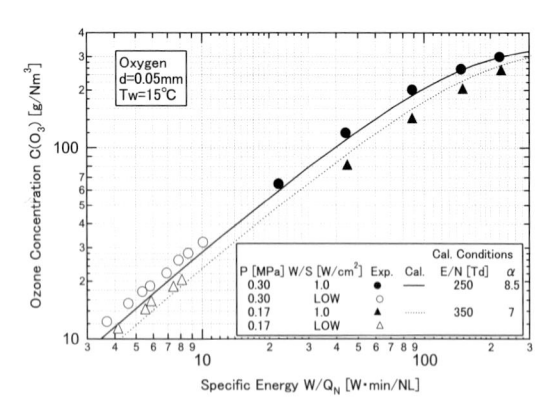

図 5.23 ガス圧力に対する依存性 ($d=0.05$ mm)
片面冷却，$1\ W \cdot min/NL = 6 \times 10^4\ J/Nm^3$

程度の放電ギャップ長におけるオゾン発生特性には大きな放電電力密度依存性が見られたが，放電ギャップ長 0.05 mm においては，(5.40) 式より得られるガス温度の上昇は放電電力密度 2.0 W/cm^2 の場合でも約 12℃ であることから，狭ギャップ化によって放電場のガス冷却能力が大幅に向上されていることに起因するものと考えられる．

図 5.23 に放電ギャップ長 0.05 mm，ガス圧力 0.17 MPa と 0.3 MPa におけるオゾン発生特性の実験および解析の結果を示す．同図中には解析に使用した条件をあわせて示す．いずれのガス圧力に対しても実験結果と解析結果には良好な一致が確認される．

5.3.2　換算電界強度 E/N の影響[2)]

前節で放電ギャップ長を 0.05 mm から 1.2 mm まで変化させたオゾン発生特性について，放電電力密度に対する依存性を中心に述べた．本節では，これらの結果をもとに，放電基礎パラメータのひとつである換算電界強度がオゾン発生特性に与える影響について検討してみよう．

図 5.24 にガス圧力を 0.17 MPa で一定とした場合の，数種の放電ギャップ長に対するオゾン発生特性の実験および解析の結果を示す．同図中に解析に使用した条件も示す．冷却水温度はすべての条件で 15℃ であり，電力密度 W/S と放電ギャップ長 d の積を 0.02 W/cm で一定にしているから，(5.40) 式で示した放電空間における平均ガス温度はすべての動作条件で同じであり，313 K となる．オゾン濃度が 100 g/Nm^3

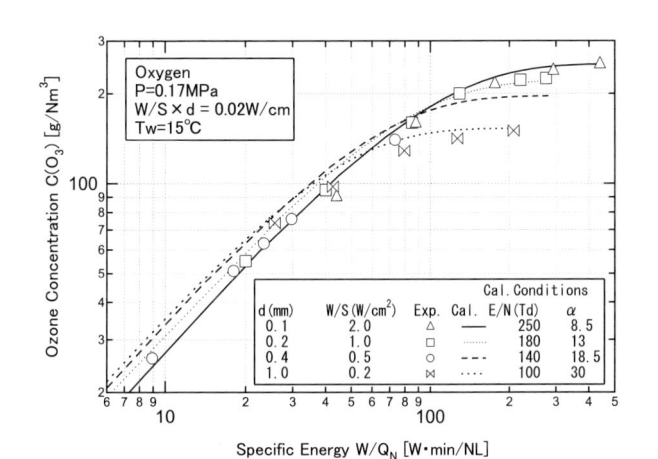

d (mm)	W/S (W/cm^2)	Exp.	Cal.	E/N (Td)	α
0.1	2.0	△	―	250	8.5
0.2	1.0	□	----	180	13
0.4	0.5	○	- - -	140	18.5
1.0	0.2	⋈	⋯⋯	100	30

Oxygen
P=0.17MPa
W/S×d = 0.02W/cm
Tw=15℃

図 5.24　放電空間ガス温度が同等の条件の特性（換算電界強度に対する依存性）
片面冷却，1 W・min/NL = 6×10^4 J/Nm^3

を下回る比較的濃度の低い領域においては，放電ギャップ長1.0 mmでのオゾン発生効率がもっとも高くなっていることが，実験および解析の結果から示されている．これは，図5.5に示したように酸素原子の発生効率の極大値が$E/N=80$ Td（Td＝1×10^{-17} V・cm^2）付近に存在し，酸素原子からオゾンへの変換効率が高く，またオゾンの分解効果が顕著に現れない低オゾン濃度域においては，酸素原子の発生効率の高い弱電界放電（$E/N=100$ Td付近）の方が有利であることを意味する．一方，オゾン濃度が高くなり100 g/Nm^3を超える領域になると，酸素原子からオゾンへの変換効率の高低はあまり重要な意味をもたなくなり，オゾンの分解過程がオゾン濃度および発生効率を決定する上で支配的な因子となる．このため，酸素の生成速度に対する実効的なオゾンの分解速度を低減できる狭ギャップ（強電界）放電が，高オゾン濃度域で効率よくオゾンを生成することが可能となり，このような逆転現象が見られるものと推察される．

以上の結果から，狭放電ギャップを有するオゾン発生器が，強電界放電と低ガス温度を両立し，高濃度域におけるオゾンの分解反応を抑制することによって，きわめて高濃度のオゾンを効率よく生成できることが明らかになった．

5.3.3 ガス温度の影響

放電場のガス温度は，電界強度とともにオゾン発生特性に大きな影響を及ぼす重要なパラメータである．ガス温度は，(5.40) 式あるいは (5.42) 式に示したように，放電エネルギー投入によるガス温度の上昇と冷却水温度との和で表される．放電電力密度の影響については，各ギャップにおけるオゾン発生特性の評価結果において述べたので，本節では冷却水温度によるガス温度の変化がオゾン発生特性に与える影響に

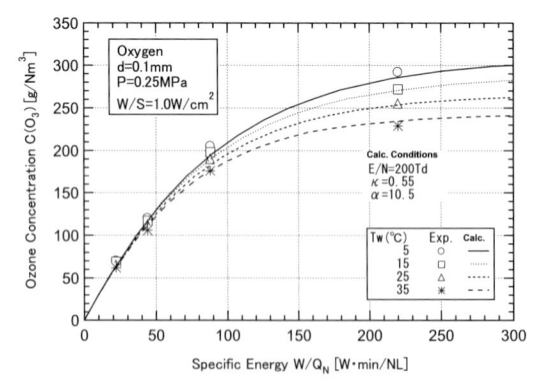

図 5.25　冷却水温度に対する依存性（$d=0.1$ mm）
片面冷却，1 W・min/NL＝6×10^4 J/Nm^3

ついて調べた結果について述べる.

ガス圧力 0.25 MPa,放電電力密度 1.0 W/cm^2 において,冷却水温度を5℃から35℃まで10℃刻みで変化させた場合のオゾン発生特性を図5.25に示す.冷却水温度の上昇は,そのまま放電場のガス温度上昇につながるので,オゾン分解の効果が顕著に現れる高オゾン濃度域において,飽和オゾン濃度の低下という結果につながることが実験と解析の結果から理解される.

図5.26は,放電ギャップ長 0.4 mm,ガス圧力 0.17 MPa におけるオゾン発生特性の冷却水温度に対する依存性を示したものである.なお,放電電力密度 W/S は 0.4 W/cm^2 で一定とした.図5.9の結果と同様,低オゾン濃度域におけるオゾン発生特性に

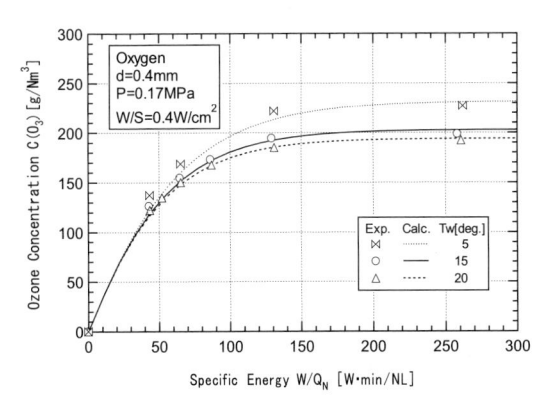

図 5.26 冷却水温度に対する依存性($d = 0.4$ mm)
片面冷却,1 W·min/NL $= 6 \times 10^4$ J/Nm^3

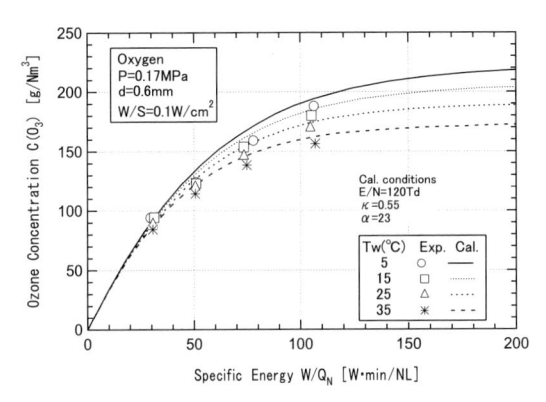

図 5.27 冷却水温度に対する依存性($d = 0.6$ mm)
片面冷却,1 W·min/NL $= 6 \times 10^4$ J/Nm^3

与える冷却水温度の影響は小さいが，冷却水温度の上昇により飽和オゾン濃度が低下することがわかる．この結果からも，ガス温度を低く保つことが高効率・高濃度のオゾン生成に重要である．

ガス温度のオゾン発生特性に与える影響を調べた他の結果として，ギャップ長 0.6 mm，ガス圧力 0.17 MPa におけるオゾン発生特性の冷却水温度依存性を図 5.27 に示す．先の結果と同様，最高オゾン濃度および高濃度域におけるオゾン発生効率は，冷却水温度の上昇により低下する．

電子衝突解離を除いたオゾンの分解に関連する反応は温度に敏感であり，これらの反応速度定数は温度の上昇により増大する．このため，電力密度の増大あるいは冷却水温度の上昇によって放電空間のガス温度が高まると，オゾン分解が促進されて高濃度オゾンを効率よく生成することができないことが，これまでの実験および解析の結果から明らかになった．これらの結果から，高濃度オゾンを効率よく生成するためには，放電空間のガス温度をできる限り低く抑えることが重要である．

筆者らが提案した 0.1 mm もしくはそれ以下の狭放電ギャップによるオゾン生成が，オゾンの電子衝突解離反応を抑制する強電界放電を実現するだけでなく，放電空間のガス温度上昇を抑制することで，高濃度・高効率オゾン生成に対してきわめて有効な手段であることが実証され，現在では一般的なオゾン発生法として採用されている．

5.4　空気原料オゾン発生器の特性

放電を利用したオゾン生成法では，オゾンの生成反応と分解反応が放電空間で同時に進行する．空気を原料ガスとしたオゾン発生器では，オゾンとともに副次的に生成される窒素酸化物がオゾンと反応して結果的にオゾンを分解するため，オゾンの生成・消失過程は酸素を原料ガスとした場合に比較して，非常に複雑である．

5.4.1　空気原料におけるオゾン生成－全体像－

空気原料でオゾンを発生するときの反応の全貌を把握する目的で，各粒子密度の簡易な計算結果の一例を図 5.28 に示す．図には比較のため実験結果も点で示してある．計算の際，使用した条件は，実験における条件：$p = 100$ kPa（1 atm），$d = 1.2$ mm，$E/N = 113$ Td（1.13×10^{-15} V·cm^2），$W/S = 0.8$ W/cm^2 と同一である．計算では電子による O_2, N_2, O_3 の解離係数を $\chi(O_2)/N = 3.03 \times 10^{-16}$ cm^2，$\chi(N_2)/N = 8.48 \times 10^{-19}$ cm^2，$\chi(O_3)/N = 5.15 \times 10^{-15}$ cm^2 とし，ガス温度 $T = 320$ K とした．

横軸 tr はガスの放電空間内滞在時間，縦軸は放電生成物の数密度である．図において明白に示されているように，諸解離係数やガス温度が適切に評価されれば，空気

5.4 空気原料オゾン発生器の特性

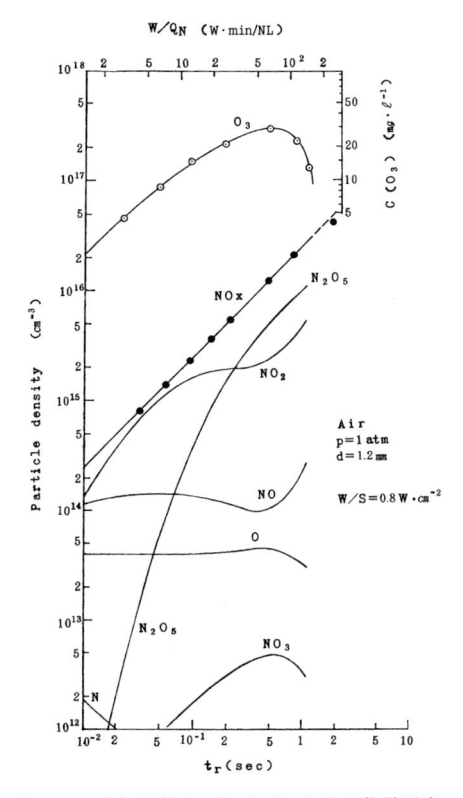

図5.28 空気原料オゾナイザにおける化学反応：
放電生成物の粒子密度とガスの放電空
気間滞在時間 tr
曲線：計算結果，点：実験結果（$T_w = 0℃$，両面冷却）

原料オゾナイザにおける O_3 や NO_x の発生量は理論的に予言できる．

ここで，空気原料オゾナイザにおける化学反応過程を以下の3領域に分けて考えてみよう．

①ガスの放電空間滞在時間 tr が小さい領域

$W/Q_N < 5\,W\cdot min/NL$ では，O_3 や NO_x の濃度は低く，O_3 濃度は tr とともに増大する．計算の過程を検討すれば，5.1.1項で検討したように O_3 濃度の増大速度は O 原子の発生速度に等しい．そのときのオゾン発生効率は (5.15) 式を保つ．

②中間的な tr の領域

$5 < W/Q_N < 150\,W\cdot min/NL$ の領域では，O_3 濃度は W/Q_N の増加に伴い最高値に達したのち低下し，最終的には 0 になる．

NO_x の全量は滞在時間 tr とともに増加する．その発生速度は N_2 の解離による N 原子の発生速度に等しい．NO_x 発生の効率 $\eta(NO_x)$ は前領域 (i) とこの領域 (ii) にわたって最大値

$$\eta_{\max}(NO_x) = \kappa \frac{1}{q_e} \frac{\chi(N_2)}{N} \frac{1}{E/N} \frac{[N_2]}{N} \tag{5.43}$$

を維持している．

　図に示されているように，オゾン発生効率 $\eta(O_3) = C(O_3)/(W/Q_N)$ は W/Q_N の増加とともに徐々に減少する．とくにオゾン濃度が最大値を経て低下する領域では効率の低下が著しい．

　これは単純化していえば，O_3 分解作用を有する NO-NO_2 catalytic cycle の影響力が W/Q_N の増加，すなわち NO_x 濃度の増加とともに増大するのが原因である．NO-NO_2 catalytic cycle とは (5.44) 式に示すように，NO，NO_2 および O_3，O が反応して，オゾンが一方的に分解されるプロセスを示す．

$$\begin{aligned} NO + O_3 &\xrightarrow{kn_{14}} NO_2 + O_2 \\ O + NO_2 &\xrightarrow{kn_{16}} NO + O_2 \\ \hline \text{net}\quad O + O_3 &\longrightarrow 2O_2 \end{aligned} \tag{5.44}$$

一方，NO_x が存在しない酸素原料では O_3 濃度は定常値に近い値をとる．この相違は NO-NO_2 catalytic cycle を考慮した反応機構で説明される．

　③　tr のさらに大きな領域

　本条件で，$W/Q_N >$ 150 W・min/NL の領域では，O_3 は生成されない領域であり，実用上重要ではない領域である．実験による検証は5.4.4項で行うことにする．

5.4.2　空気原料オゾナイザの特性
a.　ガス圧力に対する依存性

　図5.29は，放電ギャップ長を 0.6 mm に固定し，ガス圧力を変化させた場合のオゾン発生特性の実験および解析の結果を示したものである．オゾン発生特性は，5.3節で示した結果と同様に，横軸に電力流量比 W/Q_N，縦軸にオゾン濃度を示す．放電維持電圧 V^* の測定値と実験条件 (Nd 値) から評価した換算電界強度 E/N を用い，図5.9から酸素の解離速度に対するオゾンの解離速度の比 α を求めて計算した結果を各種線で示した．図5.29の条件では，電力密度を一定としているので，(5.40) 式で与えられるガス温度はすべての条件で一定である．ガス圧力の変化によって換算電界強度が変化し，それぞれの圧力でのオゾン発生特性にも変化が見られる．ガス圧力の増加により 0.3 MPa まではオゾン発生特性が改善されているが，0.3 MPa を超えると逆に悪化する．また，実験結果と解析結果にはよい一致が見られており，空気を

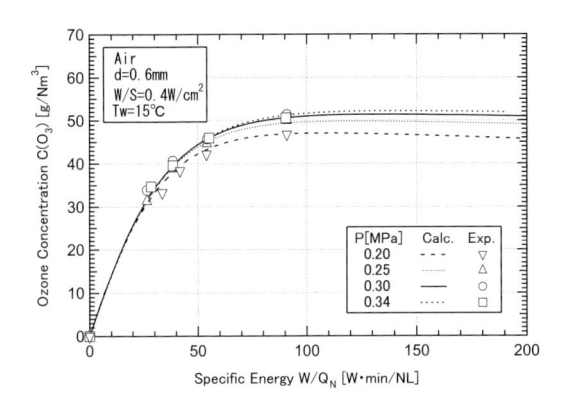

5.4 空気原料オゾン発生器の特性

図 5.29 ガス圧力に対する依存性 ($d = 0.6$ mm)
片面冷却,1 W・min/NL $= 6 \times 10^4$ J/Nm^3

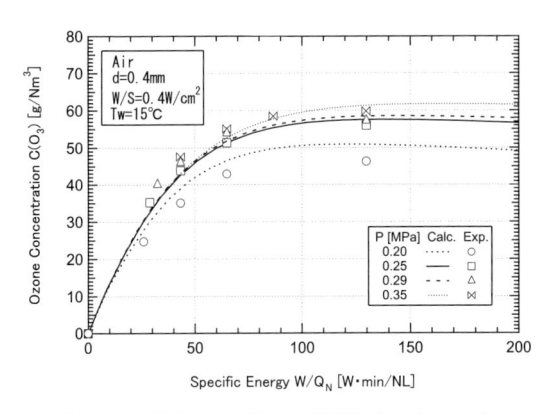

図 5.30 ガス圧力に対する依存性 ($d = 0.4$ mm)
片面冷却,1 W・min/NL $= 6 \times 10^4$ J/Nm^3

原料ガスとする場合,オゾン生成に最適なガス圧力が存在することが推察される.

図 5.30 は,放電ギャップ長を 0.4 mm とし,冷却水温度と放電電力密度を一定にした時に,ガス圧力によるオゾン発生特性の変化を調べたものである.放電ギャップ長 0.6 mm の場合と同様,ガス圧力の増加によりオゾン発生特性が改善されていることがわかる.ただし,ガス圧力 0.3 MPa を超えても特性の悪化は見られず,0.35 MPa においてもオゾン発生特性はさらに向上し,最高オゾン濃度は約 60 g/Nm^3 に達していることがわかる.

b. 副産物 NO_x の発生特性とオゾン発生の関連性

上記の結果は,オゾンと同時に生成される窒素酸化物の生成量が密接に関係してい

るため，窒素酸化物の生成量を NO_x 計により同時に測定した．

図 5.31 に，窒素酸化物とオゾンの濃度の比 $[NO_x]/[O_3]$ とガス圧力の関係について調べた結果を示す．ガス流量を一定にしているので，それぞれの電力密度における電力流量比 W/Q_N も一定である．図 5.31 より，ガス圧力の増加に伴って $[NO_x]/[O_3]$ の値は減少し，Pd = 15～20 kPa・cm 近傍で極小値をとる．$d = 0.6$ mm とすれば，ガス圧力 0.3 MPa は $[NO_x]/[O_3]$ が極小値をとる圧力に相当する．図 5.29 で示したように，0.3 MPa はもっとも高いオゾン発生効率が得られたガス圧力である．放電ギャップ長 0.4 mm の場合では，ガス圧力を 0.35 MPa としても Pd = 14 kPa・cm (105 Torr・cm) となり，$[NO_x]/[O_3]$ の値が極小値をとる圧力域より小さい．そのため，図 5.29 および図 5.30 に示したオゾン発生特性の圧力依存性を示したものと考えられる．

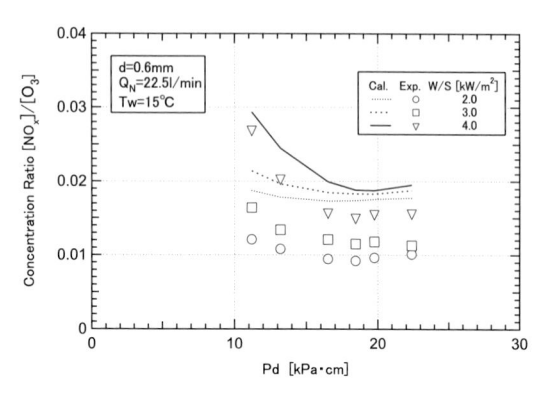

図 5.31 NO_x 濃度とオゾン濃度の関係

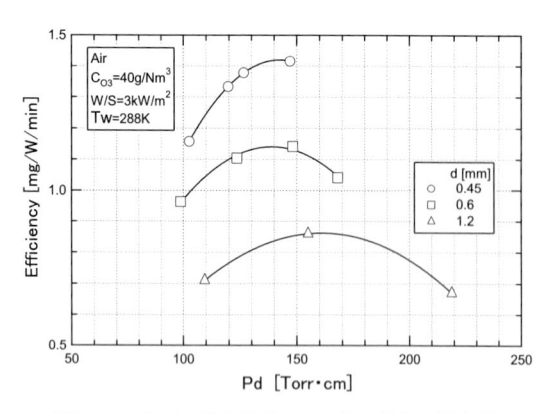

図 5.32 オゾン発生特性の Pd 値に対する依存性
mg/W/min = 1.67×10^{-5} g/J

これらの結果から，同じ投入エネルギーに対して，オゾンの生成量に対する窒素酸化物の生成量がもっとも抑制されている条件において，オゾン発生効率の最大値が得られ，飽和濃度についても最大値を示すと考えられる．すなわち，空気を原料としたオゾンの生成には，動作ガス圧力が副次的に生成される窒素酸化物の濃度に大きく影響し，窒素酸化物濃度が極小値をとるガス圧力がオゾン生成に最適な条件となる．

図 5.32 は，3 種類の放電ギャップ長に対して，ガス圧力によるオゾン発生特性の変化を調べた結果を，横軸にガス圧力と放電ギャップ長の積 Pd 値をとってまとめたものである．図 5.32 より，もっとも効率よくオゾンが生成されるガス圧力と放電ギャップ長の関係は一義的にまとめられ，放電ギャップ長によらず，$P \cdot d = 20 \text{ kPa} \cdot \text{cm}$ (150 Torr·cm) 近傍にあることがわかる．この結果は，図 5.31 に示した $[NO_x]/[O_3]$ の値の極小値が，$P \cdot d = 15 \sim 20 \text{ kPa} \cdot \text{cm}$ (110〜150 Torr·cm) に存在するという結果とともに，NO_x の生成を抑制することが，空気を原料としたオゾン発生器における高濃度・高効率オゾン生成にきわめて重要であることを示唆するものである．また，放電空間の換算電界強度は，第 4 章で示した実験結果から Pd 値によって一義的に決定されるので，以上の結果からオゾン生成に適正な換算電界強度は 100 Td ($1 \times 10^{-15} \text{ Vcm}^2$) 程度であると評価される．

5.4.3　空気原料オゾナイザの特性を支配する要因
a.　E/N の影響

以上の実験および解析の結果から，空気を原料としたオゾン生成には，放電ギャップ長とガス圧力の積である Pd 値，換言すれば放電場の換算電界強度に最適値が存在し，その値はおよそ 100 Td であると結論できる．それぞれのギャップ長に対する最適条件でのオゾン発生効率は，放電ギャップ長が狭まるにつれて上昇しているが，この理由については後述する．

ここで，換算電界強度 E/N のオゾン発生特性に与える影響を見るために，ガス圧力 0.17 MPa において放電ギャップ長を変化させた場合のオゾン発生特性を調べた結果を，解析結果とともに図 5.33 に示す．

放電電力密度 W/S と放電ギャップ長 d の積 $W/S \times d$ が一定であるので，(5.40) 式で与えられる放電空間のガス温度はすべての条件で同じであり，$T_{gas} = 303$ K と評価される．図 5.33 より 100 Td 近傍の換算電界強度においては，オゾン発生特性に大きな変化は見られず，最高濃度として約 50 g/Nm^3 のオゾンが得られている．しかし，放電ギャップ長を 0.2 mm とすると，ガス温度が一定の条件であるにもかかわらず，最高オゾン濃度は大幅に低下し，投入エネルギーの増加に伴って最終的にオゾンが生成されない状況 (discharge poisoning)[18] に陥ることがわかる．これは，ガス圧力が一定であるため，放電ギャップ長 0.2 mm においては，換算電界強度が 190 Td ($P \cdot$

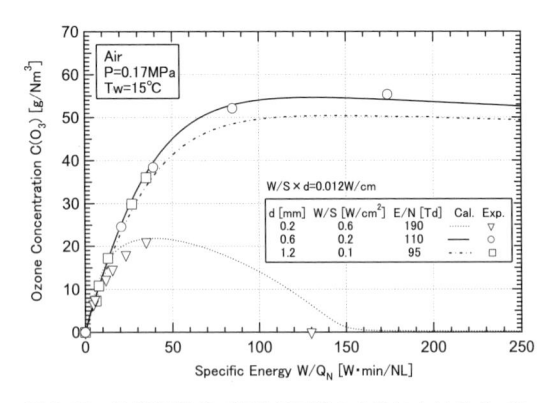

図 5.33 放電空間ガス温度が同等の条件におけるオゾン
発生特性（換算電界強度に対する依存性）
$1\ \mathrm{W \cdot min/NL} = 6 \times 10^4\ \mathrm{J/Nm^3}$

$d = 3.4\ \mathrm{kPa \cdot cm}$) ときわめて高く，オゾン生成の阻害要因である窒素酸化物の生成量が大幅に増加したことが原因である．

このように，狭ギャップ放電により実現される高電界放電は，酸素原料オゾン発生器においてはオゾン分解反応の主要因となる低エネルギー電子の発生を抑えるための有効な手段であるが[1]，空気を原料とした場合には，オゾン生成の阻害要因となる窒素酸化物の生成を促進するため，高効率オゾン発生に有効な手段とはならず，条件によっては，まったくオゾンが生成されない事態を招くこともある．

b. ガス圧力の影響

図5.34は，放電ギャップ長が異なる場合において，換算電界強度 E/N と $W/S \times d$，すなわちガス温度を一定にした場合のオゾン発生特性の実験結果と解析結果を示したものである．$E/N = 100\ \mathrm{Td}$ を実現するガス圧力は，ギャップ長 $d = 0.4\ \mathrm{mm}$, $0.6\ \mathrm{mm}$, $1.2\ \mathrm{mm}$ に対して，それぞれ $P = 0.43\ \mathrm{MPa}$, $0.3\ \mathrm{MPa}$, $0.17\ \mathrm{MPa}$ である．換算電界強度とガス温度がすべての条件で等しいので，電子衝突による粒子の励起速度定数および中性粒子間の反応速度定数は，解析上はすべての条件で同じである．しかしながら，実験結果および解析結果が示すオゾン発生特性には明らかに違いが見られ，ギャップ長が短くなるほど，オゾン発生特性が改善されていることがわかる．

この原因として，オゾンの生成の主たる反応が三体衝突反応であることがあげられる．すなわち，オゾンの生成は酸素原子，酸素分子と放電空間に存在する第三体を巻き込んだ反応過程であり，その生成速度がガス圧力の2乗に比例するため，ガス圧力を高めたことにより，オゾンの生成速度が増大したことによるものと考えられる．図5.32でも示したように，最適ガス圧力でのオゾン発生効率が，放電ギャップが狭ま

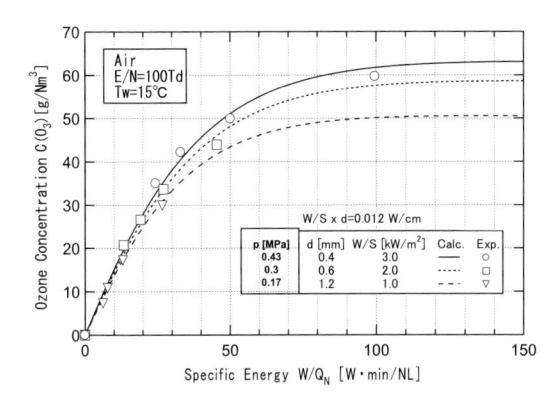

図 5.34 E/N と放電空間ガス温度が同等のオゾン発生特性
（ガス圧力の影響）
片面冷却，$1\,\text{W}\cdot\text{min/NL} = 6\times10^4\,\text{J/Nm}^3$

るに伴って改善されるのは，このような理由からである．すなわち，狭放電ギャップ化に伴ってガス圧力を増大することは，電界強度の適正化とともに，三体衝突によるオゾンの生成反応速度を増大させる．このように空気を原料とするオゾン発生器において，狭放電ギャップとこれに適正化された高ガス圧力による動作が，高効率・高濃度オゾン発生に対して有効に作用する．

c. ガス温度，電力密度の影響

オゾン発生特性に与えるガス温度上昇の影響を表すものとして，放電ギャップ長 0.6 mm，ガス圧力 0.17 MPa におけるオゾン発生特性の電力密度依存性を調べた結果を図 5.35 に示す．電力密度が小さい（$W/S<0.2\,\text{W/cm}^2$）場合には，ガス温度も 300 K 程度と低く抑えられているので，高濃度オゾンの生成が可能である．しかし，電力密度が $1.0\,\text{W/cm}^2$ の場合では，電力流量比の増加に伴って上昇するオゾン濃度が，電力流量比がある値を超えてからは低下し始め，最終的にはオゾンがまったく生成されない現象が見られることが実験，解析の双方の結果から示されている．

このような電力流量比の増大によりオゾン濃度が急激に低下する現象は，空気を原料ガスとしたオゾン生成に特有のものであり，酸素を原料とした場合には観察されない[17]．これは，電力流量比の増加に伴って，オゾンとともに副次的に生成される窒素酸化物の濃度が増大し，さらに電力密度増大によるガス温度の上昇との相乗的な効果により，オゾンの分解反応が急激に進行することが原因であると考えられる．窒素酸化物との反応を含め，オゾンの分解反応に関する反応速度定数の多くは，温度の上昇とともに指数関数的に増大するからである．

この結果は，電力流量比の大きな領域では，生成された窒素酸化物が触媒的にオゾ

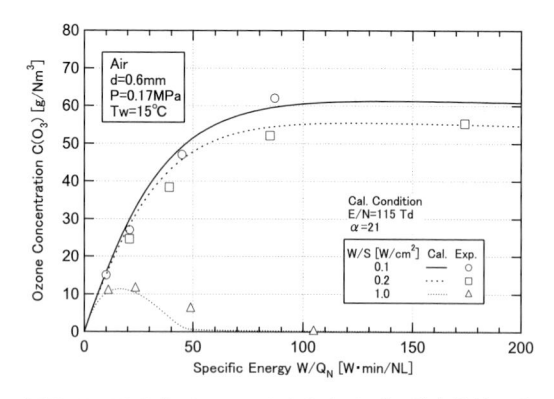

図 5.35 W/S をパラメータとしたオゾン発生特性の変化 ($d=0.6$ mm)
1 W・min/NL $= 6 \times 10^4$ J/Nm^3

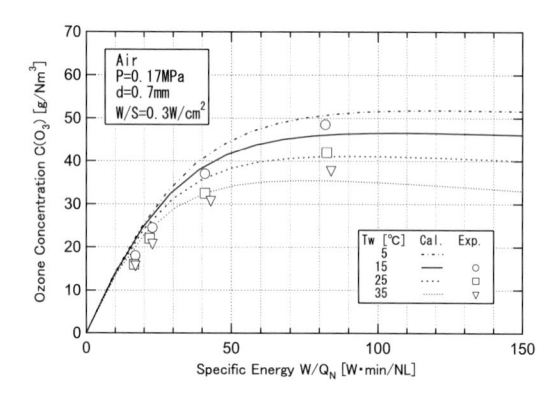

図 5.36 冷却水温度のオゾン発生特性に与える影響
1 W・min/NL $= 6 \times 10^4$ J/Nm^3

ンを分解する反応が支配的であるとした近似計算の解析結果[9]とも一致しており，窒素酸化物による catalytic chain reaction によるオゾン分解モデルの妥当性を裏づけるものである．したがって，ガス温度の上昇につながる電力密度の増大がオゾン発生特性に与える影響はきわめて大きいため，効率良いオゾン生成には，前述した電界強度の適正化とともに，ガス温度を低く維持することが重要であることがわかる．

図 5.36 は，放電ギャップ長 0.7 mm, ガス圧力 0.17 MPa において，冷却水温度がオゾン発生特性に与える影響について調べた結果である．電力密度によってガス温度を変化させた場合と同様に，冷却水温度を変化させた場合にも，実験結果と解析結果にはよい一致が見られている．20 g/Nm^3 以下のオゾン濃度では，各条件で有意差は

見られないが，オゾン濃度の上昇に伴って性能差が生じており，最高オゾン濃度にも大きな影響を及ぼしていることがわかる．電力密度の増大と同様に冷却水温度の上昇もガス温度の上昇を招くため，オゾン発生効率の低下は避けられない．

ここでは，放電空間のガス温度を決定する因子として，放電電力密度と冷却水温度の影響について調べた．これらの結果から，ガス温度を低く保つことが高濃度・高効率オゾン発生に重要であり，ガス温度の上昇を抑えるためにも，最適化されたガス圧力下での狭ギャップ放電が有効であることが示された．

5.4.4 副生成物：窒素酸化物の発生（詳細）

放電ギャップ長0.4 mmのオゾン発生器で，オゾンとともに副生される窒素酸化物濃度をFT-IR（Fourier transform infrared spectroscopy）法により定量測定した．表5.5に動作条件を示す．

ガス圧力の変化により，放電電力（電力流量比）に対するオゾン濃度を変化させ，窒素酸化物濃度との関係を調べた．また，熱分解オーブン（ozone killer）の有無によっ

表5.5 オゾン発生器の動作条件

放電ギャップ長 d [mm]	0.4
ガス圧力 P [MPa]	0.14〜0.29
空気流量 Q [NL/min]	10
放電電力密度 W/S [W/cm^2]	0.3〜0.4
原料ガス露点 [℃]	-59
熱分解オーブン温度 [℃]	350

表5.6 実験条件

条件	ガス圧力 P [MPa]	電力密度 W/S [W/cm^2]	オゾン濃度 CO_3 [g/Nm^3]	オーブン	備考
1	0.29	0.4	60	なし	オゾン生成
2	0.29	0.3	50	あり	オゾン生成
3	0.14	0.4	0	なし	オゾンレスモード
4	0.14	0.4	0	あり	オゾンレスモード

表5.7 窒素酸化物定量分析の結果

条件	NO$_2$ [ppm]	NO [ppm]	N$_2$O [ppm]	HNO$_3$ [ppm]	備考
1	0	0	314	41	NO, NO$_2$ なし
2	1927	199	349	7	N$_2$O$_5$ 熱分解
3	1026	244	264	2	N$_2$O$_5$ 還元
4	1109	71	244	2	N$_2$O$_5$ 還元

て測定される窒素酸化物の変化を見た．実験条件の詳細を表5.6に，測定結果を表5.7に示す．

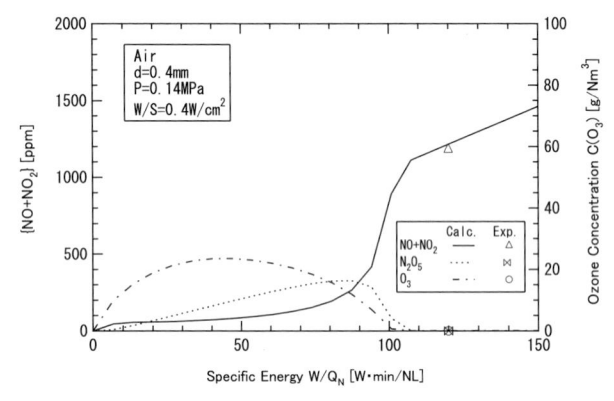

条件1に示すオゾン生成モードでオーブンによりオゾンを熱分解させない場合にはNOおよびNO_2は測定されず，条件2に示す熱分解ありの場合で，NOとNO_2の濃度が2000 ppm程度検出される．この結果から，オゾン生成モードでは，NOとNO_2がオゾンによりすべて酸化されてN_2O_5の形で存在していることがわかる．本条件における解析結果と実験結果のプロットを図5.37に示す．解析結果からもNOとNO_2の濃度はいずれも数ppm以下となっており，上記結果と定量的な一致を示していることがわかる．

図5.37 窒素酸化物濃度とオゾン濃度の関係
1 W・min/NL = 6×10^4 J/Nm^3

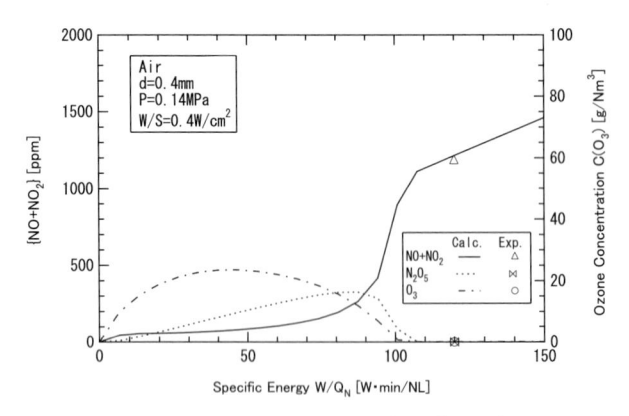

図5.38 オゾンレスモードでの粒子濃度の変化
1 W・min/NL = 6×10^4 J/Nm^3

条件3および条件4は，ガス圧力を下げて意図的にオゾンが生成されないオゾンレスモードを再現した実験であり，高次の窒素酸化物を生成する酸化剤となるオゾンが存在しないため，オーブンによる熱分解の有無にかかわらずNOおよびNO_2が検出される．このように，熱分解を行っても検出される窒素酸化物の形態と濃度に有意差が見られないことから，オゾンレスモードではN_2O_5は存在しないと推測される．この現象は，図5.38に示す解析結果からも確認できており，N_2O_5の濃度が急激に減少してNOとNO_2の濃度が1000 ppmを超えるあたりから，オゾンレスモードへと移行することがわかる．

5.5　オゾンの産業応用[19,20]

オゾンの利用は19世紀の飲料水の殺菌にさかのぼり，その後，選択的化学反応を利用した化学合成，1970年代の公害対策時代の排水の脱色，脱臭から水質保全へと進んできた．近年は，種々の製造プロセスにおいて，環境負荷が小さく，生産性のよいプロセスが求められており，その観点からも，分解後酸素に戻る環境にやさしい酸化剤であるオゾンの活用が期待を集めている．

5.5.1　水処理への応用

オゾンの利用でもっとも広く普及している技術は，水処理への応用である．一般に図5.39に示すように，処理水中にオゾンガスをバブリングして，水中の有機物などを酸化分解し，水の浄化に利用するものである．

a.　上水処理

水処理の中でも，とくに上水（飲み水）の処理が広く普及している．1892年には殺菌を目的に，ドイツでオゾンを使った上水プラントが建設され，1906年には，フランスのニース浄水場でオゾン設備が稼動している．その後，フランスを中心に100カ所以上の浄水場にオゾン処理が導入された．しかし，その後，安価な塩素の製造法

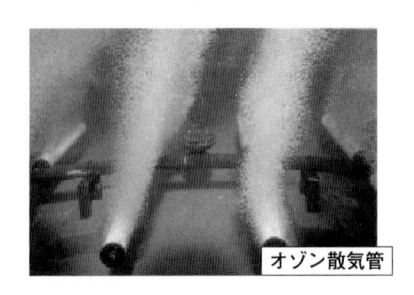

図5.39　オゾンによる水処理

が開発され，殺菌剤としての中心は塩素にかわった．現在の水処理へのオゾン導入の目的は，①臭気物質の除去，②トリハロメタンの低減，③クリプトスポリジウムの不活化，④脱色，⑤有害化学物質（農薬，マンガン，鉄など）の除去，などである．これらのうち，オゾンの利用目的が多く重要な項目について説明する．

1) 上水処理の化学

①臭気物質の除去： 水道水で問題になる臭気は放線菌，藍藻類の異常発生に伴って産生される，カビ臭（2-MIB（methyl-iso-borneol），ジェオスミンなど）が多い．これらの物質は数十 ng/L 程度の低濃度で異臭味を感じるため，既存の上水処理ではほとんど除去できないが，オゾン処理により除去が可能である．水道分野でオゾンを利用する目的で一番多いのが，この臭気物質の除去であり，大きな効果をあげている．

②トリハロメタン生成の低減化： 臭気物質問題に引き続いて起きてきたのが，発がん性の疑いのあるトリハロメタンの問題である．トリハロメタンは，水道原水中の有機物質（前駆物質）と消毒のための塩素処理によって生成することが明らかになっている．したがって，トリハロメタンを低減するには，オゾンでこの有機物質を除去すればよい．オゾンによるトリハロメタンの低減は，臭気物質除去と並んで効果をあげている．

③クリプトスポリジウムの不活化： クリプトスポリジウムは，4～6 μm の球形で動物の腸管などに寄生，増殖する原虫の一種である．感染すると腹痛を伴う水溶性の下痢を起こし，免疫力のない人が感染すると死に至ることがある．もともと塩素消毒では不活化できないので，原水中に含まれると水道水として各家庭に配水される危険がある．日本では，1996年に埼玉県の越生町で，水道水中にクリプトスポリジウムが混入して 8000 人を超える大規模な集団感染事故が発生している．これらを契機にオゾンによるクリプトスポリジウムの不活化の研究が盛んに行われ，オゾン処理の効果が確認されている．

④脱色： 着色物質の発色部（強固な2重結合，3重結合）を低分子化することで脱色する．反応速度も速く，有効な方法である．染色系排水の脱色も可能で透明度を大幅に向上できるため，下水処理に多く利用されている．

なお，水道原水中に臭素イオン（Br^-）が含まれていると，オゾン処理によって臭素酸（BrO_3^-）が生成するため，注意が必要である．臭素酸は IARC（International Agency for Research on Cancer）による分類で発がん性グループ 2B，すなわち人に対する発がんの可能性があるものとして分類されている．また，2004 年 4 月に施行された新水道基準値では 0.01 mg/L となっている．原水に含まれる臭素イオン濃度や注入するオゾン量に応じて臭素酸の発生量が増大するため，国内の水源では，溶存オゾン濃度を 0.1 mg/L 以下に制御して，臭素酸の発生濃度を 0.01 mg/L 以下に保持している．なお，臭素イオン濃度がきわめて高い場合には，オゾンと過酸化水素を併

用して臭素酸の発生を抑制する方法が有効である.
2) オゾン上水処理システム
(2-1) オゾン処理システムのフロー

オゾン処理システムにはいくつかの方式があり,基本形としては下記のようなシステムが考えられる.どのようなシステムにするかは,導入の目的,原水の水質とその変動,既設設備との関係,コストなど総合的な判断によるが,最終的にはパイロットプラントなどによる数年間の実験結果による場合が多い.ただ,日本の法令では「オゾン処理設備の後に粒状活性炭設備(biological activated carbon:BAC)を設ける」ことになっており,オゾン処理の後には活性炭処理が設置条件になっている.

オゾン処理システムのフロー例
①前オゾン処理フロー:凝集沈殿の前にオゾン処理を適用
　取水→沈砂池→オゾン処理→凝集沈殿→BAC→砂ろ過→消毒→配水
②中オゾン処理フロー:凝集沈殿と砂ろ過の間にオゾン処理を適用
　取水→沈砂池→凝集沈殿→オゾン処理→BAC→砂ろ過→消毒→配水
③後オゾン処理フロー:砂ろ過の後にオゾン処理を適用
　取水→沈砂池→凝集沈殿→砂ろ過→オゾン処理→BAC→消毒→配水

(2-2) オゾン反応槽(接触池)

処理水中にオゾンを高効率に溶解し,処理対象物質とオゾンとの接触により処理される.注入したオゾンを有効に利用するためには,水中へのオゾン吸収効率を高くする必要がある.この吸収効率を決める因子は,反応槽(接触池)の水深(浄水処理では通常 $4～6\,m$),オゾンの気泡径,ガス液比(G/L),オゾン濃度,オゾン注入率(通常:$1～3\,mg/L$),水中の処理物質との反応速度,水温などがある.

接触池の容量は,滞留時間(通常 $10～20$ 分)と処理水量によってほぼ決まるので,滞留時間はもっとも基本的な仕様の1つである.この滞留時間は,処理対象物質がオゾンで処理されて目標値まで減少するまでの時間で決まる.オゾン接触池は,完全な押し出し流れでない限り,ショートパスや循環流が発生して,被処理水は,オゾン接触池の容量を処理水量で割った値である水理学的滞留時間より速く流出したり,あるいは遅く流出したりして,滞留時間に分布ができる.オゾン接触池の設計にあたっては,池の形状による滞留時間を考慮して,滞留時間の短い部分に対しても十分な反応時間を確保して,未処理にならないように水理学的滞留時間を決めなければならない.

一般的にオゾン接触池は,小規模な設備では円筒状のものが使われるが,上水処理のような大きな規模になると,図5.40のような横流式や,敷地用地面積が少なくてすむ図5.41のような下方注入方式の接触池が用いられる.上水分野では,ほとんどが前者の横流式の接触池である.接触池をいくつかに分割すると,ショートパスが防止され滞留時間分布がシャープになり,水理学的滞留時間に近づいて効率よく処理す

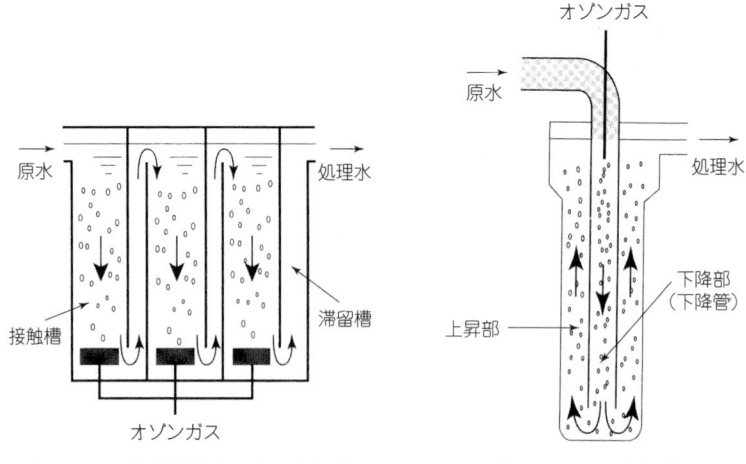

図 5.40 横流式接触池（上下迂流式）　　**図 5.41** 下方式接触池

ることができる．しかし，分割数が多くなると，接触池の構造が複雑になり建設費も高くなるので，総合的に判断することが重要である．また，分割の仕方で各区画において処理水とオゾンガスが対向流になるようにする方法と，図 5.40 のように処理水が上下に迂流する方法がある．

(2-3)　排オゾン処理

注入されたオゾンは，反応と自己分解により，いずれは分解するが，現実には未反応のオゾンが排出される危険性があるので，安全のために排オゾン処理装置でオゾンガスを分解して大気に放出する必要がある．日本の産業衛生学会では，労働環境の大気中のオゾン許容濃度を 0.1 ppm としているため，オゾン処理設備から排出するオゾン濃度はこれ以下にするのが望ましい．排オゾン処理には，活性炭分解法，触媒分解法，加熱分解法，薬液分解法などがある．小規模の場合は活性炭分解法が多く用いられている．この方法は，設備コストが安いがランニングコストが高いという欠点がある．一方，大規模になると二酸化マンガン，酸化銅などを使った触媒分解法が用いられている．この方法は小さな容積で効率よくオゾンを分解でき，触媒の寿命も長く基本的には触媒は消費しないので，ランニングコストや取り替えの労力も少なくてすむという特徴がある．ただ，触媒の能力を発揮させるために加温する必要がある．

b．下水処理

下水処理におけるオゾンの利用は，「下水道施設計画・設計指針と解説」（2001 年版，日本下水道協会発行）においては，消毒施設，処理水再利用設備，ならびに脱臭設備において一部紹介されている．

実際の利用事例としては，おもに放流水域の水質・美観保全のための色や臭いの除

表5.8 下水におけるオゾン利用のおもな用途と除去対象物質（下水道新技術推進機構：二次処理水を対象としたオゾン処理システム技術マニュアル，1977）

用途	除去対象物質等	大腸菌の低減	色度	臭気	COD	発泡性物質	透明度向上	適用事例数	処理目的等
放流	消　　毒	◎						1	有機塩素系化合物生成を抑制し，放流域生物への影響を低減
放流	脱　　色	◎	◎					3	おもに工場排水対策と消毒を併用
再利用	修景用水	◎	◎	○	△	△	○	4	おもに脱色・脱臭，人と水が近距離の事例で採用が多い
再利用	親水用水	◎	○	○		△		4	人が直接触れるため，消毒も含めて処理目的も増加
再利用	水洗便所用水等	○	◎	○		○	○	5	快適性向上

注1：◎は主目的項目，○は副次的効果を期待する項目，△はプラスアルファとしての効果を期待する項目を示す．なお，無印の項目も処理目的としては考慮しないが，処理効率は期待できる．
注2：適用事例数は17事例を分類したものであり，全事例数を示すものではない．

去や，塩素代替としての消毒，および処理水再利用における水質の安全性・快適性確保のための消毒，色度・臭気・発泡性物質の除去など，2次処理以降の水処理付加設備としての利用が中心である．その他の利用事例としては，気相脱臭，下水汚泥の減容化（酸化分解による可溶化），放線菌等によるスカム発生対策としての利用などがある．現在下水処理において利用されているオゾン処理のおもな用途と除去対象物質を表5.8に示す．用途は大きく放流と処理水再利用とに分けることができ，通常放流用途は全量処理，再利用用途は放流水の一部を高度処理する部分処理となる．放流用途におけるオゾン処理の目的は，消毒と脱色が主となっている．一方，再利用用途では，オゾン処理はおもに修景用水，親水用水，水洗便所用水等に適用されている事例が多く，消毒，色・臭いの除去など，再利用において要求される安全性確保，美観確保が目的となっている．

c. そ の 他

工業廃水へのオゾンの適用は，日本国内では昭和40年代中頃より始まった．最初は染色工場などの脱色処理への適用が検討・利用され，その後，有害物質の低減，COD（chemical oxygen demand）の低減などにオゾンが利用されている．

また，衛生面と快適性追求のため，遊泳用プールの水浄化にオゾンが利用されてい

る例もある．さらに，CODや色度除去の目的で，し尿処理などにも活用されている．

さらに，海水処理にも利用され，水族館の水質改善にも役立っている．ただし，海水のオゾン処理を行う場合は，臭化物イオン（Br^-）の影響を考慮する必要がある．海水中には臭化物イオンが60 mg/L程度含まれるが，水溶液中でオゾンと反応して酸化力の強い次亜臭素酸（BrO^-）や臭素酸（BrO_3^-）を生成する．この次亜臭素酸や臭素酸はオキシダントと総称される物質で，殺菌や有機物の分解効果がきわめて高い．また，淡水中ではオゾンで分解できないアンモニア性窒素（NH_3）を除去することもできる．しかし，このオキシダントは魚類にも毒性をもち，かつ残留性がある．したがって，海水にオゾン処理を行う場合には，十分なオキシダント除去技術を併用することが必須である．

5.5.2 半導体への応用

a. 概　　要

半導体製造業においては，高濃度オゾンガスの発生技術の進歩により高速な反応が可能になり，生産性（スループット）を要求される各種工業分野にオゾンガスが利用され始めた．さらに，金属コンタミを含まないクリーンオゾンガスの発生技術の進歩により，CVD (chemical vapor deposition)，ALD (atomic layer deposition)，有機物除去（アッシング，基板洗浄レジスト除去），表面改質など半導体製造分野へのオゾンガスの応用が進んでいる．オゾンガスを利用する特徴は，その強い酸化力のため低温プロセスが実現できること，パーティクルの発生が少なく微細化デバイスに適したプロセスが実現できることなどである．

b. 酸化膜CVD

オゾンガスの半導体プロセスへの応用の中で，CVD膜形成技術はもっとも広く実用化されている技術の一つである．具体的には，有機シランの一種であるTEOS (tetraethyl ortho silicate：$Si(OC_2H_5)_4$) をオゾンで酸化することにより，基板上にシリコン酸化膜（SiO_2）を形成する方法である．SiO_2膜は，配線の層間絶縁や素子分離（アイソレーション），素子保護（パッシベーション）などに広く利用されている．これまで用いられていたモノシラン（SiH_4）と酸素の反応による成膜方法に比較して，オゾンプロセスでは，①低温化（約700℃→約400℃）が可能，②流動性が高く，膜の段差被覆性（ステップカバレージ）が著しく向上，③パーティクルの発生が少ない，などの特徴を有する．とくに高濃度オゾンガスを用いることにより，成膜速度の向上，緻密性や含有水分量などの膜質の向上が確認されている．さらに，高濃度オゾンガスの利用により，膜の流動性が増大し，ステップカバレージの向上が見られる点は，実用上重要なポイントである．図5.42はパターン上に形成されたSiO_2膜のオゾン濃度依存性を示した一例である．オゾン濃度を72 g/Nm^{3}から157 g/Nm^{3}まで高濃度化す

5.5 オゾンの産業応用

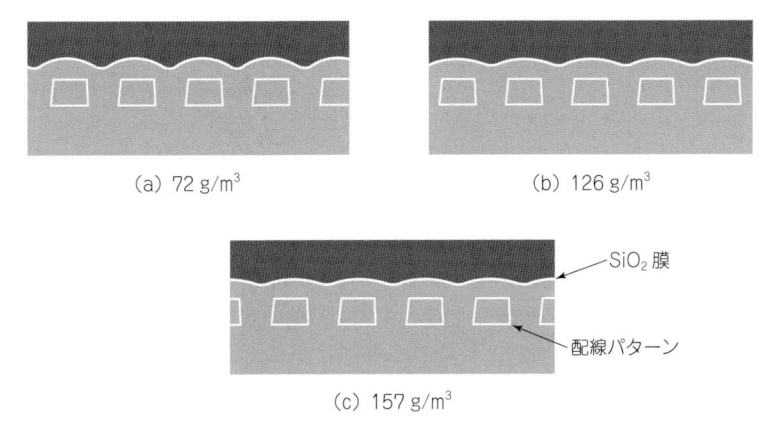

(a) 72 g/m³

(b) 126 g/m³

(c) 157 g/m³

図 5.42 TEOS-O₃ CVD 膜ステップカバレージのオゾン濃度依存性

ることにより SiO_2 の表面の凸凹が小さくなり，膜の平坦性が改善されている様子がわかる．

最近では，デザインルールが 100 nm 以下の最先端デバイスにおいて，アスペクト比が高く，狭いギャップ内への絶縁膜埋め込み技術として，膜の流動性の高い TEOS-O₃ 熱 CVD 技術が注目されている．また HfO_2 や HfO_3-Al_2O_3 などを用いて原子 1 層ごとに成膜する ALD (atomic layer deposition) がゲート酸化膜として期待されている．

c. 有機物除去

基板表面に付着した有機物や写真製版工程で不要になったフォトレジストを除去/洗浄するプロセスにオゾンガスが用いられる．基板上の有機物は次に示す過程を経て揮発性の CO_2 と水になって系外に除去される．まず，オゾンガスを 200℃以上に加熱したり，200 nm 以下の紫外線を照射することにより，(5.45) 式のようにオゾンの分解反応が起こり，酸素原子が発生する．

$$O_3 \longrightarrow O^* + O_2 \tag{5.45}$$

発生した酸素原子はきわめて活性度が高く，(5.46) 式に示すプロセスにより，難分解性の有機物を酸化分解する．

$$C_nH_m + \left(2n + \frac{m}{2}\right)O^* \rightarrow nCO_2 + \frac{m}{2}H_2O \tag{5.46}$$

ただし，m, n は係数．

この方法により半導体ウエハ，LCD (liquid crystal display) 用ガラス基板，精密光学部品などの基板の洗浄が行われる．洗浄性能は濡れ性の改善で確認できる．たとえば，石英ガラス表面が有機物などで汚染されていると水をはじく疎水性を示すが，洗浄後は親水性を示すようになる．この変化は基板上の接触角を計測することで評価

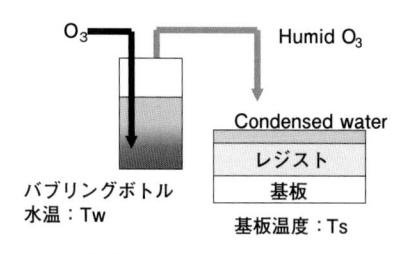

図5.43 加湿オゾン処理によるレジスト除去

ができる．通常のウエット洗浄方式と比較して，①純粋な化学反応であるためクリーンでダメージがない，②ドライ処理のため乾燥が不要，などの特徴を有する．

より高い洗浄性を得るためには高温で紫外線を併用することが多い．また，この方法でフォレジストを除去するときには，とくにオゾンアッシング（灰化）と呼ばれている．オゾンアッシングに用いられるときは基板温度を200℃以上に設定し，(5.45)式の反応を有効に利用する．通常用いられるプラズマアッシング法に比較して，オゾンプロセスでは，①荷電粒子による素子へのダメージがない，②下地の酸化膜表面の凸凹が少ない，③パーティクル発生が少ないなどの特徴を有する．また，このアッシング技術を応用してオゾンによりフォトレジストを等方的に酸化エッチングし，レジストパターンを細線化する技術も実現されている．この方法により190 nmの線幅を2分間のオゾン処理で100 nmにスリミングでき，さらに50 nmのゲート電極加工が可能になっている．

また，オゾンガスに微量の水蒸気を添加し，有機物の酸化分解に加えて加水分解を併用して低温で高速なレジスト除去プロセスも提案されている．この方法は図5.43に示すようオゾンガスを水中にバブリングすることにより，水温 T_w で飽和した量の水分を含む湿潤ガスとして処理板に供給し，基板上のフォレジストを除去するものである．オゾンと水で酸化/加水分解されたフォトレジストは，水に可溶なカルボン酸となって水中に溶解除去できる．基板温度80℃で1.5 μm/min 程度のレジスト除去速度が得られており，低温プロセスが要求されるLCDの製造工程への応用が進められている．アッシング法ではフォトレジストを CO_2 と水にまで完全に酸化する必要があるため，200℃以上の高温処理が必要であるが，この方法はカルボン酸までしか分解する必要がないため低温の処理が可能である．純水中にオゾンガスを溶したオゾン水による分解除去方法も検討されているが，オゾンの水中へ溶解度が低く，基板上の水膜がオゾンガスの侵入の抵抗となるため，基板上フォトレジストに高濃度オゾンを直接供給することができず，0.1 μm/min 程度の除去速度しか得られない．一方，この湿潤オゾン方式では，加水分解に必要な量だけの水分を供給することで，基板上に水膜を十分薄く形成し，高濃度オゾンガスを直接フォトレジストに作用できるた

め，オゾン水に対し10倍以上高速にフォトレジストを除去することができる．さらに，水のかわりに酢酸を用いることで，水中では腐食性の強いモリブデン配線のデバイスにも適用できることが報告されている．

d. 表面改質

LCDの制御に用いるTFT（thin film transistor）やフラッシュメモリーのゲート酸化膜には低温化，漏れ電流の低減，高い破壊電圧などが要求される．これらの要求に応えるため，90%を超える超高濃度オゾンの利用技術開発が進められている．Si基板に対して，400℃というきわめて低温（従来の酸素法では900℃）で，従来と同等以上の酸化膜成長速度を実証し，さらに十分低い漏れ電流（電界強度7 MeV/cmで10^{-8} A/cm^{2}以下）と高い絶縁破壊電圧（13 MV/cm）を実現している．この新しい技術を支えるベースとして，超高濃度オゾンガスの発生技術がある．90 K付近でオゾンを液化して，高濃度，高純度オゾンガスを発生することができる．ただし，高濃度オゾンガスは爆発的に自己分解反応を起こすため，内面が不動態（クロム酸化膜）処理されている配管を用いることや，100 Pa程度の低圧で使用することなど，安全性に関しては十分な配慮が必要である．

e. その他の応用

他の金属と比較して，Ru（ルテニウム）は酸化してもその抵抗値がさほど上昇しないため，キャパシター用電極材料として期待されている．このRuがオゾンガスでエッチングできることがわかってきた．オゾン濃度100 g/Nm^3，流量10 slm（standard litter per minute）のガスを基板に作用したときの，Ruとフォトレジストのエッチング速度の関係が報告されている．除去対象がフォトレジストの場合は，基板温度の上昇とともにエッチング速度は指数関数的に増大する．これは，高温化に伴い反応速度が増大するとともに，(5.45)式の反応から反応性の高い活性酸素原子が効率的に生成されることから説明できる．一方，Ruの場合は，120℃近傍でエッチング速度に最適値が存在する．120℃以下の領域では，O$_3$によりRuが揮発性のRuOに酸化され除去される．この領域では，基板温度の上昇に伴い，この酸化反応速度が速くなるため，Ruの除去（エッチング）速度は増大する．しかし，120℃の領域では，(5.45)式の反応で酸素原子が生成され，Ruは不揮発性のRuO$_2$に酸化されるため，除去できなくなる．すなわちRuの除去にはおもにO$_3$が寄与しているといえる．この点が，フォトレジストなど，おもにO*が寄与しているプロセスと異なるところで興味深い．

5.5.3 パルプ漂白への応用

パルプの漂白には塩素，二酸化塩素など塩素系の酸化剤がおもに用いられてきたが，ダイオキシン，クロロフォルムなど塩素に起因する二次生成物による環境汚染が社会的問題になっている．環境保全への関心が高まる中で，紙業界においてもパルプ

の漂白過程に用いる塩素使用量の削減，二次生成物の排出量削減を本格的に検討すべき時期を迎えている．とくに米国でのAOX（absorbable organic halogens，年間平均0.512 kg/t-pulp），クロロフォルム（4.14 g/t-pulp），ダイオキシン（検出限界以下）などに関する規制（クラスタールール）が成立し，日本国内でも同様の規制が設けられることが予想されている．

パルプ漂白過程における塩素使用量削減策として，オゾン（O_3）利用と二酸化塩素（ClO_2）利用が主である．二酸化塩素は塩素に比較して有害性は低いものの，腐食性が高く反応装置が高価になることと，廃液処理が複雑なことから，オゾンと二酸化塩素の併用(ECF：elemental chlorine free)プロセス，もしくはオゾン単独漂白(TCF：total chlorine free) プロセスへの期待が高い．

世界各国では2007年時点で約23のパルプ工場がオゾン漂白を導入し，順調に操業している．日本でも2001年から，大手の製紙会社の工場で，実用化が始まった．現在約30のパルプ漂白プラントが稼動しており，逐次塩素漂白からオゾン漂白に転換されていくものと期待されている．

中濃度パルプ（パルプ濃度（全重量に対するパルプ重量の比率）〜10%）あるいは，高濃度パルプ（パルプ濃度〜30%）に対してオゾン漂白が実用されている．両方式とも長短があり方式は確定されていないが，従来の漂白設備が流用することが可能で，設備投資を小さく抑えることができる中濃度パルプ法が一歩進んでいるようである．

中濃度パルプとオゾンを効率的に混合するためには，オゾンガス/パルプ含有液比を十分小さくする必要がある．このため反応に必要な量のオゾンを供給するためには，高圧力・高濃度のオゾンガスを用いる必要がある．パルプ濃度10%，温度40℃，オゾン添加量5 kg/t-pulpのとき，ガス/液比を実用的な値（30%）にするためには，オゾン圧力7気圧，オゾン濃度16 wt%（約240 g/Nm^3）以上が必要になる．これまで16 wt%もの高濃度オゾンを発生できる発生器はなく，また低圧で発生したオゾンをコンプレッサで昇圧する際，発生する熱でオゾンが分解するなどの課題があった．しかし，5.3節で示した短ギャップオゾナイザによる高濃度オゾン発生技術の開発や，冷却効率を改善したコンプレッサの開発などにより，現在では，中濃度パルプ漂白が実用化されている．

また，ランニングコスト削減のため，オゾン漂白後の排ガス（酸素ガス）を酸素漂白段に再利用する方法が提案され，良好な酸素漂白(脱リグニン)結果が得られている．

5.5.4 生物付着防止システムへの応用
a. オゾン応用生物付着防止

工場や発電所あるいは半導体関連などの冷却水系では，水管路内壁や熱交換器表面に微生物が付着し，送水量の低下，水管路の閉塞や熱交換効率の低下を引き起こし，

5.5 オゾンの産業応用

第1段階
微生物や細菌の付着

第2段階
菌の増殖と多糖類の分泌

第3段階
無機物（鉱物等）の捕獲

第4段階
さらに細菌や無機物の付着

第5段階
オゾンによる微生物および細菌の殺菌，死滅による欠落

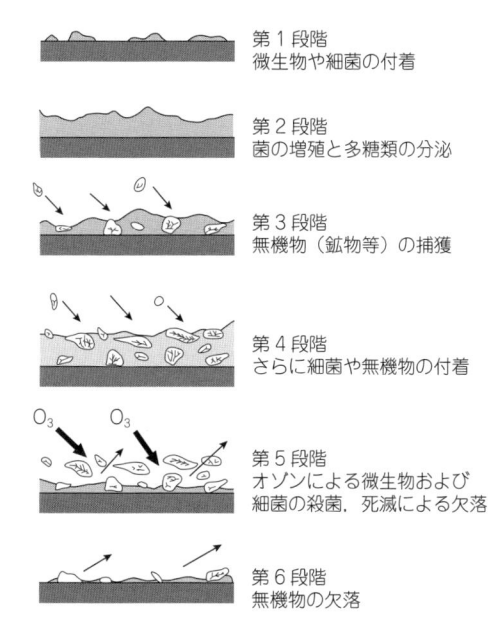

第6段階
無機物の欠落

図 5.44 オゾンによる生物付着防止のメカニズム（日本オゾン協会，2004）
スライム：微生物と水中の懸濁物質が混在したもの．
スケール：シリカや無機塩類の結晶物．

さまざまな障害が生じる場合がある．オゾン応用生物付着防止システムは，この水管路等にオゾン注入を行うことで生物付着防止を防止するシステムであるが，オゾンを連続注入することは，オゾンの設備費・ランニングコストが他の消毒方式と比較して大きくなるため，間欠オゾンシステムが考えられた．間欠オゾンシステムは，高濃度のオゾンを1日に1〜2回，各5分間の短時間で間欠注入することによって低コスト・低設備費で生物付着を防止できるシステムである．

図 5.44 に水管路などの生物付着とオゾンによる付着防止のメカニズムを示す．生物付着のメカニズムは第1〜4段階である．第1段階で微生物や細菌の付着が起こり，第2段階で付着した菌の増殖と多糖類の分泌が開始される．第3段階では増殖した菌による無機物等の捕獲が起こり，第4段階ではさらなる付着が起こるため長期にわたるとスライム，スケール形成に至る．これにオゾン注入を行うことにより，第5段階のようなオゾンによる付着した微生物や細菌の殺菌・死滅による欠落を生じ，第6段階で無機物を欠落させることができる．間欠オゾン注入は，第5〜6段階で内壁を清浄化し，第1〜4段階の生物付着レベルを下げ，結果として長期的に水路内壁の保全を実現する．

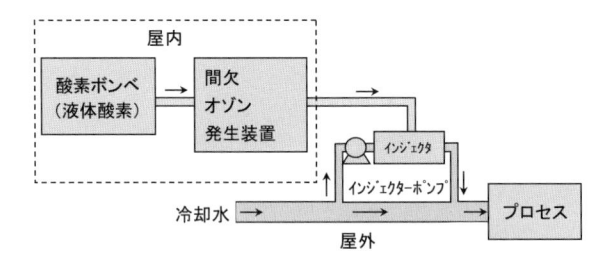

図 5.45 間欠オゾン供給装置の構成

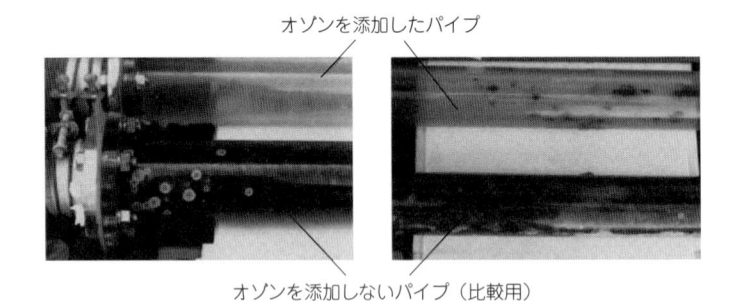

図 5.46 生物付着防止効果の確認装置（日本オゾン協会，2004）
海水オゾン 5 ppm/shot（5分間），1回注入/日，2カ月半経過後．

b. 間欠オゾンシステム

図 5.45 に間欠オゾンシステムの構成を示す．このシステムは間欠的に高濃度オゾンを注入する間欠オゾン発生装置・インジェクタから構成される．間欠オゾン発生装置で生成した高濃度オゾンを1日1～2回，各5分間インジェクタポンプとインジェクタを用いて水管路に吸引注入する．

間欠オゾン発生装置では低設備費・低ランニングコストを実現するために，バリア放電により生成したオゾンを $-30 \sim -40\,{}^\circ\mathrm{C}$ に冷却した吸着剤に吸着・貯蔵し，必要時に短時間に脱着することで高濃度のオゾンを生成する方式を採用している．

間欠オゾンシステムは以下のような特徴を有する．

①オゾン発生装置は連続的にオゾンを注入する場合の 1/100 程度に小さくなり，設備コストを大幅に低減できる．

②オゾン注入量および電力消費量を，塩素注入法（1 ppm の連続注入を想定）に比べて 1/10 以下に低減できる．

③オゾンは塩素等他の消毒方式と比べて残留しにくく，かつその使用量が少ないので環境に対して安全である．

c. 生物付着防止効果

オゾンは水中で比較的短時間に分解されるため，付着防止効果をモデル水管路を使って実験した結果の一例を図 5.46 に示す．これは 1 日 1 回 5 分間のオゾン注入を行い，2 カ月半経過後の管と同条件のオゾン注入なしの管を比較したもので，上段がオゾン注入あり，下段がオゾン注入なしの結果である．写真よりオゾン注入を行った場合の生物付着防止効果を確認することができる．

実際の熱交換器冷却方式の冷却配管での間欠オゾンシステムの生物付着防止効果を確認した例を図 5.47 に示す．これは 1 日 2 回 5 分間のオゾン注入を行い，35 日経過後の熱交換器プレートを，同条件の無処理・塩素処理の管と比較したものである．図

◆◆◆ 2 時間の奇跡 ◆◆◆

　明日は事業部にオゾナイザ革新に向けて開発計画を説明に行かねばならないという夕方．まだ具体的な案はなく，大まかな方針しか書けていなかった．私たちは喫茶コーナーに行って，これまでの研究の成果や，いくつかの気になる他機関の発表のことを当てもなく話し合っていた．

　オゾン発生には放電空間ガス温度を低く保つべきこと，O_2 原料の場合は E/N が高くなってもよいだろう．では放電ギャップをうんと短くすればよいかもしれないが，ギャップを短くすれば精度が厳しくなる．ギャップに少しでも不均一があると流れてほしくないところにばかりガスが流れるし……．

　このような話しの中で，2 時間が経った．スペーサを挟んで平板電極を互いに押しつけ，平板の外周から中心軸空間へガスを流す「平板積層型超短ギャップオゾナイザ」のアイデア（図 5.14）が出てきた．ギャップの精度はスペーサの精度まで下げられるし，ガス流が放電空間のみを流れることも構造的に保証される．すべての問題はこれで解決できる．いろいろな発明につきものといわれる「これが正解だ！」と気づく至福の瞬間を味わうことができた．

　アイデアの骨子はすぐ略図に描き，翌日から設計を始め，特許も書き始めた．1 カ月後，部材が揃い，実験が始まった．放電電力に伴い，かつてない高濃度のオゾンが発生する．どこまでも直線的に伸びるオゾン濃度をプロットしながら心底恐ろしくなった．2 時間で考えついたアイデアじゃないか，ちゃんとした知識があれば誰でもできることだ．誰かすでに特許を出していないか，論文を出していないか，それが恐ろしかったのである．

　2001 年，この技術は発明協会の「21 世紀発明賞」として，時の皇族から賞を直接授与される栄に浴することになった．

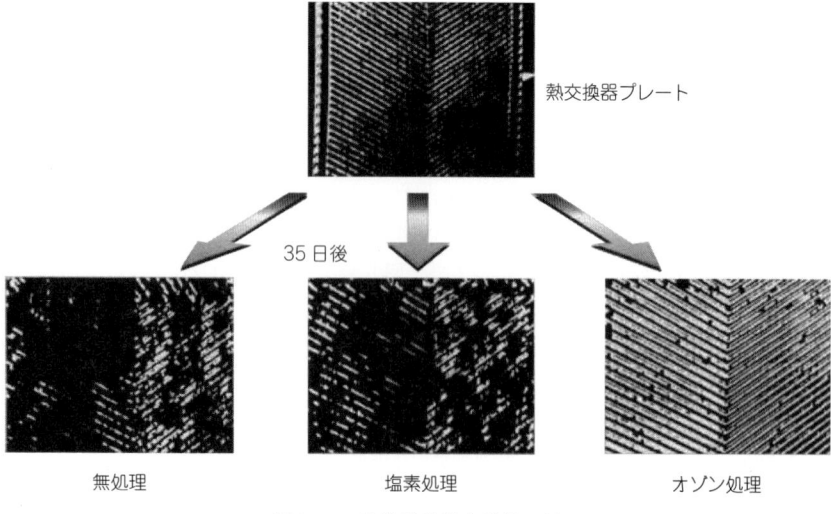

図 5.47 生物付着防止効果の例

より熱交換器冷却方式でのオゾン注入を行った場合の生物付着防止効果を確認できる．

参考文献

1) B. Eliasson, M. Hirth and U. Kogelschatz : "Ozone synthesis from oxygen in dielectric barrier discharges", *J. Phys. D : Appl. Phys.*, Vol. 20, pp. 1421-1437 (1987)
2) J. Kitayama and M. Kuzumoto : "Theoretical and experimental study on ozone generation characteristics of an oxygen-fed ozone generator in silent discharge", *J. Phys. D. Appl. Phys.*, Vol. 30, pp. 2453-2461 (1997)
   この文献でオゾン協会論文賞を受賞した (1998)
3) D. Braun, U. Kuchler and G. Pietsch : "Aspects of ozone generation from air". Proc. of 9th Ozone World Congress, New York (1989)
4) 「放電によるオゾンの発生とその応用」, 電気学会技術報告, II 部, No. 127 (1982)
5) 田畑則一・八木重典・田中正明：「酸素・窒素混合気体の無声放電によるオゾン生成」, 電気学会論文誌 B, Vol. 98, pp. 123-130 (1978)
6) J. W. Keto : "Electron beam excited mixtures of O_2 and argon". *J. Chem. Phys.*, Vol. 74, No. 8, p. 15 (1981)
7) J. Drimal, V. I. Givalov and V. G. Samoilovich : "The dependence of ozone generation efficiency in silent discharge on a width of a discharge gap". *Czech. J. Phys.*, **B38**, pp. 643-648 (1988)
8) J. C. Devins : "Mechanism of ozone formation in the silent electric discharge". *J.*

Electrochem. Soc., Vol. 103, pp. 460-466 (1956)
9) S. Yagi and M. Tanaka : "Mechanism of ozone generation in air-fed ozonizers", *J. Phys. D : Appl. Phys.*, Vol. 12, pp. 1509-1520 (1979)
10) H. Sadadil, P. Bachmann and G. Kastelewicz : "Ozone generation by hybrid discharge combined with catalysis". *Beitr. Plasma Phys.*, Vol. 81, pp. 423-424 (1984)
11) W. T. Rawlins : "Chemistry of vibrationally excited ozone in the upper atmosphere". *J. Geophs. Res.*, Vol. 90A, No. 12, p. 283 (1985)
12) 北山二朗・江崎徳光・小沢建樹：「円筒多管式オゾン発生器の性能進歩」，三菱電機技報, Vol. 73, No. 4 (1999)
13) 葛本昌樹・田畑要一郎・吉澤憲治・八木重典：「100 μm 級極短ギャップ下における無声放電による高濃度オゾン発生」，電気学会論文誌 A, Vol. 116, No. 2 (1996) この文献を中心とする研究で以下の賞を受賞した：エネルギー資源学会技術賞受賞 (2000), R & D 100 Award 受賞 (2000), 全国産業技術大賞「内閣総理大臣賞」(2007)
14) 葛本昌樹・田畑要一郎・八木重典・吉澤憲治ほか：「高効率・高濃度オゾン発生技術」, 特許第3545257号, 発明協会：21世紀発明賞受賞 (2006)
15) 田畑則一・田中正明・八木重典：「無声放電式オゾナイザの酸素原料オゾン発生特性」, 電気学会論文誌B, Vol. 98, No. 2 (1978)
16) 石田稔郎・北山二朗・江崎徳光：「円筒多管式オゾン発生装置の高効率化―酸素原料オゾナイザー」，第5回日本オゾン協会年次研究講演会論文集 (1996)
17) J. Kitayama and M. Kuzumoto : "Analysis of ozone generation from air in silent discharges", *J. Phys. D : Appl. Phys.*, Vol. 30, pp. 2453-2461 (1997)
18) 山部長兵衛：「オゾンをつくる」，電気学会誌, Vol. 114, No. 10, pp. 640-644 (1994)
19) 日本オゾン協会：「オゾンハンドブック」，サンユー書房 (2004)
20) 「オゾン利用の理論と実際」，リアライズ社 (1989)

6

CO_2 レーザへの応用

バリア放電の応用として，もうひとつの代表例である CO_2 レーザについて，基礎過程から応用までを概説する．とくに電子衝突現象に着目して，放電励起および励起粒子間のエネルギー授受過程を説明し，物理的意味合いを明確にしながらレーザ励起の基礎過程を概説する．また，この基礎理論をもとにレーザ発振に関するパラメータ依存性，発振器の性能などを評価し，バリア放電励起の CO_2 レーザの全体像と位置づけを説明する[*]．

6.1　CO_2 レーザの基礎

6.1.1　発振理論[1~3]

バリア放電は，マクロな観点からいえば，弱電離・非平衡プラズマを一様に生成する均質な放電といえる．したがって，放電に伴う分子の励起等各種衝突過程は，放電空間の平均換算電界（E/N, E：換算電界強度，N：ガス密度）の関数として比較的容易に把握できる．ここでは，バリア放電の放電特性と，放電による電子衝突および励起粒子間の衝突過程に着目し，レーザ発振理論と結合することにより，物理的意味合いの明確な近似理論式を導出する．この理論式は，バリア放電励起 CO_2 レーザ発振器のパラメータ依存性や励起性能を評価する際の基礎を与えるものである．

a. 放電励起と分子過程

放電電流密度 j は，放電電力密度 w，換算電界強度 E/N，およびガス密度 N によって表され，電流の主成分を電子電流として電子ドリフト速度 v_{de}，電子電荷 q_e，電子密度 n_e により，

$$j = \frac{w}{N(E/N)} = q_e n_e v_{de} \tag{6.1}$$

---

[*]：CO_2 レーザの開発には放電による分子励起の技術と，励起された空間から集束性にすぐれた光を効率よく取り出すための波動光学技術，光を加工に利用するためのレーザ加工技術が必須である．後二者については安井公治，竹中裕司，金岡優らによる多くの技術成果があるが，本書では割愛する．

で与えられる．3章で明らかになったように，CO_2 レーザの励起条件では，イオンは放電空間にトラップされるので，電子の流れがすべての電力消費を担うとしている．(6.1) 式から，n_e は w と次式で関連づけられる．

$$n_e = \frac{w}{q_e v_{de} N(E/N)} \tag{6.2}$$

放電場における電子衝突励起速度は，励起分子密度 n^*，衝突対象分子密度 n_0，実効衝突断面積 Q^* に対して

$$\left[\frac{dn^*}{dt}\right]_{exc.} = Q^* v_{de} n_e n_o \tag{6.3}$$

である．(6.2), (6.3) 式を結合すると

$$\left[\frac{dn^*}{dt}\right]_{exc.} = \eta^* w \frac{n_o}{N} \tag{6.4}$$

$$\eta^* = \frac{1}{q_e} \frac{Q^*}{E/N} \tag{6.5}$$

を得る．η^*(part./J) はレーザ励起効率である．

b. レーザ励起過程

CO_2 分子は三原子分子であり，炭素原子 C を中心にして一直線上にほぼ 0.1 nm 離れた位置に，酸素原子 O を左右にもった分子構造になっている．C と O は電子を共有する共有結合となっており，高温になると左右の O が振動を始める．その振動は図 6.1 に示すように対称伸縮運動，屈曲運動，非対称伸縮運動の 3 種のモードがあり，それぞれ (100), (010), (001) のように表現される．このうち屈曲振動はこの紙面内と紙面に垂直な面内の 2 つの面内での振動が考えられるので縮退しており，それを (01^00) と (01^10) のように表すこともある．各励起モードのエネルギー準位は離散的であり，量子化されている．(001) から (100) への遷移では 10.6 μm, (001) から (020) への遷移では 9.6 μm の発振が得られる．

CO_2 レーザの発振に関与するエネルギー準位を図 6.2 に示す．これらの準位は電子状態としては基底準位にあり，低いエネルギー状態にある．CO_2 の振動励起は電子衝突により励起された N_2 からのエネルギー移乗によっても行われる．N_2 はその振動準位 $v=1$ (2330.7 cm^{-1}) が準安定状態にあり，エネルギー準位が CO_2 の (001) モー

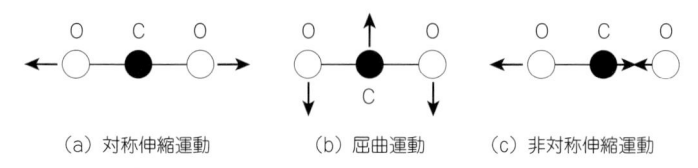

図 6.1 CO_2 分子の振動モード

(a) 対称伸縮運動　　(b) 屈曲運動　　(c) 非対称伸縮運動

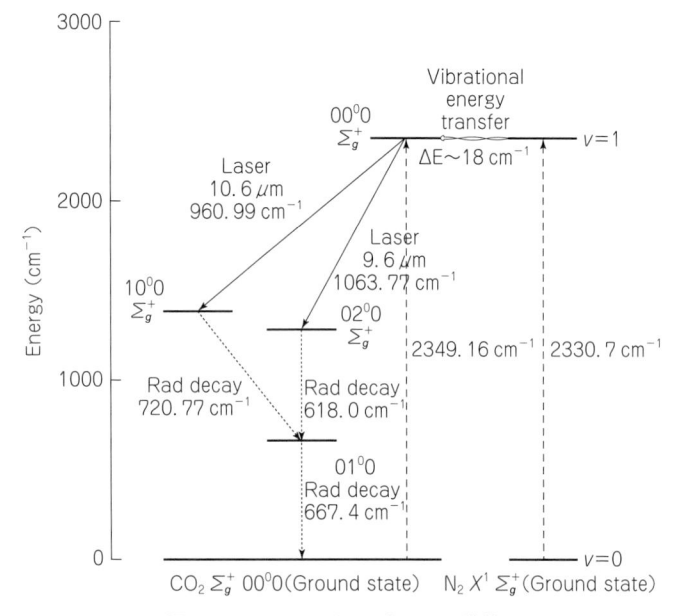

図 6.2 CO_2 レーザのエネルギー準位図

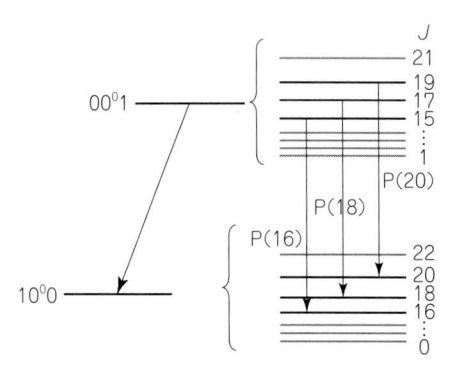

図 6.3 波長 10.6 μm 帯の回転エネルギー準位

ドとほとんど同じであることから，共鳴的に CO_2 がエネルギーを得て励起される．また CO_2 が電子衝突により直接振動励起される過程もあり，これらが主要な過程となって上準位をつくる．上準位の寿命は 1 ms 程度，下準位の寿命はその 1/100 程度と小さく，容易に反転分布を生じ，レーザ発振を起こす．

CO_2 の励起過程では，加えたエネルギーが効率よくレーザ上準位への励起に使用される．たとえ N_2 ($v=2$)，N_2 ($v=3$) や CO_2 (002)，CO_2 (003) のような必要以上の

6.1 CO₂ レーザの基礎

高いエネルギーレベルへの励起に電気エネルギーが使われても，結局は (001) のレーザ上準位へと変換される過程がある (vibrational ladder). 10.6 μm の上準位と下準位をさらに詳しく回転量子数 J の準位まで示すと，図6.3のようになる．このように CO_2 では多くの準位が近接しているために，これらの準位間での遷移が起こる．そのため，CO_2 レーザの電気エネルギーから光出力エネルギーへの変換効率は10〜30%に及び，気体レーザの中でも群を抜いて高い．

CO_2 レーザの媒質として CO_2-CO-N_2-He 混合ガスを考え，単純化したレベルの遷移図を図6.4に示す．CO_2 レーザ下準位 CO_2 (v_1, v_2) の密度をまとめて n_1，上準位 CO_2 (v_3) の密度を n_3，N_2 振動準位の密度を n_4，CO の振動準位の密度を n_5 とした．ここで各振動レベルは，いずれも高次の振動レベルの寄与を含めた等価的な表現となっている．

光の強度 I，放電電力密度 w を用いて，各準位に対する速度方程式を考える．ガス圧力は十分高く，分子レベルは衝突広がりが主体的であるとすると，誘導放出断面積 σ はガス密度 N に逆比例するため，誘導放出断面積を以下のように規格化する．

$$\sigma = \sigma_0 / N \tag{6.6}$$

各レベルにおける速度方程式は，以下のようになる．

$$\frac{dn_1}{dt} = \eta_1 \frac{n_0^{CO_2}}{N} w + k_3 N n_3 + \frac{\sigma_0}{N} \frac{I}{h\nu}(n_3 - n_1) - k_1 N n_1 + k_{1r} N n_0^{CO_2} \tag{6.7}$$

$$\frac{dn_3}{dt} = \eta_3 \frac{n_0^{CO_2}}{N} w - k_3 N n_3 - \frac{\sigma_0}{N} \frac{I}{h\nu}(n_3 - n_1) - k_{43} n_4 n_0^{CO_2} + k_{34} n_3 n_0^{N_2}$$

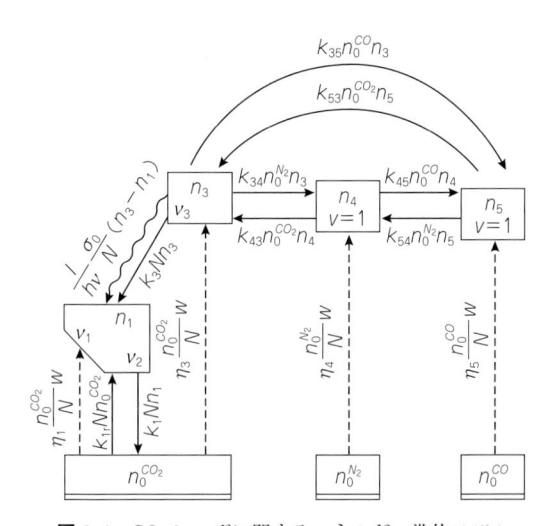

図 6.4 CO_2 レーザに関するエネルギー準位モデル

$$+ k_{53}n_5n_0^{CO_2} - k_{35}n_3n_0^{CO_2} \tag{6.8}$$

$$\frac{dn_4}{dt} = \eta_4 \frac{n_0^{N_2}}{N} w - k_{43}n_4n_0^{CO_2} + k_{34}n_3n_0^{N_2} + k_{54}n_5n_0^{N_2} - k_{45}n_4n_0^{CO} \tag{6.9}$$

$$\frac{dn_5}{dt} = \eta_5 \frac{n_0^{CO}}{N} w - k_{54}n_5n_0^{N_2} + k_{45}n_4n_0^{CO} + k_{53}n_5n_0^{CO_2} - k_{35}n_3n_0^{CO} \tag{6.10}$$

ここで,k_{ij} は ij 準位間の反応速度定数である.

定常状態における光の増幅は,利得 γ に対して次の関係をもつ.

$$\frac{dI}{dz} = I\gamma \tag{6.11}$$

$$\gamma = \frac{\sigma_0}{N}(n_3 - n_1) \tag{6.12}$$

したがって,定常状態において (6.7)~(6.10) 式を解き,(6.12) 式を利用すると,小信号利得 γ_0 と飽和強度 I_s に対する周知の関係式[4] を得る.

$$\gamma = \frac{\gamma_0}{1 + I/I_s} \tag{6.13}$$

ここで,各量は以下のとおりである.

$$\gamma_0 = g_0 - a_0 \tag{6.14}$$

$$I_S = I_{S0}N^2 \tag{6.15}$$

$$I_{S0} = h\nu \frac{k_3}{\sigma_0} \tag{6.16}$$

$$g_0 = g_{00}\frac{w}{N^2} \tag{6.17}$$

$$g_{00} = \frac{\sigma_0}{k_3}\eta' \tag{6.18}$$

$$\eta' = \left\{\eta_3\left(1 - \frac{k_3}{k_1}\right) - \eta_1\frac{k_3}{k_1}\right\}\frac{n_0^{CO_2}}{N} + \eta_4\left(1 - \frac{k_3}{k_1}\right)\frac{n_0^{N_2}}{N} + \eta_5\left(1 - \frac{k_3}{k_1}\right)\frac{n_0^{CO}}{N}$$

$$\approx \eta_3\frac{n_0^{CO_2}}{N} + \eta_4\frac{n_0^{N_2}}{N} + \eta_5\frac{n_0^{CO}}{N} \tag{6.19}$$

$$a_0 = \sigma_0\frac{k_{1r}}{k_1}\frac{n_0^{CO_2}}{N} \tag{6.20}$$

(6.14) 式において,g_0 は小信号利得のうち電子衝突に関する項で,a_0 は CO_2 ガスの吸収による損失項である.a_0 において $n_0^{CO_2}/N$ は CO_2 分率,k_{1r}/k_1 はガス温度の関数である.g_0 は放電電力密度 w とガス密度 N^2 によって規格化した利得 g_{00} によって表される.g_{00} はさらに電子衝突励起の総合効率 η' と CO_2 (ν_3) 準位の脱励起反応速度定数 k_3 によって表される.(6.19) 式は $k_3/k_1 \ll 1$ を考慮した近似式である.

三軸直交型レーザの場合,ガス流 (transverse gas flow) により利得分布はガス下流に広げられる.詳細は 6.1.1 項 d で述べることにし,ここでは,ガス流方向の利得

の半値全幅を Δx で与える．放電方向の利得の幅をギャップ長 d で与えると，(6.14)式の両辺を空間積分することにより，g_0 の平均値は次式となる．

$$\bar{g}_0 = \frac{g_{00}}{\Delta x d l} \frac{1}{N^2} W_d \tag{6.21}$$

ここで，W_d：放電電力，l：放電長である．

c. レーザ発振

光増幅の (6.11) 式を小信号利得 $\gamma_0 = g_0 - a_0$ の均質媒質について，図 6.5(a) に示すような境界条件で解き，出力鏡側の内部定在波の強度 I_+ を求める．

① 出力 (PR) 鏡： 透過率 T，損失 a_2
② 全反射 (TR) 鏡： 損失 a_1
③ ミラー間隔： $l + l'$ （l：放電部の長さ，l'：非放電部の長さ）

$$I_+ = I_S \frac{g_0 l - a_0 (l + l') - \ln\{(1-a_1)^{-1/2}(1-a_2-T)^{-1/2}\}}{\{1-(1-a_1)^{1/2}(1-a_2-T)^{1/2}\}\{1+(1-a_1)^{-1/2}(1-a_2-T)^{-1/2}\}} \tag{6.22}$$

ミラー有効径が利得領域に比べて小さくなければ，レーザ出力 W_r は (6.22) 式と発振ビーム断面積 $d \cdot \Delta x$，透過率 T を用いて，結局次式で表される．

$$W_r = \eta_0 (W_d - W_0) \tag{6.23}$$

$$\eta_0 = h\nu\eta' \frac{T}{a+T} \tag{6.24}$$

$$W_0 = \frac{k_3}{\sigma_0} \frac{1}{\eta'} N^2 d\Delta x \{\ln(1-a-T)^{-1/2} + a_0(l+l')\} \tag{6.25}$$

$$a = a_1 + a_2 \tag{6.26}$$

ここで，鏡の損失は十分小さいので，$a \ll 1$ と近似した．

図 6.5(b) に示すように，レーザ出力 W_r はしきい値放電電力 W_0 とスロープ効率

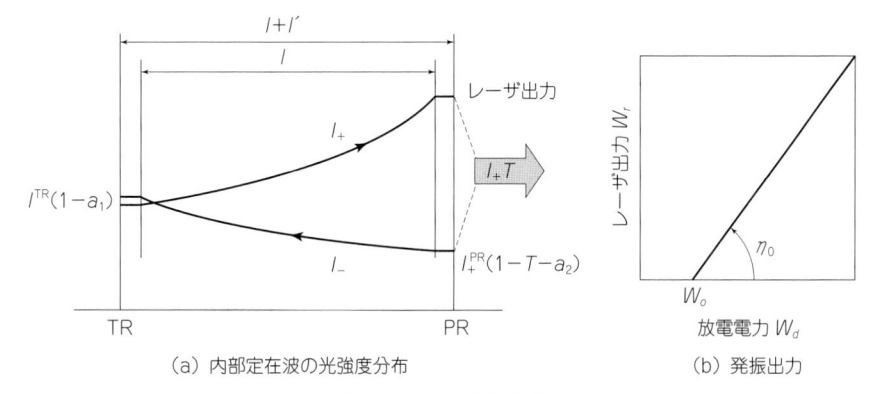

(a) 内部定在波の光強度分布　　(b) 発振出力

図 6.5 レーザ発振特性
TR：total reflector, PR：partial reflector.

η_0 によって,放電電力 W_d と上式の直線関係で関連づけられる.(6.24)式において η_0 は(6.19)式に示されるように放電励起の総合効率で,$T/(a+T)$ は光学的取り出し効率に関する項である.W_0 の(6.25)式において { } 内は透過,吸収,損失を含むミラー系の全損失の項であり,その他が励起と利得の分布に関する項である.

d. 横ガス流の扱い

レーザ上準位群,すなわち,$CO_2(\nu_3)$,$N_2(v)$,$CO(v)$ 準位間での振動エネルギー移乗は,次に示す共鳴過程により,非常に速く平衡状態に達する.ここで,右辺の数字は,関与する励起準位のエネルギー差を波数で表したものである.

$$CO_2(\nu_3) + N_2(v=0) \underset{k_{43}}{\overset{k_{34}}{\rightleftarrows}} CO_2(000) + N_2(v=1) + 18 \text{ cm}^{-1} \qquad (6.27)$$

$$CO_2(\nu_3) + CO(v=0) \underset{k_{53}}{\overset{k_{35}}{\rightleftarrows}} CO_2(000) + CO(v=1) + 206 \text{ cm}^{-1} \qquad (6.28)$$

$$N_2(v=1) + CO(v=0) \underset{k_{54}}{\overset{k_{45}}{\rightleftarrows}} N_2(v=0) + CO(v=1) + 188 \text{ cm}^{-1} \qquad (6.29)$$

レーザ上準位群は,$CO_2(\nu_3)$ を窓口としてゆっくり緩和する.

$$CO_2(\nu_3) + M \xrightarrow{k_3^M} CO_2(nm0) + M \qquad (6.30)$$

ここで,M は衝突対象分子,k_3^M は $CO_2(\nu_3)$ と M 分子との衝突速度定数である.(6.27)式から(6.29)式において平衡状態を仮定できるので,レーザ上準位の緩和過程は次式で与えられる.

$$\frac{dn_3}{dt} = -\beta \sum k_3^M n_0^M n_3 \qquad (6.31)$$

ここで,n_0^M は M 種のガス密度であり,β はレーザ上準位群の粒子密度に対する $CO_2(\nu_3)$ に存在する粒子の密度の比を表し,次式で定義される.

$$\beta = \frac{n_3}{n_3 + n_4 + n_5} \qquad (6.32)$$

また,レーザ上準位の実効緩和速度定数 λ_0 は

$$\lambda_0 = \beta \sum k_3^M \frac{n_0^M}{N} \qquad (6.33)$$

と表され,n_0^M/N は M 種ガスのモル分率を示す.

緩和速度に関する,Moore ら[5]の実験結果を用いて,ガス組成 CO_2-CO-N_2-He =8-4-60-28 における β および λ_0 の値を評価すると,それぞれ 0.1 および 3.6× 10^{22} m^3/part./s と見積られる.

以上により,小信号利得 g_0 の時間変化は

$$\frac{dg_0}{dt} = \sigma \frac{dn_3}{dt} = \frac{\sigma_0}{N} \beta \frac{d(n_3 + n_4 + n_5)}{dt}$$

6.1 CO₂ レーザの基礎

$$= \frac{\sigma_0}{N}\beta\left\{\eta_3\frac{n_0^{CO_2}}{N}w + \eta_4\frac{n_0^{N_2}}{N}w + \eta_5\frac{n_0^{CO}}{N}w - k_3Nn_3\right\}$$

$$= k_3N\beta\left\{\frac{\sigma_0}{k_3}\left(\eta_3\frac{n_0^{CO_2}}{N} + \eta_4\frac{n_0^{N_2}}{N} + \eta_5\frac{n_0^{CO}}{N}\right)\frac{w}{N^2} - g_0\right\} \quad (6.34)$$

となる。ここで，各パラメータは次のように表される。

$$\lambda_0 = k_3\beta \quad (6.35)$$

$$\lambda = \lambda_0 N \quad (6.36)$$

$$\eta = \eta'\beta \quad (6.37)$$

(6.35)～(6.37) 式を用いると，(6.34) 式は次式に書き改められる。

$$\frac{dg_0}{dt} = \sigma\eta w - \lambda g_0 \quad (6.38)$$

(6.38) 式の定常解 g_0^∞ は当然，(6.14) 式に一致する。すなわち，

$$g_0^\infty = \frac{\sigma\eta w}{\lambda} = \frac{\sigma_0\eta'}{k_3}\frac{w}{N^2} = g_{00}\frac{w}{N^2} \quad (6.39)$$

である。

次に，横ガス流方向の利得分布について考察する。(6.38) 式から，放電空間内，放電空間外に対する利得の式が導出される。

$$\frac{dg_0}{dt} = \frac{\partial g_0}{\partial t} + v\frac{dg_0}{dx} = \sigma\eta w - \lambda g_0 \quad (0 \leq x \leq x_D) \quad (6.40)$$

$$\frac{dg_0}{dt} = \frac{\partial g_0}{\partial t} + v\frac{dg_0}{dx} = -\lambda g_0 \quad (x_D \leq x) \quad (6.41)$$

ここで，v はガス流速，x，x_D はそれぞれガス流方向の距離と放電幅である。(6.40)，(6.41) 式を定常状態において解くと，

$$g_0 = \frac{\sigma\eta w}{\lambda}\left\{1 - \exp\left(-\frac{\lambda}{v}x\right)\right\} \quad (0 \leq x \leq x_D) \quad (6.42)$$

$$g_0 = \frac{\sigma\eta w}{\lambda}\left\{\exp\left(-\frac{\lambda}{v}x_D\right) - 1\right\}\exp\left(-\frac{\lambda}{v}x\right) \quad (x_D \leq x) \quad (6.43)$$

$$\int_{-\infty}^{\infty} g_0 dx = \frac{\sigma\eta w}{\lambda}x_D = g_{00}\frac{w}{N^2}x_D \quad (6.44)$$

となる。(6.44) 式に示すように，小信号利得 g_0 をガス流方向に積分した結果は，まったくガス流速によらず，一定である。すなわちこの結果は，ガス流は利得分布を広げるものの，レーザ上準位の励起や脱励起にはまったく寄与しないことを示す。また，ガス流による利得の引き延ばし効果を，(6.42)，(6.43) 式から利得の半値全幅 Δx により定義すると，

$$\Delta x = x_D\left\{1 + \frac{v}{\lambda_0Nx_D}\ln\left[1 + \exp\left(-\frac{\lambda_0Nx_D}{v}\right)\right]\right\} \quad (6.45)$$

で与えられる。

6.1.2 換算電界強度とスウォームパラメータ
a. 電場の時間変化に対する電子スウォームの応答

本項では，2章に示したボルツマン方程式の解析をもとに，バリア放電式 CO_2 レーザの基礎特性に関する理論解析について検討する．バリア放電励起 CO_2 レーザの主成分ガスである窒素ガスにおける衝突断面積 $Q(\varepsilon)$ の実験値と，ガス圧力 100 Torr (13.3 kPa) での衝突緩和時間の関係を，図 6.6, 6.7 に示す．図 6.6 より明らかなように，窒素ガスは低エネルギー（2 eV 近傍）領域に大きな振動励起断面積をもつことが特長であり，この振動励起により炭酸ガスレーザが高効率動作できることはよく

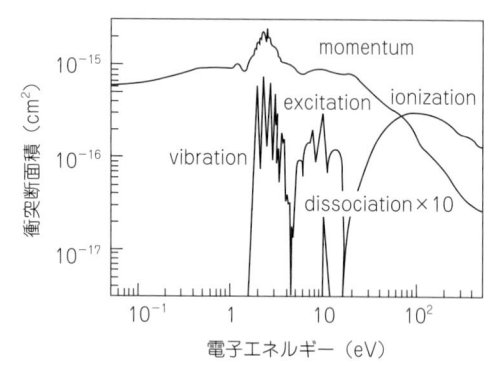

図 6.6 窒素ガスの衝突断面積（dissociation は断面積を 10 倍にして表示）

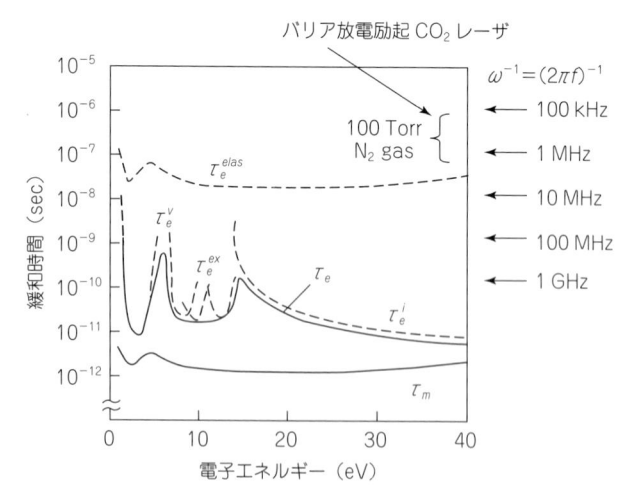

図 6.7 衝突緩和時間（N_2 ガス，13.3 kPa (100 Torr)）

知られている．電場の時間変化と衝突緩和時間との比較のため，各電源周波数における角周波数を図6.7に示した．図においてτ_e^j ($j=elas, v, ex, i$) は，j種衝突によるエネルギーの緩和時間を示し，$elas, v, ex, i$はそれぞれ弾性衝突，振動励起衝突，(電子)励起衝突，電離衝突を表す．また，τ_mは運動量の緩和時間を示す．衝突緩和時間τは電子速度v，衝突断面積Qおよびガス密度Nより$\tau^{-1}=vQN$で表されるため，ガス圧力に直接関連する量である．

実際の放電条件では，ガス圧力が高く衝突緩和時間が短いこと，N_2の振動励起の影響で，低エネルギー領域においてもエネルギーの緩和時間が短いため，電界の時間変化に対して運動量の緩和はもちろん，エネルギーの緩和時間さえ十分短いことがわかる．このことより，電子スウォームは電界の時間変化に完全に追従し，各時刻における電子スウォームは瞬時電場で表現することができる．したがって本項では，電子スウォームの時間変化を瞬時電界に対する準定常の連続解として解析する．

b. CO_2レーザ励起に関連するスウォームパラメータの導出

2章に示したボルツマン方程式解析を用いてスウォームパラメータを導出する．まず，解析の基本となる電子のエネルギー分布の計算結果を図6.8（等方性成分），図6.9（方向性成分）に示す．図においてガス組成はバリア放電式CO_2レーザで標準的に使用される条件（CO_2-CO-N_2-He=8-4-16-28）であり，換算電界強度E/Nをパラメータとして計算した．なお，$f_i(\varepsilon)$はそれぞれ，$\int_0^\infty f_i(\varepsilon)d\varepsilon = 1$で規格化している．

等方性の電子エネルギーはE/Nの増大とともに高エネルギー側にシフトする．さらに，マクスウェル分布からのずれが大きくなる．これは高いE/N領域において電

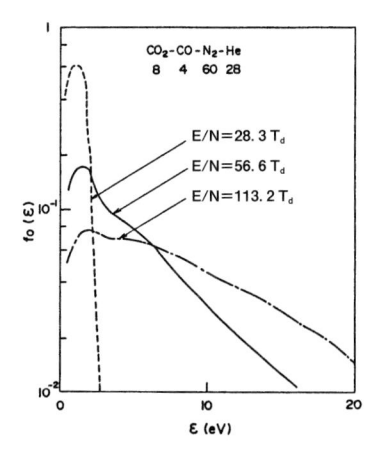

図6.8 電子エネルギー分布（等方性成分$f_0(\varepsilon)$）
Td=1×10^{-17} V・cm^2

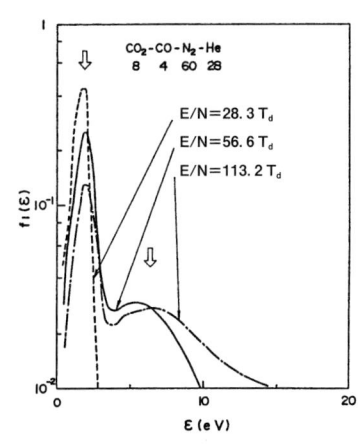

図6.9 電子エネルギー分布（方向性成分$f_1(\varepsilon)$）
Td=1×10^{-17} V・cm^2

子励起をはじめとする非弾性衝突の影響が大きくなり,高エネルギー電子がそのエネルギーを失うためである.また,この非弾性衝突の影響は図6.9に示される$f_1(\varepsilon)$のピークとして観測される.図において2eV付近の大きな山は窒素の振動励起に対応し,6eV付近のピークは電子励起に対応するものである.低E/N領域では,電子のエネルギーが有効に窒素の振動励起に注入されていることがわかる.

全ガス圧力を一定に保ち,各ガスのモル分率をそれぞれCO_2-CO-N_2-He=8-4-x^{N_2}-balance(%)とし,窒素濃度x^{N_2}を5~60%に変化したときの特性エネルギーε_k,電子のドリフト速度v_{de},炭酸ガスレーザ上準位への放電エネルギー注入率P_jの変化を,それぞれ図6.10,6.11,および図6.12に示す.

特性エネルギーε_kは拡散係数D_Tと移動度μの比($\varepsilon_K = eD_T/\mu$)で定義され,マクスウェル分布では,電子温度T_eと平均電子エネルギーεに対して,$\varepsilon_k = 2\varepsilon/3 = kT_e$の関係を示す.図6.10には,マクスウェル分布における結果を点線で併記している.E/Nの増加とともにε_kは増加し,窒素濃度が低い場合はマクスウェル分布に近い特性を取る.窒素濃度が高くなると,ε_kはマクスウェル分布より低い値を取るようになり,しだいに1eV程度に漸近していく様子がわかる.これは窒素の振動励起断面積が大きいため,窒素濃度が高くなると,放電エネルギーが窒素の振動励起に有効に消費され,ε_kが窒素の振動エネルギーである1eVに漸近していくためである.

電子のドリフト速度v_{de}は計算範囲において,E/Nの増加に対して,ほぼ線形の増加傾向を示し,ガス組成の影響は小さい.

P_jは(2.72)式を用い,レーザ上準位として$CO_2(v_3)$,$N_2(v=1\sim8)$の各準位を考慮し,それぞれの準位への励起周波数を計算することにより求めた.

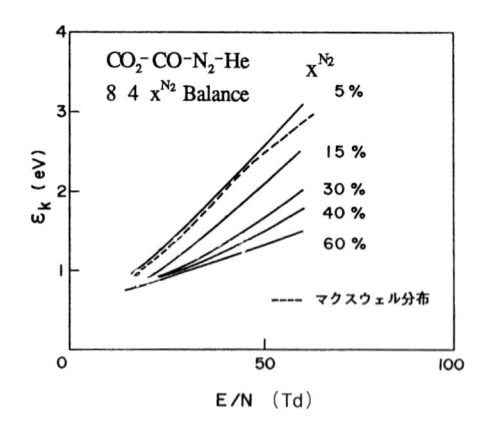

図6.10 特性電子エネルギー(窒素濃度依存性)
Td=1×10^{-17} V・cm^2

6.1 CO$_2$ レーザの基礎

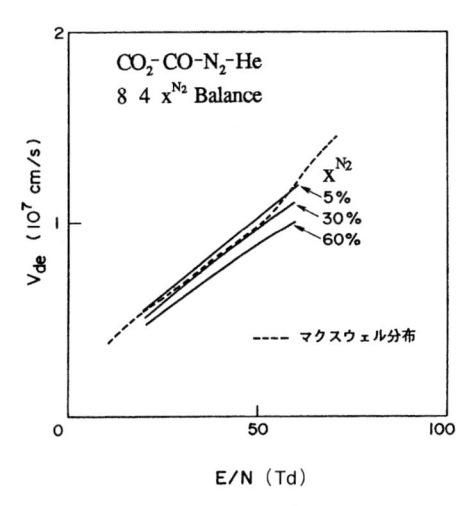

図 6.11 電子ドリフト速度（窒素濃度依存性）

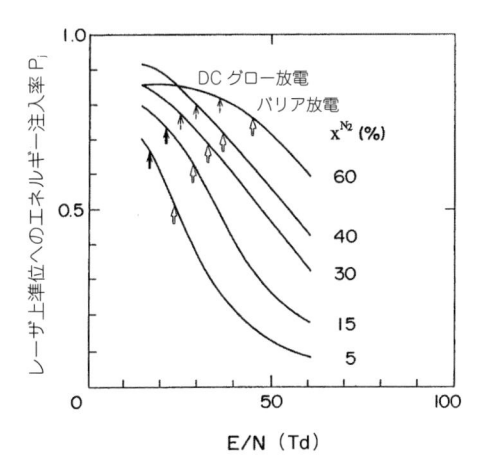

図 6.12 炭酸ガスレーザ上準位への励起効率（窒素濃度依存性）

矢印（↑, ⇧）は観測された各放電での動作点である．

$$P_j = \frac{\varepsilon_j v_j}{eE\{v_{de}(\varepsilon) - \alpha_{eff} D(\varepsilon)\}} \quad (2.72) \text{ 再掲}$$

ここで，P_j は j 励起準位へのエネルギー投入率（j 準位への励起に用いられたエネルギーを投入全エネルギーで除したもの）を示し，ε_j は j 準位への励起エネルギー，v_{de} は電子のドリフト速度，α_{eff} は実効的電離係数（電離係数 - 付着係数），D は拡散係数

を示す.

レーザ上準位への放電エネルギー注入率 P_j は,レーザ励起効率に対応する量であり,E/N の増加とともに低下する.これは E/N の増大により CO_2 レーザ励起に適さない高エネルギーの電子数が増大するため,レーザ励起効率が低下することを示す.しかし,窒素濃度が高くなると,E/N への依存性は小さくなる.これは窒素の大きな振動励起断面積に起因するものであり,図 6.12 の結果は図 6.10 の ε_k の結果と同様,窒素濃度が増大すると,窒素の振動励起に有効にエネルギーが投入されることを表している.

c. 交流電界の扱い

二項近似ボルツマン方程式解析により,ガス組成(CO_2-CO-N_2-He = 8-4-60-28)におけるスウォームパラメータの交流電圧 1 周期内における時間変化を考える.電子スウォームは瞬時電場に追従し,電子スウォームの時間的変化は瞬時電界の変化と対応して求められる.したがって,DC 定常場におけるスウォームパラメータを換算電界 E/N の関数として求め,E/N の時間変化との対応により,スウォームパラメータの時間的変化が算出できる.E/N は時間的に正弦波状に変化しているため,電子エネルギー分布の等方性成分 $f_0(\varepsilon)$ および方向性成分 $f_1(\varepsilon)$ の 1/4 周期内の変化は,図 6.13 (a),(b) のように計算される.ただし,エネルギー分布関数は $\int f_i(\varepsilon)d\varepsilon = 1$ で規格化されている.

換算電界強度 E/N およびレーザ上準位への放電電力注入率 P_j の時間変化を示したものが図 6.14 である.放電電力は放電電圧と電流との積で与えられ,電圧と電流が

(a) 等方性成分 $f_0(\varepsilon)$ (b) 方向性成分 $f_1(\varepsilon)$

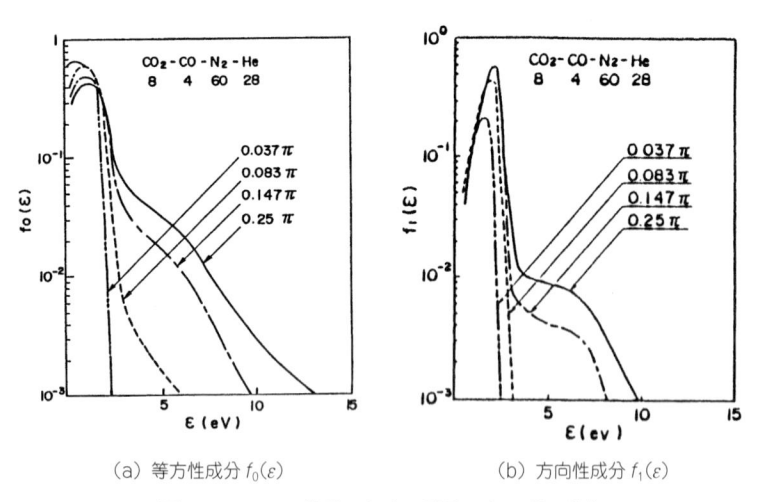

図 6.13 バリア放電における電子エネルギー分布

6.1 CO_2 レーザの基礎

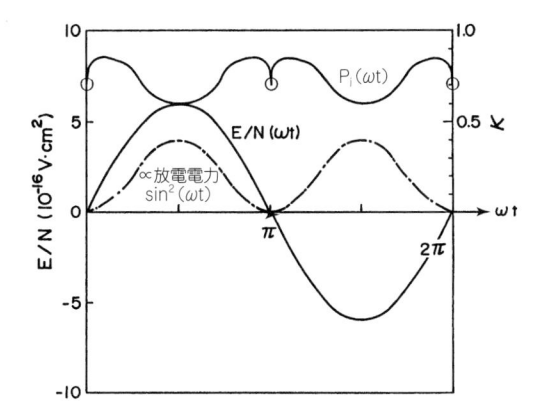

図 6.14 レーザ上準位への放電エネルギー注入率

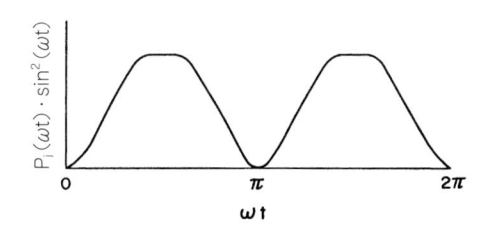

図 6.15 レーザ励起効率の時間変化

同位相であることが 3.2 節で確認されているから, $\sin^2(\omega t)$ に比例する. したがって, 瞬時電力により重みづけされた P_j, すなわち瞬時レーザ励起効率 $\eta(t)$ に対して次式が成り立つ.

$$\eta(t) \propto P_j(\omega t)\sin^2(\omega t) \quad (6.46)$$

図 6.15 は (6.46) 式の比例項を時間の関数として表したものである. この結果をもとに, 1 周期にわたって時間平均すると, 実効的なレーザ励起効率が得られ, この値は平均換算電界 $(E/N)^{e\!f\!f}$ ($E_{e\!f\!f} = E^{max}/\sqrt{2}$; E^{max} は電圧 1 周期における最大電界強度) におけるレーザ励起効率に等しい. これは E/N が正弦波状に変化し, また, E/N の変化に対して P_j の変化があまり大きくないことから, 自然な結果と考えられる. したがって, 今後時間平均されたレーザ励起効率の検討は, この平均換算電界強度 $(E/N)^{e\!f\!f}$ をもって行うこととする.

d. レーザ励起効率

平均換算電界強度 $(E/N)^{e\!f\!f}$ により, バリア放電式レーザ励起特性, とくに窒素の影響について計算してみよう. バリア放電場での $(E/N)^{e\!f\!f}$ は実験的に確認されており,

図6.16に結果を示す．$(E/N)^{\mathit{eff}}$ は切片をもち，窒素濃度とともに直線的に増大する．このことは，窒素の放電維持電圧がヘリウムに比べて十分高いことによる．図中，点線はDCグロー放電での推定値を付記したものである．バリア放電は3章で示したように，定常放電でも放電開始過程を有するため，DCグロー放電に比べて高いE/Nになると解釈している．

上記の$(E/N)^{\mathit{eff}}$ の実験値を使用すると，図6.10, 6.11より，バリア放電場における特性エネルギーε_k および電子ドリフト速度v_{de} の窒素分率に対する依存性が推定でき，この結果を図6.17, 6.18に示す．図より明らかなように，窒素濃度の増加とともに，電子ドリフト速度v_{de} は単調に増加するものの，特性エネルギーε_k は窒素濃度によらずほぼ一定値を示すことがわかる．図6.10からも類推されるように，一般に$(E/N)^{\mathit{eff}}$

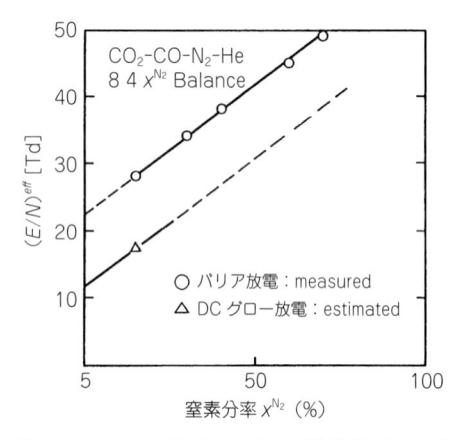

図6.16 バリア放電における平均換算電界と窒素分率との関係

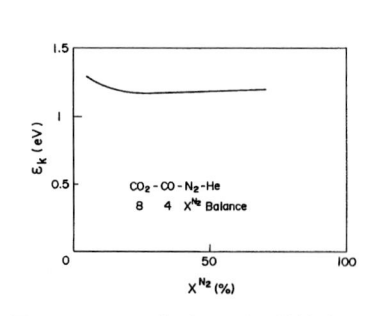

図6.17 バリア放電における特性電子エネルギーと窒素分率との関係

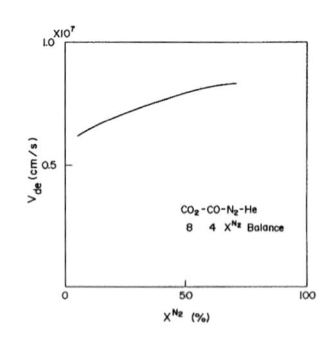

図6.18 バリア放電における電子ドリフト速度と窒素分率との関係

の増大は電子エネルギー ε_k の増大を招くことが知られているが,窒素の振動励起断面積は非常に大きいため,窒素濃度の増加により,$(E/N)^{\mathit{eff}}$ は増加するにもかかわらず,ε_k は一定値を示すことが理解できる.

また,同様に $(E/N)^{\mathit{eff}}$ の実験値を用いて,図 6.12 の結果より,バリア放電によるレーザ上準位への放電エネルギー注入率 P_j の窒素分率の依存性を推定したものが図 6.19 である.なお,エネルギー準位モデルは図 6.4 に示してある.レーザ上準位へ励起されたエネルギーがすべてレーザ発振に寄与すると仮定すると,P_j はレーザ励起効率 η' と 1 対 1 に対応する量となる.

図 6.19 より,窒素濃度の増大に従い,$CO_2(v_3)$ 準位への直接励起は減少するものの,窒素振動準位への励起が増加し,全体として励起効率が増加することがわかる.

炭酸ガスレーザの励起効率に与える窒素濃度の影響について,一般的な DC グロー放電励起とバリア放電励起の場合について比較してみよう.図 6.16 に示した各放電における E/N の動作点を,レーザ励起効率を表す図 6.12 中に矢印で示してある.図 6.16 のように,バリア放電励起では DC グロー放電励起に比べて $(E/N)^{\mathit{eff}}$ が高いため,$CO_2(v_3)$ 準位への直接励起効率は低い.したがって,低窒素濃度領域では DC グロー放電は炭酸ガスレーザ励起に適している.また,図 6.12 中の矢印が示すように,高窒素濃度化により高効率励起の実現が予想される.しかし,DC グロー放電には放電の安定性に課題があり,高窒素濃度領域ではレーザ励起に適さないアーク放電に移行してしまうため,安定な窒素濃度は 15% 程度が上限であることが観測されている.一方,バリア放電励起方式では放電の安定性は,誘電体電極の容量性バリア効果によ

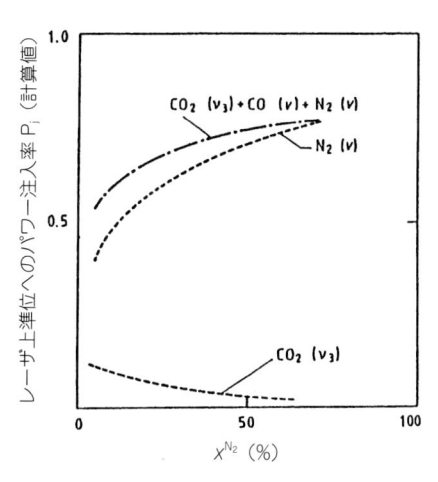

図 6.19 無声放電におけるレーザ励起効率と窒素分率の関係

り保証されている．したがって，高窒素濃度領域での動作が可能となり，60%の高窒素濃度領域でも安定に使用することができ，DC放電励起方式と同程度の高効率動作が実現できると解釈される．実験による励起効率の評価は次節に示す．

6.2 三軸直交型CO_2レーザ装置[2)]

CO_2レーザに代表される基底電子状態の準位間遷移を利用する分子状レーザは，一般にガス温度の影響を受けやすい．このため，レーザの高出力化にはガス温度上昇を抑えることが重要な要素となる．ここでは，レーザガスの冷却が比較的容易なバリア放電横ガス流式CO_2レーザの構造と基本特性について述べる．

6.2.1 構　造

バリア放電励起CO_2レーザの実験に用いた電極構造を図6.20に示す．ガス流，放電，光軸方向がそれぞれ直交する，いわゆる三軸直交型レーザである．電極は金属パイプにガラスをライニングしたもので，純水で冷却されている．必要部分に放電領域を規定するため，誘電体電極は放電面を除いて，低誘電率材料でモールドされている．バリア放電空間は図6.20における点線の領域に形成される．放電長，ガス流方向の放電幅，ギャップ長は，それぞれ1.3 m，13 mm，16 mmである．放電電力は，オシロスコープ上に描かれたV（印加電圧）-Q（電荷）リサジュー図より計測する．レーザガス組成はCO_2-CO-N_2-He = 8-4-60-28であり，放電空間におけるガス流速は40〜70 m/sである．

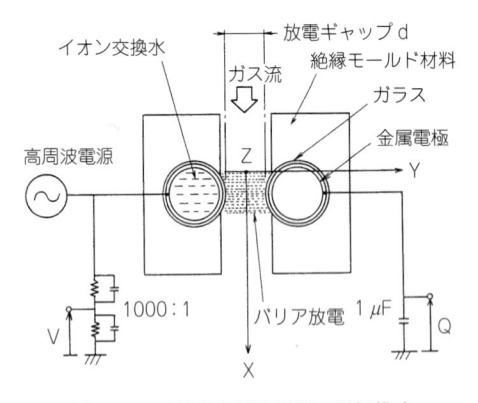

図6.20　三軸直交型発振器の電極構成

6.2.2 小信号利得

本条件,すなわち,室温,高ガス圧力動作において,レーザ出力はP(20)の単一線で発振している.したがって,$CO_2(001)$-$CO_2(100)$バンドのP(20)線の単一線で発振するプローブレーザを用いて,利得測定をガス封じきりの状態で行う.このプローブレーザの放電空間におけるe^{-2}ビーム径は,およそ7.5mmである.このときの最大ビーム強度は約$2 W/cm^2$であり,この実験系で計測される利得は,ガス圧力60 Torr(8 kPa)以上では,十分小信号利得と考えることができる.プローブレーザの強度が高すぎると,プローブレーザの影響で利得が低下するので注意が必要である.

ガス圧力100 Torr(13.3 kPa)において,典型的なバリア放電の写真と,測定された小信号利得g_0の等高線を,図6.21に示す.放電写真から明らかなように,規定放電空間に均質な放電が得られている.利得の等高線はなめらかな分布を示しており,DCグロー放電励起に特徴的に見られるカソード近傍の高い利得領域はまったく観測されない.この結果より,バリア放電励起は高品質レーザビームの取り出しに非常に有効であろうことが予想される.利得の等高線を微細に見ると,ガス流方向に若干の湾曲が観測される.これは,ガス流速の分布によるものと解釈できる.

異なるガス圧力,ガス流速において,ギャップ中央部の利得特性を示したものが図6.22である.ガス圧力の増大に伴い,ピーク利得は減少傾向を示す.利得のガス流方向積分値$\int g_0(x)dx$を異なるガス流速v,印加電圧周波数fにおいて,ガス圧力pの関数として示したものが図6.23である.図の右軸は(6.21)式もしくは(6.44)式に基づく副尺を示している.利得の積分値$\int g_0(x)dx$は(6.44)式で示したとおり,ガス密度N(ガス圧力Pと等価)に対しN^{-2}の依存性を示す.電源周波数100 kHzから500 kHzの範囲において,励起効率が変化しないことが実験的に確認できる.

図6.22の結果を(6.17)式から整理すると,規格化された利得g_{00}は次のように評

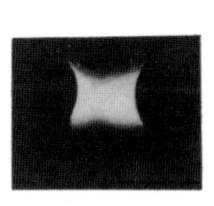

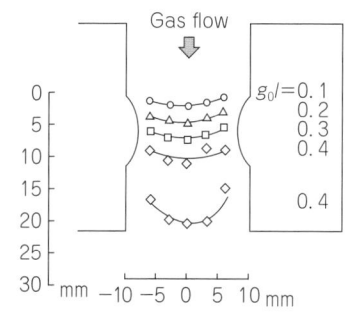

バリア放電の写真

図6.21 小信号利得の測定結果

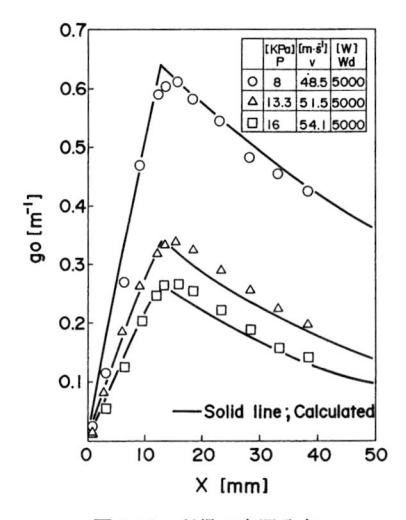

図 6.22 利得の空間分布

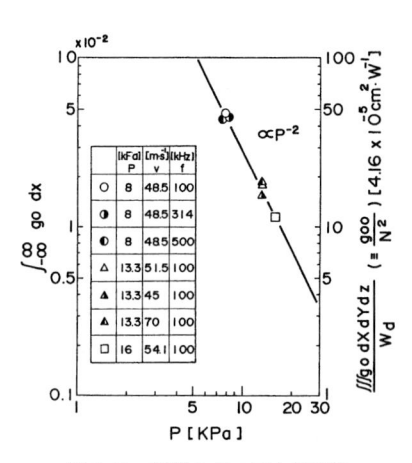

図 6.23 利得のガス圧力依存性

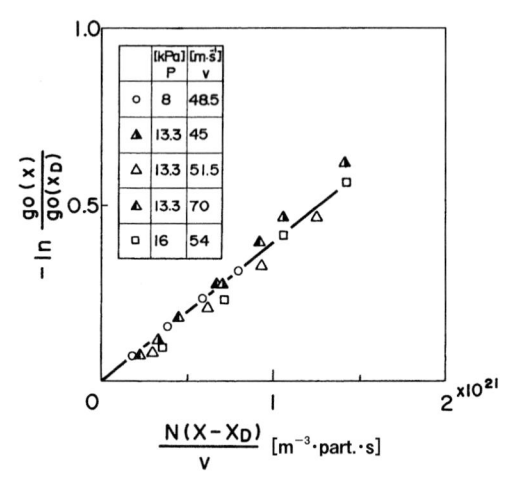

図 6.24 緩和特性

価される.

$$g_{00} = 7.1 \times 10^{41} \quad [\mathrm{m^4/part.^2/W}] \qquad (6.47)$$

また，(6.35),(6.36),(6.43) 式から次式が導出される．

$$-\ln \frac{g_0(x)}{g_0(x_D)} = \lambda_0 \frac{N(x-x_D)}{v} \qquad (6.48)$$

(6.48) 式に従って緩和特性を整理すると, 図 6.24 を得る. 図中, 直線の傾きからレーザ上準位の実効的な衝突緩和速度 λ_0 が, 次式のように評価できる.

$$\lambda_0 = 3.9 \times 10^{-22} \quad [\text{m}^3/\text{part.}/\text{s}] \tag{6.49}$$

この結果は, 6.1.1 項 d に示したレーザ上準位の準定常仮定により計算される結果 (3.6 $\times 10^{-22}[\text{m}^3/\text{part.}/\text{s}]$) とほぼ一致する. 実験的に得られた規格化パラメータ g_{00} ((6.47) 式) と λ_0 ((6.49) 式) を用い, (6.42), (6.43) 式を解くことにより, 小信号利得の空間分布が計算できる. この結果を, 図 6.22 に実線で示しておいた. 実験結果とよく一致し, 本項で示した簡略モデルで利得特性を十分説明できることがわかる.

6.2.3 レーザ励起効率：他方式との比較

(6.18), (6.35) 式よりレーザ励起効率 η' が次式のように定義される.

$$\eta' = \frac{k_3}{\sigma_0} g_{00} = \frac{\lambda_0}{\beta} \frac{1}{\sigma_0} g_{00} \tag{6.50}$$

小信号利得測定により得られた g_{00} ((6.47) 式), λ_0 ((6.49) 式) および β, σ_0 の計算値を用いることにより, バリア放電による CO_2 レーザ励起効率 η' が, 次式のように評価される.

$$\eta' = 1.2 \times 10^{19} (\text{part.}/\text{J}) \tag{6.51}$$

DC グロー放電あるいは RF 放電による小信号利得測定結果[6,7]をもとに, 同様の手法により, 他の励起方式において最適化されたレーザ励起効率の評価を行う. その結果を実効換算電界強度 $(E/N)^{\text{eff}}$ の関数とし, 図 6.25 に示す. バリア放電励起方式では, 他の励起方式に比べての $(E/N)^{\text{eff}}$ の動作領域は大きく異なるものの, それによるレー

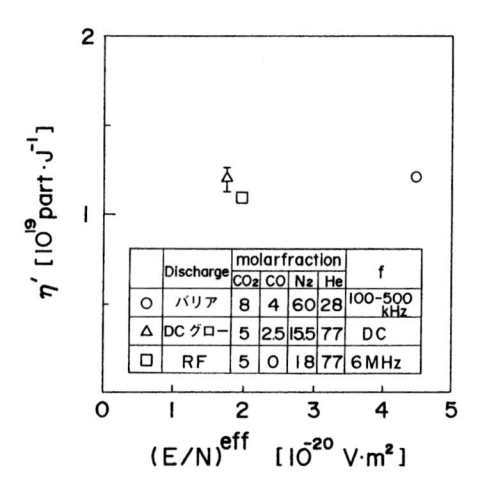

図 6.25 利得測定結果より評価されたレーザ励起効率 η'

ザ励起効率にはほとんど差がないことが確認できる．

6.2.4 レーザ発振特性[3)]

利得測定に使用したレーザ発振器におけるレーザ発振特性について述べる．レーザ発振出力 W_r を放電電力 W_d の関数として示したものが図 6.26 である．放電電力と発振出力の間にはほぼ直線関係が成立している．スロープ効率 η_0 はガス圧力に依存しない．これは (6.19)，(6.24) 式から予想される結果である．発振しきい値 W_0 は，N_2 の分圧とともに大きくなり，ガス圧力 p に対しておよそ $p^{1.3}$ の依存性を示す．ガス流速の影響を考慮しなければ，(6.25)式から p^2 の依存性が予想される．この相違は，

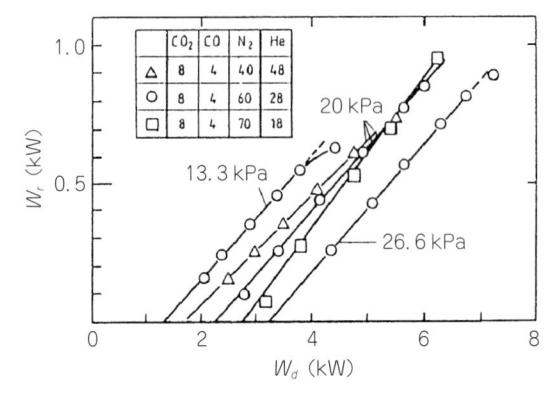

図 6.26 レーザ発振特性

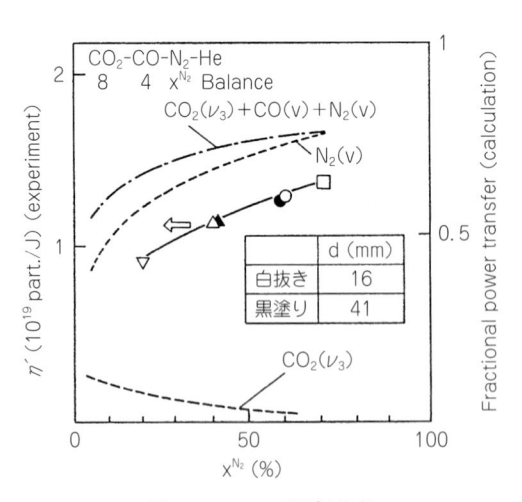

図 6.27 レーザ励起効率

6.2 三軸直交型 CO_2 レーザ装置

利得のガス流方向への広がり幅 Δx が，ガス圧力の増加とともに減少することに起因する．詳細は窒素濃度と発振しきい値の項で述べる．

　図示はしないが，同様にして CO_2, CO 濃度をそれぞれ 8%, 4% とし，He をバランスガスとした混合ガスにおいて窒素濃度 x^{N_2} を 20%, 40%, 60% および 70% とした場合と，電極のギャップ長 d が 41 mm とした場合について実験を行った．これらの実験よりスロープ効率 η_0 を求め，(6.24) 式より，励起の総合効率 η' (part./J) を見積った結果を図 6.27 に示す．図中，ボルツマン方程式より計算された $CO_2(v_3)$, $N_2(v)$ 準位それぞれへの放電エネルギー注入率を破線で示した．バリア放電による CO_2 レーザ励起は，窒素の振動励起を活用した過程が主であることがわかる．$CO_2(v_3)$, $N_2(v)$, $CO(v)$ の高次を含む各振動準位に励起されたエネルギーが，すべてレーザ発振に寄与すると仮定すると，図中一点鎖線がレーザ励起効率を示し，実験結果と比較することができる．図より計算値と実験値は定性的によく一致している．

　(6.5), (6.17) 式より次式が得られる．

$$q_e(E/N)^{eff}\eta' \approx Q_3\frac{n_0^{CO_2}}{N} + Q_4\frac{n_0^{N_2}}{N} + Q_5\frac{n_0^{CO}}{N} \quad (6.52)$$

この式は，レーザ励起に対する実効衝突断面積を示す．図 6.27 の結果を整理すると，図 6.28 が得られる．ここで $Q = q_e(E/N)^{eff}\eta'$ である．本来，Q は電子エネルギー分布の，したがって E/N の関数であるが，実験範囲で $(E/N)^{eff}$ の変化はあまり大きくないため，Q も近似として変化が小さいと考えられる．したがって，図 6.28 が窒素分率に対し，縦軸に切片をもち，一定の傾きを有する直線的依存性（破線）を示すことは肯ける結果である．図 6.28 の傾きから窒素の振動励起に対する実効衝突断面積 Q_{eff} は，1.3×10^{-15} cm^2 と評価される．ただし，ここでは各衝突過程の断面積はすでに述べたとおり，

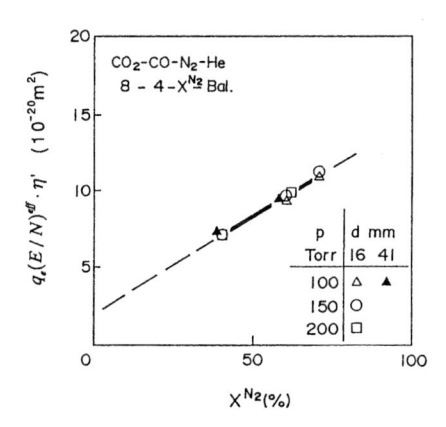

図 6.28 レーザ励起の実効衝突断面積 $Q_{eff} = q_e(E/N)^{eff}\eta$

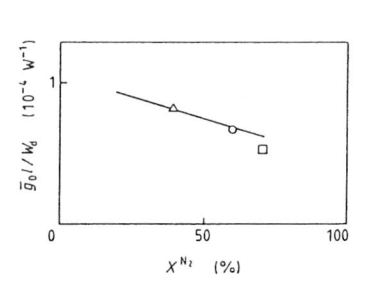

図 6.29 小信号利得係数の窒素ガス濃度依存性

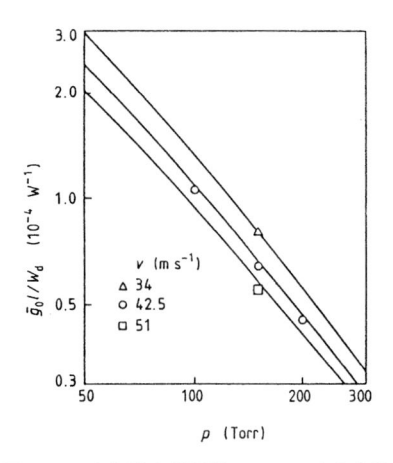

図6.30　小信号利得係数のガス流速依存性

振動量子数を v として，$v=1$ より高い振動レベルを経由した励起も含んだ等価的なもので

$$Q_{eff}=Q_{v=1}+2Q_{v=2}+3Q_{v=3}+\cdots\cdots \quad (6.53)$$

である．この結果は Schulz[8] の個々の Q の値から予想される結果とほぼ一致する．

　窒素濃度の変化に対する発振しきい値の変化から，利得に与える窒素濃度依存性について考えてみよう．ここでは，放電電力密度 w およびガス密度 N で規格化した利得 g_{00} ((6.14) 式）で評価するため，(6.21) 式にそって，実験結果を g_0l/W_d の形でまとめたものが図6.29である．図6.27と図6.29を見比べ，窒素濃度の増大に伴い，レーザ励起効率は増大するにもかかわらず，利得係数はむしろ減少することが確認できる．これは窒素濃度の増大によりレーザ上準位の実効的寿命が増大し，横方向ガス流による利得分布の拡大効果が増加することにより説明できる．図中実線はガス流方向の利得分布（(6.45) 式）を考慮して利得係数を計算したものである．同様に利得係数のガス流速依存性を実験により確認し，計算値と比較したものが図6.30である．横方向ガス流を採用した三軸直交型レーザでは，ガス流により利得係数は減少する，すなわち，発振しきい値が増大する分だけ発振効率が若干低下することがわかる．したがって，三軸直交型レーザを設計するにあたっては，ガス流本来の目的であるレーザ媒質の冷却効果とともに発振効率の低下を考慮する必要がある．

6.2.5　高出力産業用 CO_2 レーザの特性

　産業用 CO_2 レーザの構成例を図6.31に示す[9]．発振器と電源と真空ポンプが一体化され，生産現場への導入利便性が図られている．長さ約1.8 m，幅約0.6 m，高さ

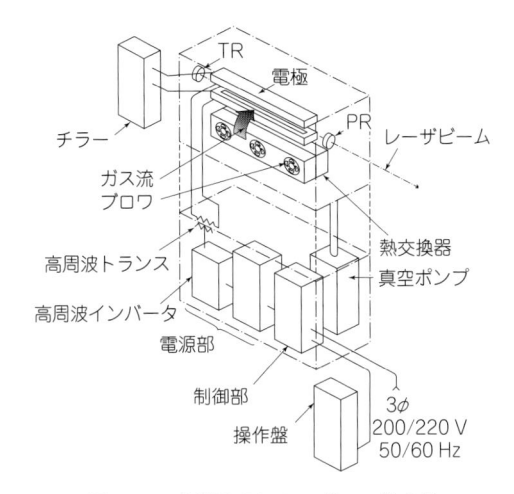

図 6.31　産業用 CO_2 レーザーの構成例

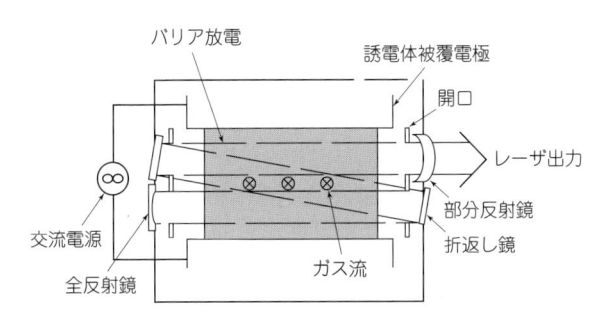

図 6.32　Z 型折り返し共振器構成

約 1.6 m,発振出力 CW(連続定格)2 kW,パルス出力 4 kW である.

インバータから 100 kHz 程度の高周波交流電圧がつくられ,トランスによって昇圧され,誘電体で被覆された電極に印加される.放電空間に共振器光軸を設定している.放電によって高温になったガスは熱交換器で冷やされ,ブロアによって再加速され,共振器内を約 60 m/s の高速で循環する.放電とガスと光軸は互いに直交する.真空ポンプはレーザガス充填の初期状態をつくるために具備する.

共振器の光軸構成は,図 6.32 のように Z 型折り返しとしている[10].全反射鏡(total reflector),部分反射鏡(partial reflector)の間に折り返し鏡(folding reflector)を配し,励起の利得を稼ぐ構成とした.折り返し数をあまりに多くすると損失も増えるので,最適値が存在する.また折り返しは波動光学による発振ビームのモードで決まる直径(この場合は TEM_{01}^* で約 20 mm)と放電空隙長(この場合は約 50 mm)の相対関係

図 6.33 放電領域と光軸

図 6.34 印加電圧と放電電力 CW とパルス（波高値）の比較

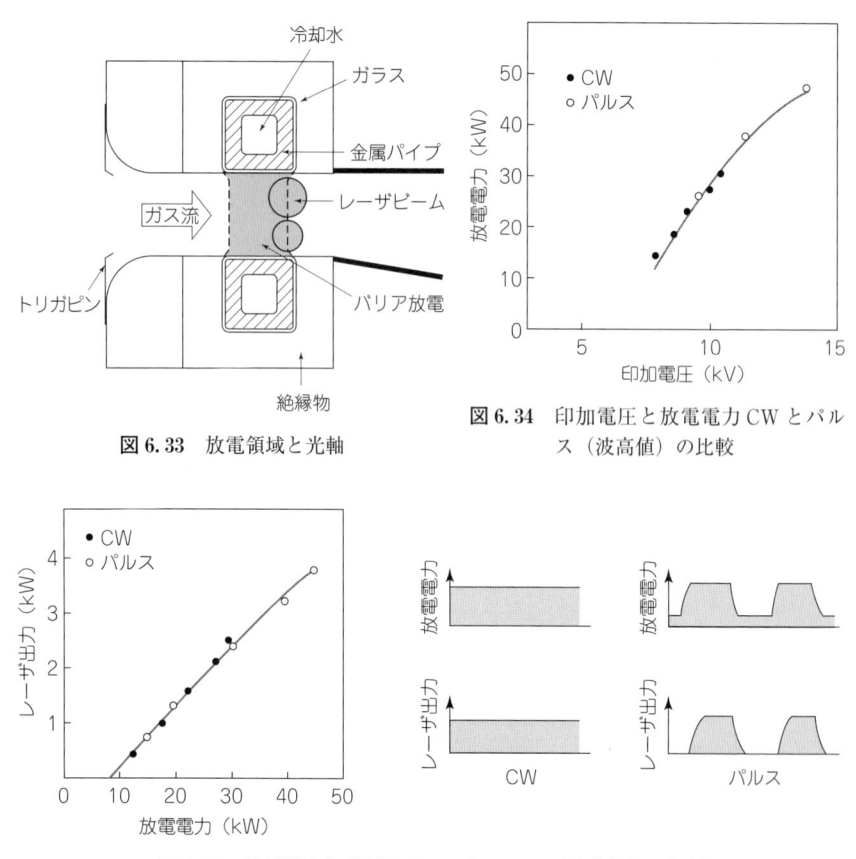

図 6.35 放電電力と発振出力 CW とパルス（波高値）の比較

から決まる制約がある．光軸のガス流方向の位置は，図 6.33 に示すように放電空間の下流端で利得が最大になる付近に設定している．

100 kHz 程度の交流高電圧を数百 Hz で断続することによって，パルス発振を得ている．印加電圧と放電電力の関係，および放電電力と発振出力の関係を，CW とパルス（波高値）について図 6.34，6.35 に示す．両者に本質的な差がまったくないことが示されている．レーザ励起の緩和過程からの考察ですでに述べたように，数百 Hz のパルス発振は断続的な CW 発振として理解できるものである．

6.3 軸流型 CO_2 レーザ装置

三軸直交型 CO_2 レーザは大流量ガス流が容易に得られ，高出力化にすぐれた発振器である．しかし，前章で述べたとおり横ガス流のために利得がガス流方向に引き伸ばされ，発振しきい値が増大し発振効率が若干低い，あるいは放電空間が矩形であるため，軸対象のレーザビームが得にくい，といった側面ももつ．とくに低出力レーザ発振器では，発振しきい値の影響が大きく，レーザ発振効率の改善が望まれる．本節では，効率が高く比較的低出力域で有望な軸流型 CO_2 レーザの基本特性について述べる．

6.3.1 低速軸流型発振器[11]

電極構造は図 6.36 に示すように放電管の外周対向面に交流電圧を印加し，管内にてバリア放電を発生し，レーザ励起を行うものである．放電管は，内径 14.4 mm，厚さ 1.2 mm，長さ 1 m のパイレックスガラスよりなり，外周は純水で冷却されている．図中の斜線部は電気絶縁のための誘電体接着剤である．SIT (static-induction transistor) 電源およびトランスにより 10 kHz, 10 kV の高周波，高電圧を印加した．ガス組成は CO_2-N_2-He = 4-16-80 であり，ガス圧力は p = 30〜140 Torr (4〜18 kPa) の範囲で実験を行った．ここでは，ガスの長時間封じきり特性を考慮しないため，CO ガスは使用していない．レーザ励起効率の観点からは，前節で示したように窒素ガス濃度を高く設定すべきであるが，この方式ではむしろレーザ出力を決定する主要因は熱的要因であり，熱伝導率の高いヘリウムが高濃度に設定されている．レーザガスを封じきった状態で実験を行い，一部ガスを流し捨てた場合の実験も実施した．この場合，管内ガス流速は 10 m/s である．

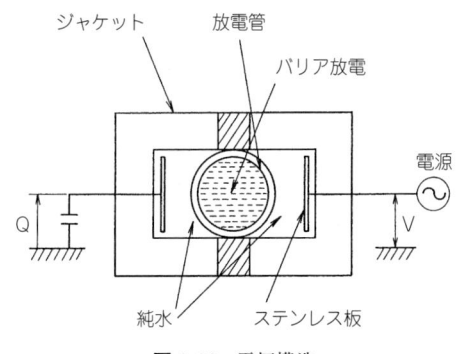

図 6.36 電極構造

図 6.37　換算電界強度 E/N

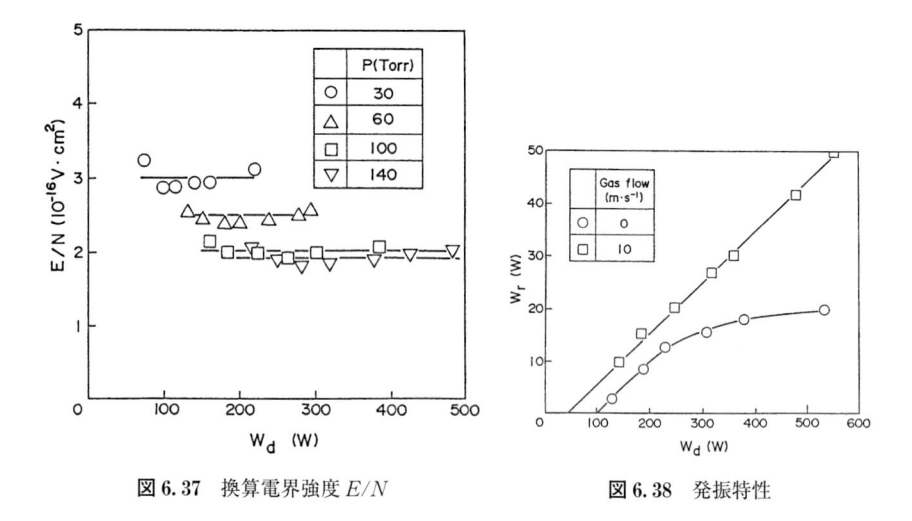

図 6.38　発振特性

　ガス圧力 60 Torr（8 kPa）以下の領域では発光は均質で安定な放電が観測される．ただし，100 Torr（13.3 kPa）では管中央部の発光は弱くなり，140 Torr（18.6 kPa）では両端に放電が局在化し，中央部の発光は観測されなくなる．

　V-Q リサジュー図より得られる放電電圧 V^* は，投入電力の上昇に伴い減少する．これは，ガス温度上昇に伴う分子密度 N の減少によるものである．実験によって求めたガス温度 T_g を用いて換算電界強度（$E/N = V^*/dN$）を計算すると，図 6.37 に示すように E/N は放電電力に依存せず一定値を示す．DC グロー放電における E/N の値は Pd>50 Torr・cm（66.5 Pa・m）において，約 1.6×10^{-16} V・cm^2 であるが，バリア放電の E/N の値はその約 1.5 倍程度に大きくなっている．

　ガス圧力 $p = 50$ Torr（6.66 kPa），出力ミラー透過率 10% におけるレーザ発振特性を図 6.38 に示す．図にはガス流速 $v = 0$（封じきり），10 m/s（流し捨て）の場合について示した．封じきりの場合，レーザ出力の飽和が観測されるが，ガスを流し捨てた実験では出力は直線的に増加している．10 m/s 程度のガス流速では熱移動は管径方向の熱伝導が主であり，ガス流速によるガス温度の変化はない．また，肉眼による放電観測およびリサジュー図による電気的特性にガス流の影響は見られない．低速ガス流効果は，CO_2 分子の供給，分解によってできた CO 分子や O_2 分子の除去および共振器内の非放電部（非冷却，0.5 m）における光自己吸収によるガス温度上昇の低減が考えられる．

6.3.2　高速軸流型発振器[12]

　低速軸流型発振器では，熱伝導型冷却方式を採用しているため，ガス温度の観点か

ら電力密度を高くすることができない．したがって，パイレックスガラスのような低誘電率材料を放電管に使用しても支障はない．ところが，高速軸流型発振器ではガス流量とともに冷却能力が向上するため，より高電力密度の安定放電が要求される．この要求に応えるため開発した高誘電率セラミックス電極構造と放電写真を図6.39に示す．放電管外周に対向配置された金属電極に交流高電圧を印加し，ガス流に対して垂直方向にバリア放電を発生するもので，基本構成は低速軸流型の場合と同様である．管軸方向に放電を発生するDCグロー放電ではギャップ長が長く，一般に放電開始のため数十kV以上の高電圧が必要となるが，本方式では数kVの低電圧で放電は開始する．放電管は比誘電率 $\varepsilon_s = 90$ の高誘電率セラミックスで構成され，放電電力の高密度化が実現される．放電管の内径 d，厚み t および放電長 L はそれぞれ $d = 14$ mm, $t = 2$ mm, $L = 150$ mm である．金属電極端部の電界集中を緩和し，管内で均質な放電を生成するため，放電管の金属接触部には誘電体に厚み分布が施されている．

　レーザ装置は図6.40に示すように，この電極を4本直列に並べ，その両端に全反射鏡および出力鏡よりなる安定型共振器が組まれている．全放電長および共振器長

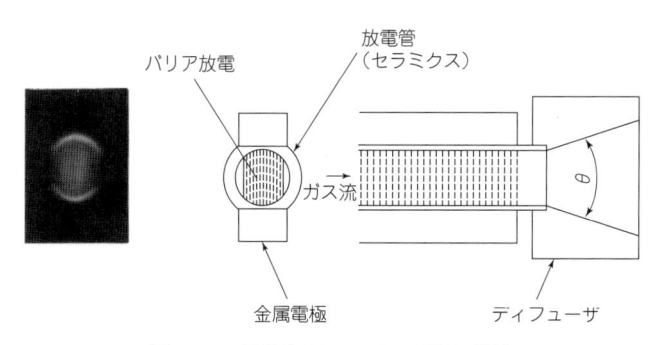

図6.39 高誘電率セラミックス電極の構造

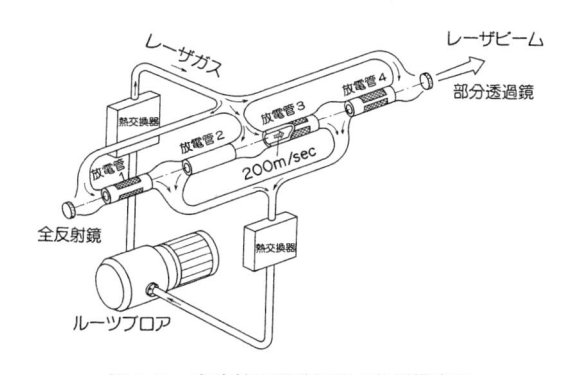

図6.40 高速軸流型発振器の装置構成図

はそれぞれ 0.6 m, 1.5 m である．電源周波数は 100 kHz であり，1 台の電源により 4 本の放電管を並列動作させている．レーザガスは CO_2-N_2-He = 8-40-52 でルーツブロアにより放電管内を循環されている．ルーツブロアの理論排気（ガス循環）速度は，ブロア周波数 60 Hz において 600 m^3/h である．

窒素ガス濃度は三軸直交型と低速軸流型の中間の濃度に設定されている．これは，低速軸流と異なり熱伝導による冷却の必要がないためヘリウム濃度を減少し，窒素による高効率励起を取り入れられること，三軸直交型に比べ高速ガス流速が必要で，ブロアにかかる負荷低減のため，比重の小さいヘリウムの濃度を増加する必要があることによる．レーザガスは，毎分 1.0 標準リッターの割合で交換を行っており，本実験範囲の電力密度条件では，CO_2 の解離によるレーザガスの劣化は十分小さいことが確認されている．ガス流体系の圧力損失を減少しブロアの負荷を減らし，かつ乱流による励起媒質の乱れを抑えるため，放電管出口には拡大角 $\beta = 10°$ のディフューザが設置されている．

a. 放電特性

図 6.39 に示すように，きわめて均質で安定な放電が実現されている．このときの放電電力密度は 88 W/cm^3 であり，cw 放電としては非常に高い値が実現できる．電源と放電負荷との結合はおもにトランスのインダクタンス L と放電管のキャパシタンス C との直列共振で決定され，放電抵抗の変化に対する依存性は小さい．また，電源で消費される一次電力の約 90% 以上の電力が放電負荷に投入されており，電源と負荷との結合効率は非常に高いことが確認できる．このことより，放電抵抗の変化に敏感であり，マッチングボックスによる制御を必要とする RF 放電に比較し，周波数の低い本方式は有利であるといえる．

放電形態は電極構造に非常に敏感である．とくに，金属電極の幅に対する依存性は大きい．図 6.41 は厚み分布を施さない単純な構成の放電管において，金属電極の幅

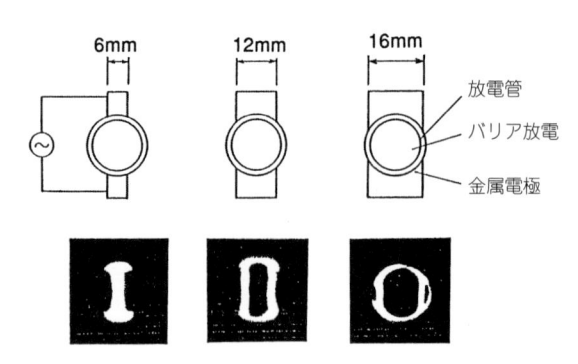

図 6.41 単純放電構造における放電写真

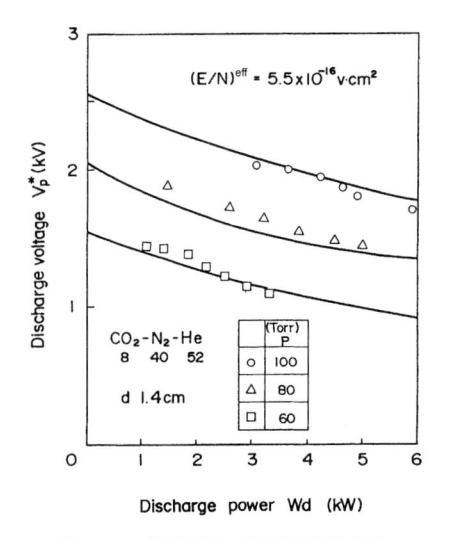

図 6.42 放電電圧の放電電力依存性

を変化したときの放電の様子を示したものである．電界の集中により，金属電極の端部にきわめて輝度の高い発光領域が観測される．図 6.39 より，均質放電を得るために金属電極エッジ部の電界緩和の重要性が確認できる．

V-Q リサジュー図より得られる放電電圧 V^* を放電電力 W_d の関数として示したものが図 6.42 である．放電電圧 V^* は放電電力 W_d の増加とともにしだいに減少するが，ガス温度上昇を考慮すると，換算電界 E/N は放電電力，ガス圧力によらず一定である．すなわち，種々のガス圧力において，$(E/N)^{eff} = 5.5 \times 10^{-16}$ [V・cm^2] (55Td) 一定となる V^* と W_d の関係を求めると，図 6.42 に示す実線のようになり，上記のことがらが確認される．ここで，$(E/N)_{op}$ は

$$T_{av} = (T_{in} + T_{out})/2 \qquad (6.55)$$

で定義された平均温度 T_{av} を用いて計算したものである．ただし，T_{in}, T_{out} はそれぞれ放電管入口および出口において，熱電対により測定されたガス温度を示す．$E/N = 5.5 \times 10^{-16}$ [V・cm^2] (55Td) という値は，DC あるいは RF 放電における報告値[6,7]に対して 2 倍程度高いことがわかる．

b. レーザ発振特性

一般の高速軸流型レーザでは，高圧力下で安定な放電を実現するため高速回転流が使用され，取り出されるレーザビームの振動の主要因になっていることが指摘されている．

放電管出口に設置されたディフューザの角度 θ，あるいは CO_2 濃度を変化したと

きのレーザビームの強度分布の変化を回転ワイヤ法で観測した結果を図6.43に示す．図では約60回分の強度分布が重ね書きされている．横軸，縦軸はそれぞれ，レーザビーム中心からの距離およびビーム強度を示す．図6.43(a)，(b) そして (c) の比較

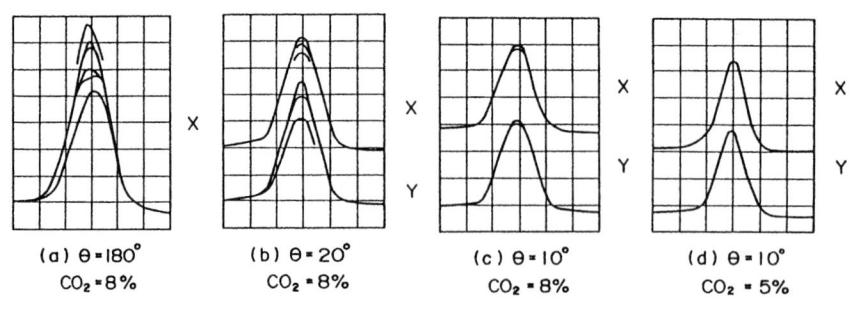

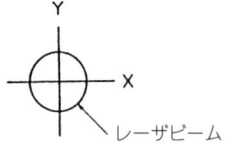

(a) θ=180° CO_2=8%
(b) θ=20° CO_2=8%
(c) θ=10° CO_2=8%
(d) θ=10° CO_2=5%

図6.43　ビームモードの変化

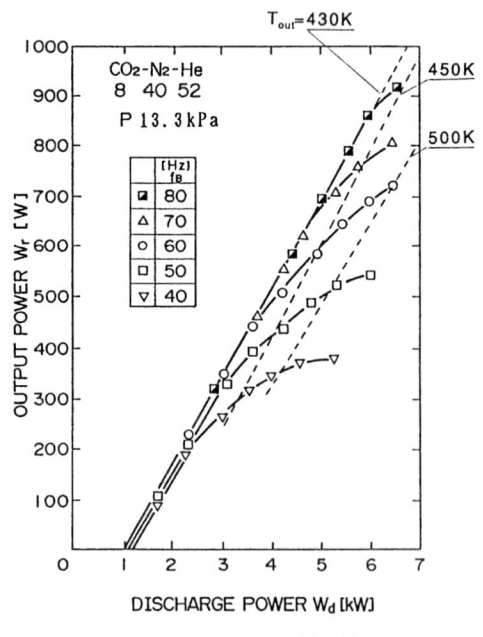

図6.44　レーザ発振特性

より，ビームの安定性に与えるディフューザの拡大角 θ の影響がわかる．ディフューザ拡大角 θ の減少に従いビーム振動は減少し，$\theta=10°$ においてほぼ安定なレーザビームが得られている．さらに，CO_2 濃度を 5% に減少すると，非常に安定な TEM_{00} モードのレーザビームが得られる．CO_2 濃度が 8% における動作と比較して，CO_2 濃度が 5% での発振効率は数 % 低下する程度である．ビーム振動は安定なガス流と低い CO_2 温度における動作により完全に抑えられる．したがって，ビーム振動の要因は不均一なガス流に起因すると結論できる．詳細はまだ不明であるが，まずガスの密度変動による効果，次に CO_2 分子によるレーザビームの吸収による効果が考えられる．

異なるブロア周波数 f_B におけるレーザ出力 W_r 特性を図 6.44 に示す．ガス流量の増加とともにレーザ出力は大幅に増大する．ガス温度と電極冷却水の温度測定より，放電電力の 30% が電極から冷却され，残る 70% がレーザガス温度上昇ともちろんレーザ出力に変換されていることが明らかになった．放電管出口温度の測定結果を図 6.44 に破線で示す．レーザ出力がリニアに増加するのは，ガス温度が 430 K 以下の領域であることがわかる．

c. 小信号利得測定と振動温度の推定

CO_2 レーザ (001-100) バンドの P(12)〜P(28) の各発振線において利得測定を行った．レーザ出力 1 W のプローブレーザを用い，4 本の放電管にわたって平均したプローブレーザのビーム径を 5 mm と 10 mm の場合について実験した．このときのプローブレーザのビーム強度は $5.0\ W/cm^2$，あるいは $1.25\ W/cm^2$ であり，飽和強度に比べ十分小さな値であり，測定された利得は小信号利得と解釈できる．事実，測定値はプローブレーザのビーム径によらないことが確認されている．また，測定結果がビーム径によらなかった事実から判断し，測定値は放電管の断面方向に平均化されたものであるといえる．P(20) 線での測定結果の一例および同一条件におけるレーザ発振特性を図 6.45 に示す．放電電力の増大に伴い，利得は急激に飽和傾向を示す．一方，同一条件におけるレーザ出力はほぼリニアに増加していることが観測される．この利得とレーザ出力の放電電力に対する異なった挙動は，この後述べるように，$CO_2(\nu_3)$ 全準位に占める粒子数 ($\Sigma n(00i)$) に対する (001) 準位に存在する粒子数 $n(001)$ の分布を考慮することにより説明できる．

CO_2 レーザ (001-100) バンドでは，図 6.3 に示すように回転量子数 J の異なる準位から波長の異なる光を取り出すことができる．たとえば，P(20) 線は上準位 (001) の量子数 $J=19$ から下準位 (100) の量子数 $J'=20$ に落ちたときに発生する光であり，同様に P(18) 線は $J=17$ から $J'=18$ に遷移する場合の光である．

$P(J+1)$ 線における利得 g は，回転温度 T_r および $CO_2(\nu_3)$ の振動温度 T_v により，次式のように整理できる[13]．

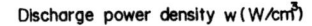

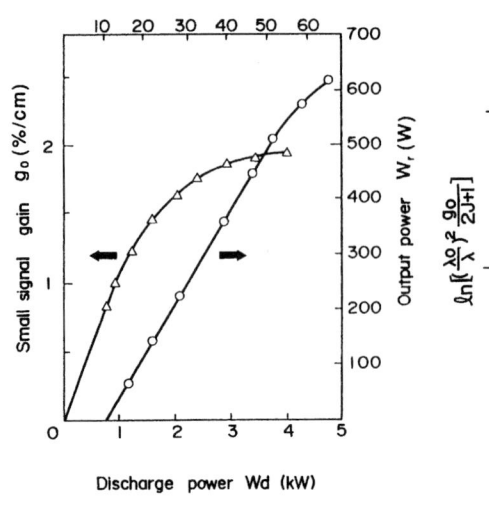

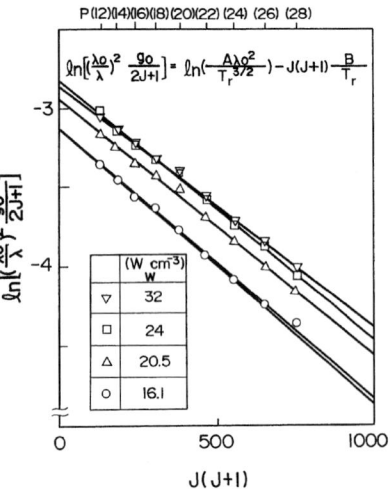

図6.45 利得測定結果

図6.46 各発振線における利得測定

$$\ln\left\{\left(\frac{\lambda_0}{\lambda_J}\right)^2 \frac{g_0}{2J+1}\right\} = \ln\left(\frac{A\lambda_0}{T_r^{3/2}}\right) - \frac{J(J+1)B}{T_r} \tag{6.56}$$

$$A = \frac{n_0^{CO_2}B}{2\pi^2 t_{sp}\Delta\nu_0}\left\{\exp\left(-\frac{\varepsilon_a}{kT_v}\right) - \exp\left(-\frac{\varepsilon_c}{kT_r}\right)\right\} \tag{6.57}$$

ここで,$\lambda_0 = 10.6\,\mu m$,λ_J は $P(J+1)$ 発振線の波長,B は CO_2 回転定数,$n_0^{CO_2}$ は CO_2 ガス密度,t_{sp} は自然放出の寿命,ε_a, ε_b, ε_c はそれぞれ $CO_2(\nu_3)$,$CO_2(\nu_2)$ および $CO_2(\nu_1)$ 準位の特性エネルギーである.また,スペクトルの広がりの半値全幅 $\Delta\nu$ は,ガス密度 N および回転温度 T_r に対して次式のような依存性をもつため,$\Delta\nu_0$ で規格化している.

$$\Delta\nu = \Delta\nu_0 N\sqrt{T_r} \tag{6.58}$$

P(10) から P(28) の異なる発振線において利得を測定し,(6.55) 式に従って整理したものが図6.46である.図6.46より回転温度 T_r および振動温度 T_v の推定を行う.図中に示した実線の傾きより回転温度 T_r,$J(J+1) = 0$ における値より振動温度 T_v が評価される.この結果を放電電力密度の関数として示したものが,図6.47および図6.48である.回転温度 T_r は平均温度の測定値 T_{av} とよく一致している.振動温度 T_v は電力密度の増加に従い,飽和の傾向がみられる.

ここで,$CO_2(00i)$ 準位に存在する粒子のもつエネルギー密度,すなわちこの準位に存在する粒子密度に準位のもつエネルギーをかけた量を $E(00i)$ と表すと,$E(001)$ と全エネルギー $\Sigma E(00i)$ は次式によって,回転温度 T_r および振動温度 T_v と結ばれる.

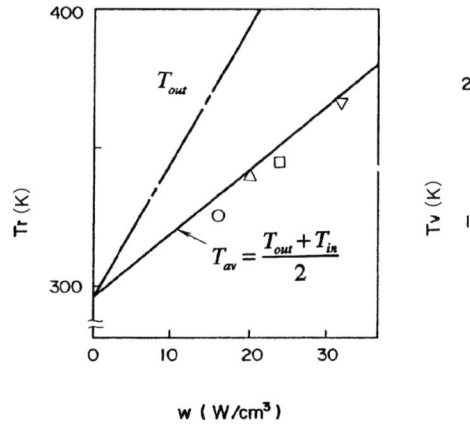

図 6.47　回転温度の推定　　　　　図 6.48　振動温度の推定

$$E(001) = \varepsilon_a \frac{n_0^{CO_2}}{Z} \frac{a}{1-a} \tag{6.59}$$

$$\Sigma E(00i) = \varepsilon_a \frac{n_0^{CO_2}}{Z} \frac{a}{(1-a)^2} \tag{6.60}$$

ただし,

$$a = \exp\left(-\frac{\varepsilon_a}{kT_v}\right), \quad b = \exp\left(-\frac{\varepsilon_b}{kT_r}\right), \quad c = \exp\left(-\frac{\varepsilon_c}{kT_r}\right) \tag{6.61}$$

$$Z = 1 + \frac{c}{1-c} + \frac{b(2-b)}{(1-b)^2} + \frac{a}{1-a} \tag{6.62}$$

である.

　図 6.48 に示したように, 放電電力密度 15 W/cm³ 以上の領域において $E(001)$ のカーブは飽和傾向を示す. エネルギー密度 $E(001)$ と回転分布関数 $F^{001}(J)$ の積は, 直接小信号利得に比例する量である. 一方, 全エネルギー $\Sigma E(00i)$ は放電電力に対してほぼリニアに増加している. 図中, 実線はレーザ励起効率が電力密度に依存しないことを仮定して計算した結果である. これより, レーザ上準位のエネルギー密度 $E(001)$ の飽和, すなわち利得の飽和は, 振動準位内でより高い準位への分布が増加することに起因することがわかる. $CO_2(00i)$ 準位はレーザ上準位 $CO_2(001)$ のエネルギープールとして働き, 図 6.45 に示したレーザ出力の傾き, すなわち, 図 6.48 における $\Sigma E(00i)$ の傾きは放電電力の広い範囲にわたって直線性が保たれるわけである.

6.4 CO_2 レーザの産業応用

　レーザ光は指向性が高く，レンズを用いて微小スポットに集光することにより，高エネルギー密度の領域を容易につくることができる．このため，CO_2 レーザは切断，穴あけ，溶接，熱処理など広範囲に利用されている．ここでは CO_2 レーザの産業応用について概説する．CO_2 レーザ加工機の概観を図 6.49 に示す．装置は，レーザ光を発生するためのレーザ発振器，レーザビームを伝播するためのビーム走査部，および加工を行う加工テーブルから構成される．

　レーザによる各種材料の加工に関する全容を図 6.50 に示す．CO_2 レーザは赤外の波長で，ほとんどの材料に対して吸収性をもつので有用である．また，高出力で集束性がよく，かつパルス化によるエネルギー波形コントロールも技術的に可能なので逐

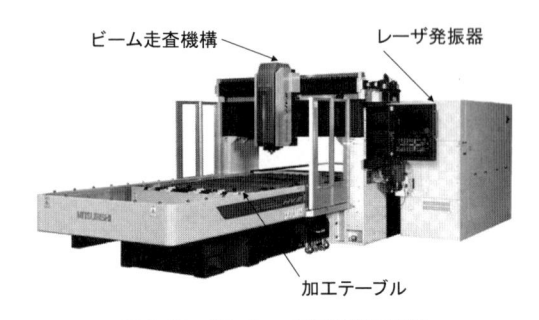

図 6.49　CO_2 レーザ加工機の概観

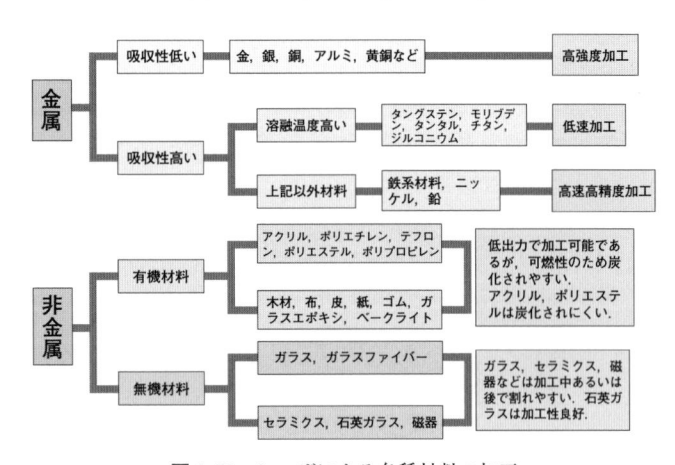

図 6.50　レーザによる各種材料の加工

次従来の加工をおきかえている．以下には代表的な応用を述べる．

6.4.1 切　　断

レーザ切断は，切断幅やその周囲に生じる熱影響層が狭く，高精度な加工ができる特徴がある．CO_2 レーザによる一般的な金属切断の様子を図6.51に示す．レーザビーム（波長：10.6 μm）は加工（集光）レンズで集光され，加工対象物（金属板）に照射される．しかし，レーザ光のエネルギーだけでは，加工能力はきわめて限定される．このため酸素ガスなどの活性ガスによる化学反応熱を利用したり，高圧ガスで溶融した金属を排出する力を利用することで切断性能は大幅に向上する．

図6.52は酸素ガスをアシストガスとして用い，4 kWのレーザ出力で，軟鋼（SS400，厚み9 mm）を2.3 m/分の高速で切断したときの断面写真である．表面粗さ（R_{max}）

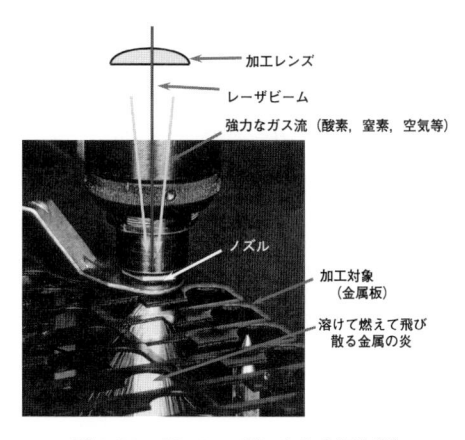

図 6.51　CO_2 レーザによる金属切断

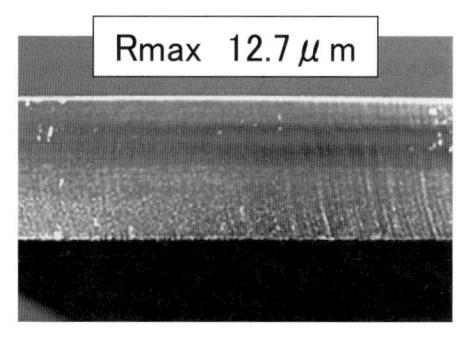

図 6.52　軟鋼の高速切断
SS400 t9 mm 酸素切断，4000 W，2300 mm/min

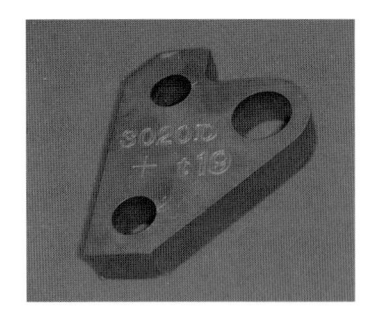

図 6.53 その他加工例（軟鋼）
左：SS400 t19 mm. 加工条件：出力 2600 W, 速度 800 mm/min, 酸素ガス 0.12 MPa.
右：SS400 t9 mm. 加工条件：出力 3500 W, 速度 2000 mm/min, 酸素ガス 0.07 MPa.

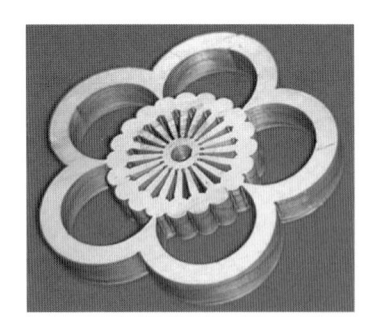

図 6.54 その他加工例（木材）
左：檜材の意匠形状切断, 右：ラワン材へのマーキング加工（マスキング法）.

127 μm の高精度加工が実現できる．その他の切断加工例を図 6.53, 6.54 に示す．NC との組み合わせで任意の形状の加工が可能であり，多品種少量生産のニーズにマッチした加工を提供することができる．

6.4.2 溶　　接

　高エネルギー密度で，微小スポットに集光されたレーザ光を用いた溶接は，高速でひずみの少ない加工方法として注目されている．切断では活性ガスを用いて酸化によるレーザ光の吸収を高め，酸化反応熱を利用することで加工性能の向上が図れた．しかし，溶接では不活性ガスを用いて溶接部を酸化せずに加工する必要があるため，加工メカニズムも切断とは大きく異なる．
　レーザ溶接のメカニズムについて説明する．図 6.55 に示すように，レーザの集光部が 10^6 W/cm^2 以上のエネルギー密度になると，照射された金属面から高圧の金属蒸気が発生し，溶接金属中にキーホールが形成される．このキーホール内でレーザ光

6.4 CO_2レーザの産業応用

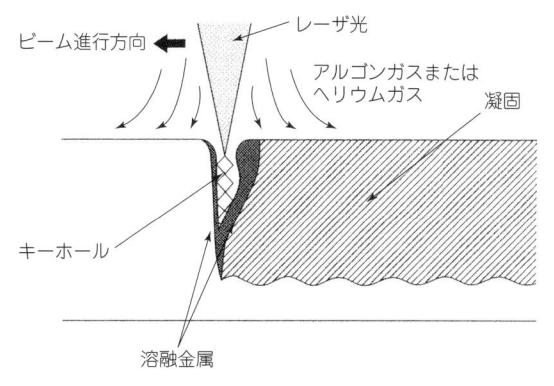

図 6.55 レーザ溶接のメカニズム

(a) TIG 溶接 (b) レーザ溶接
図 6.56 TIG 溶接とレーザ溶接のビード比較（SUS304, 板厚 1.5 mm）

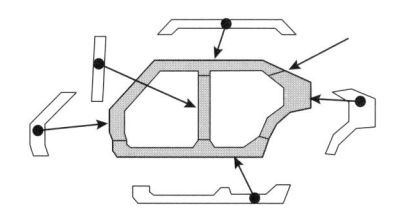

図 6.57 自動車での CO_2 レーザ溶接の応用例
（テーラードブランク溶接）

のエネルギーが吸収され，周囲に熱エネルギーが伝達されて壁面が溶融し溶接が行われる．キーホール溶接は，溶け込み深さ P とビード幅 W の割合であるアスペクト比 P/W が大きくなる深溶込み溶接を行うことができる．比較的小出力であったり，集光性の低いビームを用いた場合にはキーホールが形成されない熱伝導型の溶接となり，溶込みは浅くなる．レーザ溶接は高エネルギー密度で，急速過熱と急速冷却の溶融型固形態を取るため，高融点材料あるいは融点や熱伝導率の異なる異種金属材料の溶接も，他の方法より容易に行うことができる．

図 6.56 は TIG（tungsten inert gas）溶接とレーザ溶接の溶込み特性を比較した結果である．被加工物は板厚 1.5 mm の SUS304 で，突合せ溶接部の断面比較である．TIG 溶接のビード幅は板厚の 2 倍程度に達しているのに対し，レーザ溶接ではビー

ドを板厚の 1/2 以下に抑えることが可能になる.

図 6.57 は自動車産業分野における CO_2 レーザ溶接の応用例である. ドア材を必要な強度に応じた厚さの部材をレーザ切断し, 組み合わせたのち溶接し, プレスによって最終加工を行う. 車の軽量化と高剛性化が同時に達成されている.

6.4.3 プリント基板の穴開け

携帯電話やデジタルカメラなどの電子製品に用いられる高密度多層ビルドアップ配線板の層間の導通を取るため, 図 6.58 に示すような VIA ホール (配線接続のための止り穴) が必要である. これらの穴あけをレーザで実施している.

VIA 加工を高速に行うため, ピーク値の高い高速パルスレーザ発振器や, ガルバノスキャナーを用いた高速ビームスキャニング技術の開発により, 生産性は飛躍的に向上するようになった. 図 6.59 には 2 つのレーザビームを 1 つのガルバノミラーでスキャンし, fθ レンズ (軸を外れた複数の平行ビームが焦点を結ぶ) によって集光し, 2 倍の生産性を達成した例を示している. 多くの研究開発により, 2001 年度には 1000 穴/秒でドリルによる穴あけを完全に凌駕し, 以来プリント基板の加工分野では必須の工作手段となっている. さらに多層基板のコア材での貫通加工の例を口絵 6 に示した.

6.4.4 表面焼入れ

レーザ加工ではエネルギー密度を自由に制御できることや, 局所的な加工が可能で

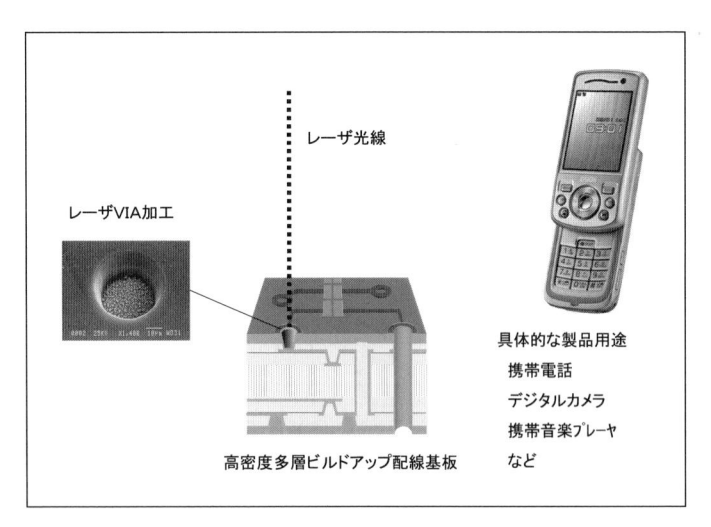

図 6.58 ビルドアップ配線基板の VIA 加工

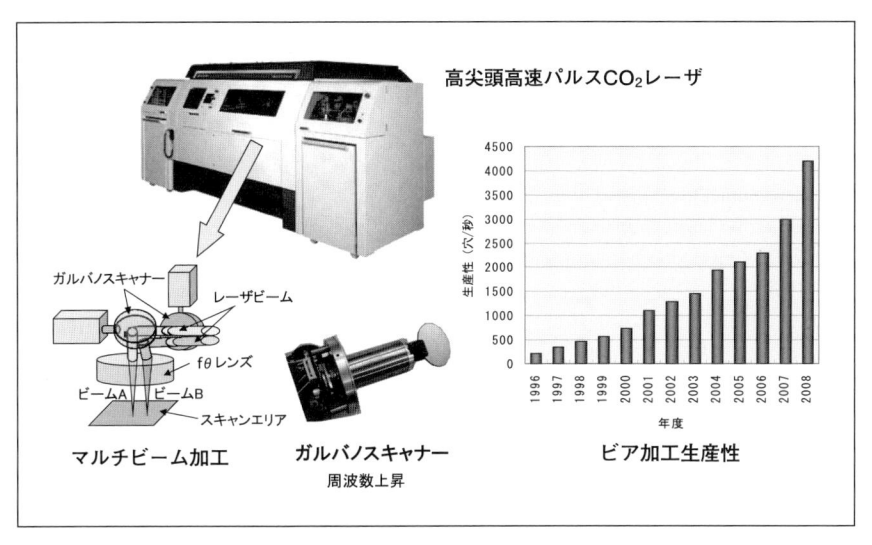

図 6.59 マルチビームマイクロ CO_2 レーザ加工機

あることから，低い入熱で高精度な加工が行える．この特長を活かして，焼入れ，表面溶融（チル化），クラッディング，コーティング強化，合金化などの表面焼入れ技術が実用化にむけて検討されている．

◆◆◆まるでわが子が他人に虐められているよう◆◆◆

　私たちのボスは試作図面を自らの手で描くことを求めた．CO_2 レーザ試作のときは200枚くらい描いた．当時でも，いまではもっとそうだろうが，古いスタイルのやり方だったと思う．資金が潤沢な隣の研究部は構想のポンチ絵を示すだけで専門家が設計し，見てくれも立派な装置で研究をしていた．同じ組織にいながら，なにがしか貧富の差を感じたものである．
　幸いにして開発が成功し，製品化が決定すると主役は工場に移る．工場で製品のプロト機ができあがる頃，工場に行けば多くの人々に囲まれ，組立，調整，修正などでいじくり回される製品を見る．まるでわが子が虐められているような複雑な気持ちになったものである．なぜといって，製品1号機は研究所の成果をほとんどそのまま移管している．部品や構成は全部の図面を引いた研究所のわれわれが巨細にわたって熟知している．可愛い「わが子」なのだ．
　「そこ，たたかないでくれ．乱暴はいかん……」

参考文献

1) P. K. Cheo : "Lasers", vol. 3, chapter 2, "CO_2 Lasers" Marcel Dekker, New York (1971)
2) M. Kuzumoto, S. Ogawa, S. Yagi and H. Nagai : "Excitation of transverse-flow CO_2 laser by silent discharge", *Trans. IEE of Japan*, **107**, 7/8 (1987)
   この文献を中心とする研究で電気振興協会オーム技術賞を受賞した (1990)
3) M. Kuzumoto, S. Ogawa and S. Yagi : "Role of N_2 gas in a transverse-flow cw CO_2 laser excited by silent discharge", *J. Phys. D : Appl. Phys.*, **22** (1989)
4) W. W. Rigrod : "Gain saturation and output power of optical masers", *J. Appl. Phys.*, **34** (1963)
5) C. B. Moore, R. E. Wood, B. L. Hu and J. Y. Yardly : "Vibrational energy transfer in CO_2 lasers", *J. Chem. Phys.*, **46** (1967)
6) A. Akiba, H. Nagai and M. Hishii : "Gain characteristics of an atmospheric sealed CW CO_2 laser", *IEEE. J. Quant. Electron*, 1, QE-1 (1979)
7) H. Jacoby : "Calculation of the performance data of RF-excited transverse flow CO_2 lasers", Europian Space Agency Technical Translation, EST-TT-832 (1984)
8) G. J. Schulz : "Vibrational excitation of N_2, CO and CO_2 by electron impact", *Phys. Rev.*, 135, 4A (1964)
9) 石井　明・八木重典:「CO_2 レーザー加工技術」, p. 33, 日刊工業新聞社 (1992)
10) K. Yasui, M. Kuzumoto, S. Ogawa, M. Tanaka and S. Yagi : "Silent-discharge excited 2.5 kW CO_2 laser", *IEEE J. Quant. Optics.*, Vol. 25, No. 4 (1989)
11) 葛本昌樹・小川周治・春田健雄・八木重典:「ガラス放電管によるSDレーザ励起」, 昭和59年電気学会全国大会, p. 399 (1984)
12) M. Kuzumoto, S. Ogawa, M. Tanaka and S. Yagi : "Fast axial flow CO_2 laser excited by silent discharge", *IEEE J.Quant. Electron.*, QE-26, 6 (1990)
13) P. V. Avizonis, D. R. Dean and R. Grotbeck : "Determination of vibrational and translational temperatures in gas-dynamic lasers", *Appl. Phys. Lett*, 23, 7 (1973)

7

バリア放電の展望

　バリア放電の研究・開発は，1章に述べたように長い研究の積重ねと発展の歴史があり，まだ発展の途上にある．本書では，とくに工業的に成功したバリア放電としてオゾン生成やレーザ励起，PDP をとりあげ，その工学と物理を中心に説明した．今後の展望はどうだろうか，期待を込めて探ってみたい．

バルク反応から界面反応
　$100\,\mu m$ 前後の超短ギャップ対向バリア放電の高濃度オゾン生成や，超短ギャップ共面バリア放電としての PDP 放電の現象が，数 mm のギャップのオゾナイザやさらに大きな $50\,mm$ 程度のギャップの CO_2 レーザ励起放電と同様，結局は気相放電として統一的に説明できたことは驚くべき事実であった．はたして界面の影響はどこに出てくるのか．
　翻ってオゾナイザの放電では3章で述べたように，純粋 O_2，純粋 N_2 の放電が微小の混入ガスや紫外線照射によって様相が激変し，局所的な姿や換算電界強度 E/N も変わる．結果として定まる E/N によって化学反応群が説明できることはわかったが，そもそもなぜそのような変化が起きたのか．
　このような現象は界面の現象，たとえば仕事関数など界面物性の変化に起因するものかもしれない．その解明は新しい発展の鍵を握るのだろう．

宇宙物理学
　オゾナイザの放電は，5章で明らかになったように，電子衝突による O_2 分子の直接解離，N_2 分子の電子励起と O_2 分子へのエネルギー移乗による O_2 分子の解離を初期過程とし，後続する化学反応によって O_3 を生成する．編著者ら，同世代の研究者は O_3 生成反応諸過程の衝突断面積，速度定数などの基礎量については，宇宙物理学の膨大な研究成果を活用した．実際，NO_x によるオゾン生成への触媒的妨害現象：ozone poisoning は成層圏のオゾン層破壊のメカニズムとのアナロジーで着想したものである．
　オゾナイザにおける反応速度論は，逆に，実証された反応群として宇宙物理学にフィードバックされ，地球環境問題などに関する今後の研究の基礎を与えるものとし

て貢献することが期待できる．

「放電パワーエレクトロニクス」

上記3つのバリア放電は，構造の原理は共通していても，当初は放電現象としてまったく異なると考えられていた．しかし放電空間の導電度の時間変化に電子衝突論から電子増倍と減衰の概念を導入することで，放電開始から定常放電に至る過渡現象も含め，すべて1つの物理モデルによって説明できることを4章で示した．その結果，電気回路として扱いが困難な非線形負荷としての放電負荷と，外部電気回路との連成解析が成り立ち，パワーエレクトロニクス機器として全体がシミュレーションできることも示した．いうなれば「放電パワーエレクトロニクス」とでも称する技術の道を拓くものとなった．

工業的製品の発展は，そのものの原理的・構造的革新と周辺技術の革新に支えられる．パワーエレクトロニクスの進歩は後者の主役である．したがって電源回路との連成解析を可能にした放電の物理モデルは，製品競争力を維持するためメーカーとして新しい回路素子を，毎年のように適用してゆく際の有用な武器となっている．

他の反応へ

オゾンの発生は O_2 の解離衝突と N_2 の電子励起および解離衝突，CO_2 レーザは CO_2 の振動励起と，N_2 の振動励起およびエネルギー移乗，POP は Xe の電子励起および自然放出を主たる初期反応過程としている．

いずれも平均ガス温度が低く，電離度も少ない非平衡弱電離プラズマで，もっとも重要な電子衝突過程をねらいうちして，効率よく励起するスキームを見いだすことが成功の鍵となった．

O_3 の生成のみならず，H_2O_2 の生成は H_2 に爆発限界以下の O_2 を原料ガスとしてバリア放電を行うことで，かなり効率よく発生できている[1]．残念ながら化学法による製造に経済性が及ばず，現在はまだ工業的に成功していないが，まったく不純物を含まない H_2O_2 として，未開拓の応用分野を切り拓く余地はまだまだ残されていると感じる．

環境汚染ガス処理へ

環境汚染ガスは一般に難分解性の物質が多く処理が困難である．地球環境に大きな影響を与える代表的な大気汚染物質を図7.1に示す[2]．大気汚染物質は，自然に発生（自然発生源）する場合と，工場等の固定発生源，自動車等の移動発生源などわれわれが社会活動を行うことによって発生する場合がある．発生する形状もガス，エアロゾル（大気中に浮遊している固体・液体の微粒子状物質），粒子とさまざまである．とくに地球環境に直接影響を与える「地球温暖化」，「オゾン層破壊」，「酸性雨」などの原因となるものを含んでいる．また，人類の健康や生物の生態系に影響を及ぼすものも少なくない．たとえば，ダイオキシン類は環境ホルモンとして働くことが知られている．

7. バリア放電の展望

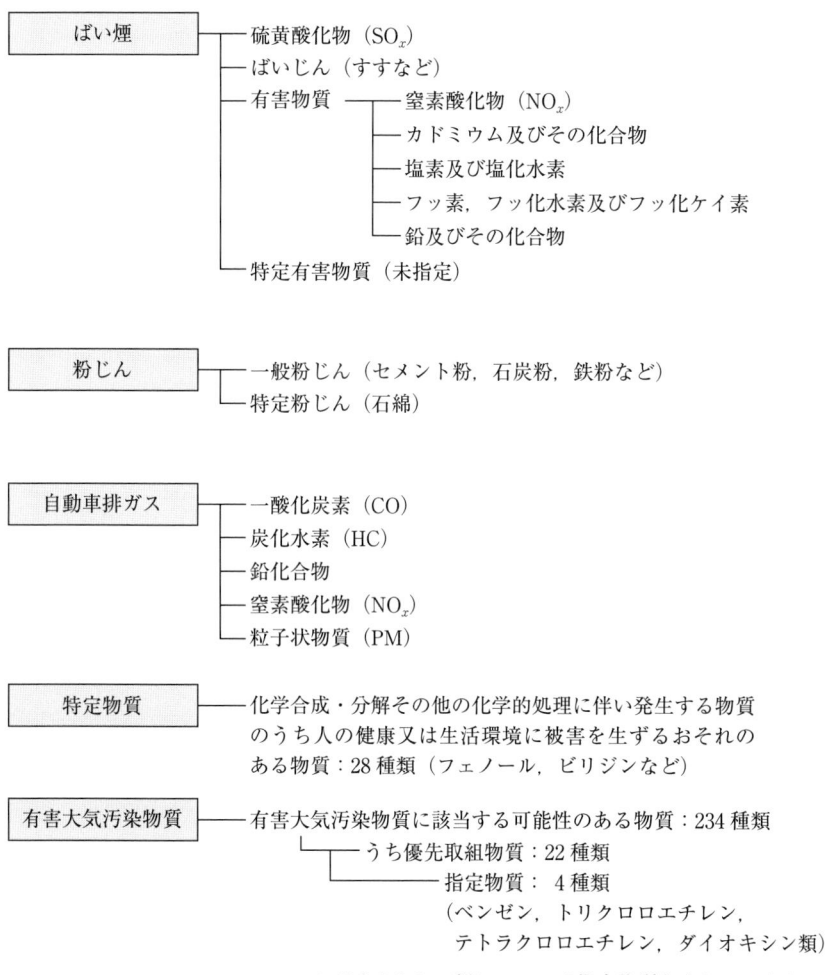

```
ばい煙 ─┬─ 硫黄酸化物（SO_x）
        ├─ ばいじん（すすなど）
        ├─ 有害物質 ─┬─ 窒素酸化物（NO_x）
        │            ├─ カドミウム及びその化合物
        │            ├─ 塩素及び塩化水素
        │            ├─ フッ素，フッ化水素及びフッ化ケイ素
        │            └─ 鉛及びその化合物
        └─ 特定有害物質（未指定）

粉じん ─┬─ 一般粉じん（セメント粉，石炭粉，鉄粉など）
        └─ 特定粉じん（石綿）

自動車排ガス ─┬─ 一酸化炭素（CO）
              ├─ 炭化水素（HC）
              ├─ 鉛化合物
              ├─ 窒素酸化物（NO_x）
              └─ 粒子状物質（PM）

特定物質 ── 化学合成・分解その他の化学的処理に伴い発生する物質
            のうち人の健康又は生活環境に被害を生ずるおそれの
            ある物質：28種類（フェノール，ピリジンなど）

有害大気汚染物質 ── 有害大気汚染物質に該当する可能性のある物質：234種類
                    ├─ うち優先取組物質：22種類
                    └─ 指定物質： 4種類
                        （ベンゼン，トリクロロエチレン，
                         テトラクロロエチレン，ダイオキシン類）
```

※ダイオキシン類については指定物質とされていたが，ダイオキシン類特別措置法により対策が進められることになったため，平成13年1月に指定物質から削除された．

図 7.1 大気汚染防止法で定める大気汚染物質[2]

塗料などに使用される揮発性有機化合物はシックハウス症候群をもたらし，のどの痛みや頭痛などの症状を引き起こす．このほか，すすなどの微粒子はのどや肺に付着してさまざまな障害を引き起こす．

　これらの処理には，対象となるガス分子の結合を切り分解するか，他の害の小さいガスに変換することになる．このためには分子の結合エネルギーや励起エネルギーよ

り高いエネルギーを作用させる必要がある．これまで述べてきたようにバリア放電では，高エネルギーの電子を容易に生成することが可能であり，環境汚染ガスの処理への応用が期待できる．

他のレーザへ

レーザにしても，CO_2 レーザ，なかんずく製造加工用の CO_2 レーザのみがバリア放電応用の解ではないだろう．5 μm で発振する CO レーザも相当の効率で実現可能である[3]し，次世代半導体のリソグラフィ光源として EUV (extreme ultra violet) 光源用の超短パルス高平均出力 CO_2 レーザなども開発途上にある[4]．

レーザ発振のメカニズム：スキームの探求と市場開拓によって発展する余地はまだまだある．

光源へ

PDP は微小セル内のバリア放電で Xe^* の紫外線を蛍光体に照射し，画像表示制御するものである．微小セルに分けず大きな面にバリア放電を形成することで，薄型高効率の「エキシマー光源パネル」が開発できる[5,6]．従来の蛍光灯陣営の技術革新とともに，新たに浮上してきた LED 素子列によって構成される LED 光源開発があり，ともに照明という世界市場に向けて，環境，省エネルギー，長寿命など，時代の求める競争軸に向けて可能性の追求は続いている．

参考文献

1) 難波敬典・遠藤伸司・八木重典：「酸素-水素系放電反応による過酸化水素の生成」，電気学会プラズマ研究会資料，Vol. EP-88, No. 74-75, 77-88, pp. 43-50 (1988)
2) 環境再生保全機構ホームページ http://www.erca.go.jp/taiki/taisaku/geiin_syurui.html
3) H. Kanazawa, F. Matsuzaka, M. Uehara and K. Kasuya : "Characteristics of a transverse-flow CO laser excited by RF-discharge", *IEEE Journal of Quantum Electronics*, Vol. 30, No. 6, p. 1448 (1994-6)
4) A. Endo, H. Hoshino, T. Suganuma, M. Moriya, T. Ariga, Y. Ueno, M. Nakano, T. Asayama, T. Abe, H. Komori, G. Soumagne, H. Mizoguchi, A. Sumitani and K. Toyoda : "Laser produced EUV light source development for HVM", SPIE Proceedings Vol. 6517, Emerging Lithographic Technologies XI, 651700 (2007-3)
5) T. Urakabe, et al. : "A flat fluorescent lamp with Xe dielectric barrier discharge", *Journal of Light & Visual Enviroment*, Vol. 20, No. 2, p. 20 (1996)
6) J. Dichtel, R. Kling and M. Neiger : "Experimental investigations of phosphor coated xenon barrier discharges", Proc. LS8 E02, p. 250 (1998)

索　引

欧　文

α 係数　2
α 作用　2
γ 係数　2
γ 作用　2
ALD　201
catalytic chain reaction　192
CO_2 レーザ　210
CVD　200
discharge poisoning　189
ECF　204
ECR プラズマ　103
ECR 放電　38
OMA　97
over voltage 放電　122
PAM　147
PDM　147, 148
PDP　12, 113, 151
PFM　148
PWM　147
RF 放電　9
specific energy (density)　158
TCF　204
Td　40
TIG 溶接　247
V_{gap}-I リサジュー図　130
V-Q リサジュー図　130

ア　行

アインシュタインの関係式　32
アーク放電　6
暗流　2
イオン対形成　30
イオントラッピング　8
イオントラップ領域　130
維持電圧　57
移動速度　31
移動度　31
イメージインテンシファイヤ　66
陰極シース　5

宇宙物理学　251

エキシマ　117
エネルギー伝達率　25
円筒多管オゾナイザ　173
沿面放電　6

オゾナイザ　10
オゾナイザ放電　7
オゾンアッシング　202
オゾン応用生物付着防止　204
オゾン上水処理システム　197
オゾン下水処理システム　198
オゾンの分解　48
オゾンの利用　195
オゾン発生　155
オゾン発生器　173
オゾンブルー　178
オゾンレスモード　195

カ　行

階段励起　27
回転エネルギー　83
回転温度　87, 89, 242
解離性電子付着　30
解離性電離　43
拡散　31
拡散係数　32

ガス温度　182
過電圧放電　113
過渡グロー　82
壁電圧　115, 136
壁電荷　115, 136
環境汚染ガス処理　253
間欠オゾンシステム　206
換算電界　3, 60
換算電界強度　159, 218
緩和時間　18

急峻矩形波バリア放電　113
共振回路　143
強電離プラズマ　18
局部破壊放電　4

空気原料オゾナイザ　184, 186
屈曲運動　211
クリプトスポリジウム　196
グロー放電　4

高周波バリア放電　91, 106, 110
高周波放電　8
高出力産業用 CO_2 レーザ　232
高速軸流型発振器　236
高濃度パルプ　204
コロナ放電　4

サ　行

最低共鳴準位　117
最低励起準位　117
三軸直交型レーザ発振器　226
酸素原子生成効率　161
酸素原料オゾン発生器　175
三体衝突　46

しきい値エネルギー　27
弱電離プラズマ　18
準安定状態　28
消イオン時間　93
小信号利得　228
小信号利得 γ　214, 228
衝突緩和時間　38, 102
衝突時間　24
衝突周波数　24
衝突断面積　23
振動エネルギー　83
振動温度　90, 241, 245

垂直遷移　29
スウォーム　32
スウォームパラメータ　32, 219
ストリーマ　82

タ　行

大気汚染物質　253
対称伸縮運動　211
タウンゼント　40
　──の火花条件式　3
タウンゼント放電　2, 82
多重電子なだれ　82
弾性衝突　24

中濃度パルプ　204
直接励起　27

低温プラズマ　19
低周波バリア放電　53, 104, 109, 125
低速軸流型発振器　235
電子エネルギー　83
電子スウォーム　102
電子トラッピング　8
電子なだれ　82
電子付着　30
電離　27
電離断面積　29
電離度　18
電力回収回路　152
電力流量比　158

等価回路　93, 132
等価回路モデル　55
等方性成分　33
トリハロメタン　196
ドリフト速度　92

ナ　行

二項近似　33

熱速度　20
熱プラズマ　19
熱平衡状態　18

ハ　行

発光スペクトル　82, 99

索　引

パッシェンの法則　3
バラスト効果　7
バリア放電　7
パルプ漂白　203
反応速度定数　36, 41

非解離性電子付着　30
光増幅　216
非対称伸縮運動　211
非弾性衝突　24
非熱平衡状態　18
火花電圧　2
微分衝突断面積　23
微分断面積　23
非平衡プラズマ　19

負グロー　5
部分放電　4
浮遊容量　109
プラズマディスプレイ　12, 113
フランク・コンドンの原理　29
プリント基板加工　248
分子回転温度　83

平均自由行程　23
平板積層オゾナイザ　174
ペニング効果　30, 114

ボイド放電　9
方向性成分　33
放電維持電圧　2, 54, 55, 141
放電開始電圧　55
放電機構　80
放電消滅電圧　55
放電電荷量　80
放電の過程　1
放電の形態　66
放電パワーエレクトロニクス　252

飽和強度 I_s　215
ポテンシャル曲線　28
ボルツマン方程式　32

マ　行

マクスウェル・ボルツマンの分布則　20
マクロ放電モデル　129

無声放電　7
無電極放電　9

メモリ機能　115

ヤ　行

誘導放出断面積　213

陽光柱　5
容量性負荷　143
横ガス流　218

ラ　行

リサジュー図　54, 57, 126
利得 γ　214
リヒテンベルグ像　6
粒子間衝突反応過程　156

累積励起　27

レーザ切断　245
レーザ発振特性　230
レーザ発振理論　210
レーザ溶接　246
レーザ励起効率　223, 229
連成シュミレーション　132

memo

memo

編著者略歴

八木重典
(や ぎ しげ のり)

1947年　広島県に生まれる
1972年　東京大学大学院工学研究科修士課程修了
三菱電機株式会社中央研究所，同先端技術総合研究所，同開発本部を経て
現　在　三菱電機株式会社開発本部技術顧問
　　　　工学博士

執筆者一覧

田中正明　前三菱電機株式会社先端技術総合研究所
葛本昌樹　三菱電機株式会社先端技術総合研究所
民田太一郎　三菱電機株式会社先端技術総合研究所
稲永康隆　三菱電機株式会社先端技術総合研究所

朝倉電気電子工学大系 2
バリア放電　　　　　定価はカバーに表示

2012年7月20日　初版第1刷

編者者　八　木　重　典
発行者　朝　倉　邦　造
発行所　株式会社　朝　倉　書　店

東京都新宿区新小川町 6-29
郵便番号　162-8707
電　話　03(3260)0141
FAX　03(3260)0180
http://www.asakura.co.jp

〈検印省略〉

© 2012〈無断複写・転載を禁ず〉

印刷・製本　東国文化

ISBN 978-4-254-22642-3　C 3354　　Printed in Korea

|JCOPY| ＜(社)出版者著作権管理機構 委託出版物＞

本書の無断複写は著作権法上での例外を除き禁じられています。複写される場合は，そのつど事前に，(社) 出版者著作権管理機構 (電話 03-3513-6969, FAX 03-3513-6979, e-mail: info@jcopy.or.jp) の許諾を得てください。

前九大 原　雅則・前北大 酒井洋輔著
朝倉電気電子工学大系1
気　体　放　電　論
22641-6　C3354　　　　A 5 判　368頁　本体6500円

気体放電現象の基礎過程から放電機構・特性・形態の理解へと丁寧に説き進める上級向け教科書。〔内容〕気体論／放電基礎過程／平等電界ギャップの火花放電／不平等電界ギャップの火花放電／グロー放電／アーク放電／シミュレーション

東北大 畠山力三・東北大 飯塚　哲・東北大 金子俊郎著
電気・電子工学基礎シリーズ11
プラズマ理工学基礎
22881-6　C3354　　　　A 5 判　192頁　本体2900円

物質の第4状態であるプラズマの性質，基礎的手法やエネルギー・材料・バイオ工学などの応用に関して図を多用し平易に解説した教科書。〔内容〕基本特性／基礎方程式／静電的性質／電磁的性質／生成の原理／生成法／計測／各種プラズマ応用

東北大 安藤　晃・東北大 犬竹正明著
電気・電子工学基礎シリーズ5
高　電　圧　工　学
22875-5　C3354　　　　A 5 判　192頁　本体2800円

広範な工業生産分野への応用にとっての基礎となる知識と技術を解説。〔内容〕気体の性質と荷電粒子の基礎過程／気体・液体・固体中の放電現象と絶縁破壊／パルス放電と雷現象／高電圧の発生と計測／高電圧機器と安全対策／高電圧・放電応用

前岡山大 東辻浩夫著
物理の考え方4
プ ラ ズ マ 物 理 学
13744-6　C3342　　　　A 5 判　200頁　本体3200円

基礎・原理をていねいに記述し，放電から最近の応用まで理工学全般の学生を対象とした教科書。〔内容〕物質の四態／放電とプラズマの生成／電磁界中の荷電粒子の運動／核融合／プラズマの統計力／物質中の電磁界の波動／ダストプラズマ／他

東北大 中村　哲・東北大 須藤彰三著
現代物理学［基礎シリーズ］3
電　磁　気　学
13773-6　C3342　　　　A 5 判　260頁　本体3400円

初学者が物理数学の知識を前提とせず読み進めることができる教科書。〔内容〕電荷と電場／静電場と静電ポテンシャル／静電境界値問題／電気双極子と物質中の電場／磁気双極子と物質中の磁場／電磁誘導とマクスウェル方程式／電磁波，他

前京大 奥村浩士著
電 気 回 路 理 論
22049-0　C3054　　　　A 5 判　288頁　本体4600円

ソフトウェア時代に合った本格的電気回路理論。〔内容〕基本知識／テブナンの定理等／グラフ理論／カットセット解析等／テレゲンの定理等／簡単な線形回路の応答／ラプラス変換／たたみ込み積分等／散乱行列等／状態方程式等／問題解答

九大 岡田龍雄・九大 船木和夫著
電気電子工学シリーズ1
電　磁　気　学
22896-0　C3354　　　　A 5 判　192頁　本体2800円

学部初学年の学生のためにわかりやすく，ていねいに解説した教科書。静電気のクーロンの法則から始めて定常電流界，定常電流が作る磁界，電磁誘導の法則を記述し，その集大成としてマクスウェルの方程式へとたどり着く構成とした

福岡大 西嶋喜代人・九大 末廣純也著
電気電子工学シリーズ13
電気エネルギー工学概論
22908-0　C3354　　　　A 5 判　196頁　本体2900円

学部学生のために，電気エネルギーについて主に発生，輸送と貯蔵の観点からわかりやすく解説した教科書。〔内容〕エネルギーと地球環境／従来の発電方式／新しい発電方式／電気エネルギーの輸送と貯蔵／付録：慣用単位の相互換算など

九大 香田　徹・九大 吉田啓二著
電気電子工学シリーズ2
電　気　回　路
22897-7　C3354　　　　A 5 判　264頁　本体3200円

電気・電子系の学科で必須の電気回路を，初学年生のためにわかりやすく丁寧に解説。〔内容〕回路の変数と回路の法則／正弦波と複素数／交流回路と計算法／直列回路と共振回路／回路に関する諸定理／能動2ポート回路／3相交流回路／他

電気学会編
電気データブック
22047-6　C3054　　　　B 5 判　520頁　本体16000円

電気工学全般に共通な基礎データ，および各分野で重要でかつあれば便利なデータのすべてを結集し，講義，研究，実験，論文をまとめる，などの際に役立つ座右の書。データに関わる文章，たとえばデータの定義および解説を簡潔にまとめた

前長崎大 小山　純・福岡大 伊藤良三・九工大 花本剛士・
九工大 山田洋明著
最新 パワーエレクトロニクス入門
22039-1　C3054　　　　A5判 152頁 本体2800円

PWM制御技術をわかりやすく説明し、その技術の応用について解説した。口絵に最新のパワーエレクトロニクス技術を活用した装置を掲載し、当社のホームページから演習問題の詳解と、シミュレーションプログラムをダウンロードできる。

岡山大 則次俊郎・岡山理科大 堂田周治郎・
広島工大 西本　澄著
基　礎　制　御　工　学
23134-2　C3053　　　　A5判 192頁 本体2800円

古典制御を中心とした、制御工学の基礎を解説。〔内容〕制御工学とは／伝達関数／制御系の応答特性／制御系の安定性／PID制御／制御系の特性補償／制御理論の応用事例／さらに学ぶために／ラプラス変換の基礎

九州大 川邊武俊・前防衛大 金井喜美雄著
電気電子工学シリーズ11
制　　御　　工　　学
22906-6　C3354　　　　A5判 160頁 本体2600円

制御工学を基礎からていねいに解説した教科書。〔内容〕システムの制御／線形時不変システムと線形常微分方程式、伝達関数／システムの結合とブロック図／線形時不変システムの安定性、周波数応答／フィードバック制御系の設計技術／他

九大 浅野種正著
電気電子工学シリーズ7
集　積　回　路　工　学
22902-8　C3354　　　　A5判 176頁 本体2800円

問題を豊富に収録し丁寧にやさしく解説〔内容〕集積回路とトランジスタ／半導体の性質とダイオード／MOSFETの動作原理・モデリング／CMOSの製造プロセス／ディジタル論理回路／アナログ集積回路／アナログ・ディジタル変換／他

工学院大 曽根　悟訳
図解 電　子　回　路　必　携
22157-2　C3055　　　　A5判 232頁 本体4200円

電子回路の基本原理をテーマごとに1頁で簡潔・丁寧にまとめられたテキスト。〔内容〕直流回路／交流回路／ダイオード／接合トランジスタ／エミッタ接地増幅器／入出力インピーダンス／過渡現象／ディジタル回路／演算増幅器／電源回路、他

東工大 神田　学著
シリーズ〈新しい工学〉1
常微分方程式と物理現象
20521-3　C3350　　　　B5判 116頁 本体2300円

工学のあらゆる分野の基礎となる微分方程式の知識を丁寧に解説する。身近な現象の数理モデルからカオス現象までをコンパクトにまとめ、省略されがちな途中式や公式を提示することで、初学者もスムーズに数式が追えるよう配慮した。

核融合科学研 廣岡慶彦著
理科系のための 入門英語プレゼンテーション
［CD付改訂版］
10250-5　C3040　　　　A5判 136頁 本体2600円

著者の体験に基づく豊富な実例を用いてプレゼン英語を初歩から解説する入門編。ネイティブスピーカー音読のCDを付してパワーアップ。〔内容〕予備知識／準備と実践／質疑応答／国際会議出席に関連した英語／付録（予備練習／重要表現他）

岡山大 河本　修著
技術者のための 特許英語の基本表現
10248-2　C3040　　　　A5判 232頁 本体3600円

英文特許の明細書の構成すなわち記述の筋道と文章の特有の表現を知ってもらい、特許公報を読むときに役立ててもらうことを目標とした書。例文を多用し、主語・目的語・述語動詞を明示し、名詞を変えるだけで読者の望む文章が作成可能。

東京工業大学機械科学科編　東工大 杉本浩一他著
シリーズ〈科学のことばとしての数学〉
機械工学のための数学 I
―基礎数学―
11634-2　C3341　　　　A5判 224頁 本体3400円

大学学部の機械系学科の学生が限られた数学の時間で習得せねばならない数学の基礎を機械系の例題を交えて解説。〔内容〕線形代数／ベクトル解析／常微分方程式／複素関数／フーリエ解析／ラプラス変換／偏微分方程式／例題と解答

東京工業大学機械科学科編　東工大 大熊政明他著
シリーズ〈科学のことばとしての数学〉
機械工学のための数学 II
―基礎数値解析法―
11635-9　C3341　　　　A5判 160頁 本体2900円

機械系の分野ではI巻の基礎数学と同時に、コンピュータで効率よく求める数値解析法の理解も必要であり、本書はその中から基本的な手法を解説〔内容〕線形代数／非線形方程式／数値積分／常微分方程式の初期値問題／関数補間法／最適化法

東京電機大 宅間　董・電中研 高橋一弘・
東京電機大 柳父　悟編

電力工学ハンドブック

22041-4　C3054　　　　A5判　768頁　本体26000円

電力工学は発電，送電，変電，配電を骨幹とする電力システムとその関連技術を対象とするものである。本書は，巨大複雑化した電力分野の基本となる技術をとりまとめ，その全貌と基礎を理解できるよう解説。〔内容〕電力利用の歴史と展望／エネルギー資源／電力系統の基礎特性／電力系統の計画と運用／高電圧絶縁／大電流現象／環境問題／発電設備（水力・火力・原子力）／分散型電源／送電設備／変電設備／配電・屋内設備／パワーエレクトロニクス機器／超電導機器／電力応用

ペンギン電子工学辞典編集委員会訳

ペンギン電子工学辞典

22154-1　C3555　　　　B5判　544頁　本体14000円

電子工学に関わる固体物理などの基礎理論から応用に至る重要な5000項目について解説したもの。用語の重要性に応じて数行のものからページを跨がって解説したものまでを五十音順配列。なお，ナノテクノロジー，現代通信技術，音響技術，コンピュータ技術に関する用語も多く含む。また，解説に当たっては，400に及ぶ図表を用い，より明解に理解しやすいよう配慮されている。巻末には，回路図に用いる記号の一覧，基本的な定数表，重要な事項の年表など，充実した付録も収載

日本物理学会編

物理データ事典

13088-1　C3542　　　　B5判　600頁　本体25000円

物理の全領域を網羅したコンパクトで使いやすいデータ集。応用も重視し実験・測定には必携の書。〔内容〕単位・定数・標準／素粒子・宇宙線・宇宙論／原子核・原子・放射線／分子／古典物性（力学量，熱物性量，電磁気・光，燃焼，水，低温の窒素・酸素，高分子，液晶／量子物性（結晶・格子，電荷と電子，超伝導，磁性，光，ヘリウム）／生物物理／地球物理・天文・プラズマ（地球と太陽系，元素組成，恒星，銀河と銀河団，プラズマ）／デバイス・機器（加速器，測定器，実験技術，光源）他

竹内芳美・青山藤詞郎・新野秀憲・光石　衛・
国枝正典・今村正人・三井公之編

機械加工ハンドブック

23108-3　C3053　　　　A5判　536頁　本体18000円

機械工学分野の中核をなす細分化された加工技術を横断的に記述し，基礎から応用，動向までを詳細に解説。学生，大学院生，技術者にとって有用かつハンディな書。〔内容〕総論／形状創成と加工機械システム／切削加工（加工原理と加工機械，工具と加工条件，高精度加工技術，高速加工技術，ナノ・マイクロ加工技術，環境対応技術，加工例）／研削・研磨加工／放電加工／積層造形加工／加工評価（評価項目と定義，評価方法と評価装置，表面品位評価，評価のシステム化）

前東大 中島尚正・東大 稲崎一郎・前京大 大谷隆一・
東大 金子成彦・京大 北村隆行・前東大 木村文彦・
東大 佐藤知正・東大 西尾茂文編

機械工学ハンドブック

23125-0　C3053　　　　B5判　1120頁　本体39000円

21世紀に至る機械工学の歩みを集大成し，細分化された各分野を大系的にまとめ上げ解説を加えた大項目主義のハンドブック。機械系の研究者・技術者，また関連する他領域の技術者・開発者にとっても役立つ必携の書。〔内容〕I編（力学基礎，機械力学）／II編（材料力学，材料学）／III編（熱流体工学，エネルギーと環境）／IV編（設計工学，生産工学）／V編（生産と加工）／VI編（計測制御，メカトロニクス，ロボティクス，医用工学，他）

上記価格（税別）は2012年6月現在